· 光明文丛系列 ·

Guangming Wencong series

光明文丛

交易伦理：理论与实践

李欣隆 ◎ 著

光明日报出版社

图书在版编目（CIP）数据

交易伦理：理论与实践 / 李欣隆著 . —北京：光
明日报出版社，2024.5

ISBN 978-7-5194-7923-7

Ⅰ . ①交… Ⅱ . ①李… Ⅲ . ①交易－经济伦理学

Ⅳ . ① B82-053

中国国家版本馆 CIP 数据核字（2024）第 085822 号

交易伦理：理论与实践
JIAOYI LUNLI: LILUN YU SHIJIAN

著　　者：李欣隆

责任编辑：周　桐　　　　　　责任校对：舒　心
封面设计：李　阳　　　　　　责任印制：曹　净

出版发行：光明日报出版社
地　　址：北京市西城区永安路 106 号，100050
电　　话：010-63169890（咨询），010-63131930（邮购）
传　　真：010-63131930
网　　址：http://book.gmw.cn
E － mail：gmrbcbs@gmw.cn
法律顾问：北京市兰台律师事务所龚柳方律师

印　　刷：北京科普瑞印刷有限责任公司
装　　订：北京科普瑞印刷有限责任公司
本书如有破损、缺页、装订错误，请与本社联系调换，电话：010-63131930

开　　本：170mm×240mm
字　　数：223 千字　　　　　　印　　张：15.5
版　　次：2024 年 5 月第 1 版　　印　　次：2024 年 5 月第 1 次印刷
书　　号：ISBN 978-7-5194-7923-7

定　　价：78.00 元

目 录

Contents

导　论

　　交易是链接生产与消费的关键环节，是影响社会秩序和人们生活品质的重要经济活动。交易规模、交易秩序、交易成本是影响 GDP 增长的重要因素。我国作为世界第二大经济体，市场交易更加频繁、广泛和快捷。由于交易行为具有自利趋向性，易于导致投机牟利行为，以至于在我国经济领域，不同程度上存在着制假贩假、价格欺诈、恶性竞争、恶意拖欠、违约失信等破坏市场经济秩序的行为。因此，规制市场交易行为，形成良好的交易伦理秩序，则成为我国经济社会有序高效发展的前提与基础。

　　交易是社会生产要素基于价格机制进行流动与分配的渠道，是企业实现经济价值、消费者获得使用价值的重要实现方式，也是促进国家经济增长的内生动力。因此，经济与道德的协调发展，是任何国家经济增长与发展中都要面临的经济伦理实践问题。我国经济改革的叠加矛盾以及经济增长的缓慢，企业经常面临盈利与道德协调发展的挑战，无不凸显了交易伦理的重要性。因此，建设与我国第二大经济体相适应的市场道德，避免经济与道德的"二律背反"，是我国新时代以新发展理念引领经济高质量发展的需要。

　　交易是由交换演变而来。制度经济学家康芒斯，把交易一般化为与生产概念相对应的经济活动中的最高范畴。交易概念被"一般化"后，不仅指产权的转让、获取和保护，而且也泛指社会中一切具有交换性质的活动。交易由基本要素与保障性要素构成。交易类型繁多，有生活性交易与经营性交易、即付与预付和后付交易、线上与线下交易、合法与违法交易等；交易在本质上有产权性、价值性、合约性、竞争性；交易活动的自主性、自愿性、利益性等，内蕴了交易行为的道德性。

交易成本是分析交易伦理功效的重要工具。交易成本概念是由诺贝尔经济学奖得主科斯首先提出来的。交易成本与道德具有很强的负相关性，表现为道德增量与交易成本减量以及道德减量与交易成本增量的联动性。市场经济效率的提高，亟需提升交易主体的道德素养，规避"逆向选择"和"道德风险"，降低交易成本。

交易伦理的解读需要具有广阔的伦理学视域。美德论、契约论、义务论、功利论是四大伦理学流派，它们的道德立场、伦理主张各具特色。美德论以"行为者"为中心，注重人的道德品德、道德人格与道德情操而非行为原则和行为后果，强调交易者的一贯品行而不是偶发的交易道德行为。契约论坚持自主、平等、公正的价值原则，主张人们缔结契约的自由意志性以及权利与义务的对等性，要求理性立约者的逐利行为要受到契约的约束，把自利行为控制在一个互利共赢而非利己损人的合理限度内。义务论要求人的行为必须遵照某种道德原则或按照某种正当性去行动，要求商人从事经济活动要"出于道德"而不是行为"合乎道德"。功利论把"最大多数人的最大幸福原则"作为行为的唯一准则和最终目的，强调以实际功效或利益作为行为道德价值的依据。功利主义肯定交易动机的利益性，强调交易行为利益获取的正义性和诚信原则的重要性，主张依靠内外制裁力维护交易伦理秩序。

交易经济活动遵循的道德原则是交易伦理研究的核心问题。交易经济活动的规律、秩序以及不同民族和国家的制度、文化传统等，蕴含了市场主体需要遵循的道德原则。基于交易的自主自愿性、意志自由与道德责任的统一性，提出并论述自由责任的道德原则；基于市场经济运行的规律，从本体论和价值论两个维度，提出并阐述诚实信用道德原则；基于市场经济的平等性、竞争性、开放性特征，提出并论述平等公平道德原则；基于市场交易的法律规定性与合乎公共秩序和善良风俗的基本要求，提出并阐释了合法合规与公序良俗的道德原则。

交易伦理秩序的构建是一个复杂的系统。除了提高市场主体的道德认识外，更重要的是强化市场主体遵守交易道德原则的自觉性。市场交易主体既包括个体和企业，也包括政府。在个体层面，需要从契约精神、道德信念与道德人格方面，强化市场个体的道德责任；在企业层面，需要从伦理经济人的培育、企业文化营造、企业对社会关切的积极主动回应，强化企业社会责任；在政府层面，基于政府在市场交易中的参与者、制规者与监管者的多重身份性以及"亲清原则"要求，强化政府的廉洁责任。

市场主体道德责任的强化，虽然在一定程度上有助于交易伦理秩序的形成，但在缺乏与之配套的完备制度体系下，交易伦理秩序会受到挑战。为此，有必要加强交易伦理的制度建设。"法律是治国之重器，良法是善治之前提。"良好的交易伦理秩序的形成需要制度本身合乎道德。基于交易伦理法律保障存在的"空缺架构"，完善交易伦理的法律制度；基于政府参与者与监管者的双重角色以及社会中间层理论所凸显的行业协会的重要作用，坚持现代社会个体、社会组织、政府"三域"共治理念，强化政府和行业协会的监管力度，发挥政府与行业协会在交易伦理秩序构建中的保障作用，促进多维主体协力共建良好的交易伦理秩序。

第一章　交易与交易伦理

　　交易是重要的社会交往行为，具有利益互惠性。现代市场经济不仅是效益经济，而且也是法治经济和道德经济，所以，市场交易行为除利益性外还具有鲜明的法治性和道德性。交易伦理是经济伦理学研究领域中的重要问题之一。在狭义上，交易伦理是伦理学与经济学交叉研究的论题；在广义上，交易伦理也是伦理学与经济学、法学、政治学等多学科共同研究的课题。伴随我国市场经济的深入发展，交易形式更加多种多样，交易过程更加复杂多变，交易道德的严重缺失引发的社会问题日益突出，严重破坏了我国市场经济的健康发展。毋庸置疑，维护市场经济秩序、提高经济效益，亟须加强交易伦理建设。

第一节　交易概念疏义

　　"交易伦理"是复合词，是由经济学与伦理学两个不同学科中的重要概念组成的。为了更好地理解交易伦理的科学内涵，需要首先对"交易"概念进行梳理与条陈。

一、交换与交易

交换是人类社会发展到一定历史阶段的产物。社会生产力发展创造产品剩余、社会分工产生专一的生产方式以及人的需要的多样性，使人们产生交换意愿和行为，所以说，交换是人们之间互通有无的互惠互利的经济活动。交换作为链接生产、消费、分配的重要环节，是维系人类生产、生存、生活的重要经济行为，是实现社会个体、组织等空缺性需求满足的必要环节，因而，交换是人类不可或缺的经济行为之一。

交换是如何产生的呢？

社会分工是交换的前提。人是一种生命有机体。马克思说："全部人类历史的第一个前提无疑是有生命的个人的存在。"[①] 人作为生命有机体，需要维持自身的新陈代谢，产生了衣食住行的物质需要。马克思、恩格斯指出："因此我们首先应当确定一切人类生存的第一个前提也就是一切历史的第一个前提，这个前提就是：人们为了能够'创造历史'，必须能够生活。但是为了生活，首先就需要衣、食、住以及其他东西。因此第一个历史活动就是满足这些需要的资料，即生产物质生活本身。"[②] 人类需求的满足并不是在充分且完全的自然资源供给的前提下实现的，与之相反，这一满足是在有限的自然资源条件下实施的。大自然没有对人类需要的满足提供天然的恩赐，人类需要通过劳动创造来满足自身对各种物品的需要。人类最早的生产活动在很大程度上受制于自然环境的限制，所以，人类可从事的劳动生产活动，基本上是受制于所处的地理环境条件，如平原地区的人们从事农耕生产，丘陵、高原地区的人们以畜牧为生，生产类型和产品品种都比较单一。不同的自然环境有不同的生产资料，生产出的物品不同。人类畜牧业与农业的分工、手工业与农业的分工，产生了交换的必要性。分工是人类区别于动物活

---

① 《马克思主义经典著作选读》，人民出版社 1999 年版，第 5 页。
② 《马克思恩格斯选集》第 1 卷，人民出版社 2012 年版，第 158 页。

动的重要特征之一，而且，伴随人类生产分工的精细化，交换的必要性越增强。为此，马克思指出："如果没有分工，不论这种分工是自然发生的或者本身已经是历史的结果，也就没有交换。"① 现代市场经济社会，劳动内部的分工不仅形成了各种生产链条，而且人们的生活品的满足主要是靠交换实现。正如恩格斯指出的那样："由分工而产生的个人之间的交换，以及这两者结合起来的商品生产……完全改变了先前的整个社会。"② 显然，交换是社会分工的必然结果，社会分工是交换得以实现的构成要件。"由于我们所需要的相互帮忙，大部分是通过契约、交换和买卖取得的，所以当初产生分工的也正是人类要求互相交换这个倾向。"③ 在现代社会，交换成为人们社会生活中必不可少的经济活动，而且人们作为消费者，人人都是交换者。

产品剩余使交换成为可能。"人在未开化的状态下，他生产的界限和尺度就是他自己的直接需要的量，所以他生产的产品和数量与他的需要的内容和数量是基本处于平衡状态的。这时并不存在交换。"④ 人类没有产品剩余，交换就不可能发生。人类伴随生产工具的改进及其劳动效率的提高，劳动产品日益增多。人们除了满足所在群体生活必需，有了产品剩余，交换才可能产生，不过，人类最初的交换是以物易物。如果说，社会分工产生了交换的必要性，那么，产品剩余就为交换提供了可能性。

交换的社会历史性。恩格斯在提及"生产和交换的条件"时指出："人们在生产和交换时所处的条件，各个国家各不相同，而在每一个国家里，各个世代又各不相同。"⑤ 从宏观上看，人类社会发展不同历史时期以及不同民族与国家，交换的条件既具有普遍性，也有各自的特殊性。如交换者对产品的拥有和支配权以及交换物品的社会规定性等，都是交换的普遍条件，而

---

① 《马克思恩格斯选集》第 2 卷，人民出版社 1995 年版，第 17 页。
② 《马克思恩格斯选集》第 4 卷，人民出版社 1995 年版，第 174 页。
③ 〔英〕亚当·斯密：《国民财富的性质和原因的研究》上卷，郭大力、王亚南译，商务印书馆 2013 年版，第 14 页。
④ 于萍：《重新审视马克思的需要范畴——以资本批判为视角》，《教学与研究》2014 年第 7 期。
⑤ 《马克思恩格斯选集》第 3 卷，人民出版社 1995 年版，第 489 页。

交换物品的种类以及方式，则是因地而异，是多样多变的。伴随生产力的发展，社会产品的丰富，交换内容的多样，交换方式的不断简捷化，从物物交换到以货币为中介的交换再到当代社会的信用交易。

伴随交换的普遍、频繁与多样，交换发展为交易。在古汉语中的"交"与"易"是可分开用的。"交"本意指交叉，亦有交互、交往之义。"易"原指阴阳的相互变化，后引申为简易、变化与恒常之道。"易一名而含三义：易简一也；变易二也；不易三也。"[1]"易"的甲骨文为，象征将同质同量的液体在两种不同器皿间的转移。器皿后演变为称量工具，引申为不同交易物间的等价交换与比例交换，因之，"易"具有了交换、交易之意。"日中为市，致天下之民，聚天下之货，交易而退，各得其所。"[2]"易"也指国家间的土地置换。"寡人欲以百里之地易安陵。"[3]"易"还有治的意思，引申为整治。"易其田畴，薄其税敛，民可使富也。"[4]显然，"易"有多重含义。"易"在交换的意义上，主要指不同劳动产品间按照一定比例进行的产品互换活动，体现个体需求的互补性与交换活动的社会合作性。"故先王使农、士、商、工四民交能易作，终岁之利无道相过也，是以民作一而得均。"[5]显然，"易"与"交"的古意相映，体现了古代社会中人际交往与交换的目的，即通过社会合作实现需求互补、利益互换。

现代社会，交易既可以泛指一切有形与无形的交换、贸易、金融等，也可以特指具体的交易行为或活动。在英语国家的语境中，交易（transaction）为专有名词。根据《牛津高阶英汉双解词典》（第九版）的解释，transaction包括两类意思：一是transaction指办理，transaction of something即the process of doing something。二是transaction特指两个人之间的交易活动，尤

---

① 〔汉〕郑玄：《周易郑注》，华龄出版社2019年版，第193页。

② 郭彧译注：《周易》，中华书局2006年版，第381页。

③ 〔汉〕刘向编订：《战国策》，上海古籍出版社2008年版，第440页。

④ 杨伯峻译注：《孟子译注》，中华书局1988年版，第311页。

⑤ 李山译注：《管子》，中华书局2009年版，第259页。

指买卖活动。Transaction between A and B，The piece of business that is done between people，especially an act of buying or selling。①

在日常生活中，人们通常对交换与交易不做严格区分，而是混同使用。但作为专门术语，交易与交换在概念上还是有一定区别的。其一，交易成为经济学中的最高概念。"交易"概念"只是到了制度经济学家康芒斯那里才被'一般化'为与生产概念相对应的经济活动中的'最高范畴'"②。交易概念被"一般化"后，指对产权的转让、获取和保护。③ 交易更强调产权。"交易侧重于交换的实质，即产权的互换，存在产权互换即为交易，这并非取决于是否有商品作媒介。它不仅仅限于流通领域，而且渗透到经济活动的一切领域。"④ 其二，交易的外延性更广。交易已不局限在与生产、分配、消费相连的流通领域中，而是在整个社会活动中，泛指一切具有交换性质的活动，既包括合法的市场交换，也包括不合法的非市场交换，如色情交易、权钱交易等。其三，公认的价值尺度。在一般等价物产生以前，交换是基于买卖双方的自愿，往往通过心中的"度量衡"来实现。在现代交易中，市场不仅对有形交易物有恒定的衡量方式，而且对非实物交易也实行公开挂牌交易，并对交易对象的名称、交易的方式、周期、权益、行权周期、利益核算方式等明确规定，形成了对交易对象价值尺度的较为客观衡量。

虽然"交易"是人们日常生活中必不可少的经济活动，但作为经济学中的一个重要概念，学者们对它的理解和概括是不同的。在威廉姆斯看来，交易不仅是市场中的经济活动，也包括企业内部价值转移，因而，交易概念在威廉姆斯那里，是一个囊括生产、贸易的所有经济活动。在康芒斯看来，交易的实质在于财产权的转移。"Commons 提出了交易的另一种定义，将交易

---

① 《牛津高阶英汉双解词典》，商务印书馆 2003 年第 9 版，第 1546 页。

② 刘灿、吴建奇：《〈资本论〉中生产、交易及其费用相关思想初探》，《当代经济研究》2005 年第 1 期。

③ 〔以〕约拉姆·巴泽尔：《产权的经济分析》，费方域、钱敏、段毅才译，上海人民出版社 1997 年版，第 3 页。

④ 卢德之：《交易伦理论》，商务印书馆 2007 年版，第 3 页。

看作是'个人之间分割和获取对有形物品未来的所有权。'"①总体来说，新制度经济学理论对交易的理解，是既肯定了交易的价值转移性，也承认了权利的转移性。②

交易在结构上是有诸种构成要素的。交易的构成要素是由基本构成要素与保障性构成要素组成的。其中，基本构成要素为交易的必备要件，也是所有交易行为共同具有的要素。"包括三方面内容：交易主体（谁参与交易？）、交易方式（怎么交易？）以及交易定价（如何收支？）。"③此外，交易还需要相应的保障要素的支撑，来确保交易的顺利实施。交易的保障性要件主要包括以下五个方面。

其一，交易资质。交易资质是关于交易主体进行交易的资格问题。交易资质主要包括交易主体资质与交易对象资质。交易主体的资质是除交易对象外制约社会成员或企业参与交易的重要条件。交易资质是交易的前提条件，即市场主体是否有资格进行交易，如只有产权人才能有资格出卖房屋。目前中国的一些一线城市对购房资格都有一定的限制，只有符合相关条件的人才可以购房。还有，只有被列入政府采购名单的企业，才有资格参与政府相关项目的交易活动。交易主体的资质会受到两个方面的影响：年龄限制与依法剥夺。年龄限制是对交易主体参与资格的先天性、暂时性约束。交易主体如果未达到参与交易的年龄下限，则不具有参与相应交易的资格；另一种情况是，交易主体达到了年龄的条件，具有参与交易的资格，但因有交易行为的违法问题，会依法被剥夺参与某类交易的资质。如我国对失信被执行人禁止乘坐高铁、飞机与奢侈品消费的措施就是典型例证。交易对象的资质则是指交易对象本身合法性，不属于法律所禁止的交易物。枪支贩卖、毒品交易、性交易、器官交易等都属于我国法律所明令禁止的交易对象，它们不

---

① 王振营：《交易经济学原理》，中国金融出版社 2016 年版，第 105 页。

② 〔美〕埃里克·弗鲁博顿、〔德〕鲁道夫·芮切特：《新制度经济学——一个交易费用分析范式》，姜建强、罗长远译，上海三联书店、上海人民出版社 2006 年版，第 57—58 页。

③ 林桂平、魏炜、朱武祥：《基于交易结构的商业模式构成要素分析》，《企业管理》2014 年第 28 期。

能用于交易。

其二，交易对象及其价格。交易是在市场交换中完成的，交易对象（亦称交易物）是交易主体在市场中实现需求互补的对接点和连接环。交易对象既可以是有形商品，也可以是无形商品，即一切本身具有价值并依法可以进行交易的对象。在经济生活中，不同市场主体间的交易行为都是为了某种需要的满足，而这种满足则是通过价值与使用价值让渡实现的。"在现实的商品交易中，人们交易的对象是作为'物'的商品，而并不直接是人们所需要的使用价值。"[①]交易对象具有合法性与非法性两种不同属性。其中合法性是指交易对象本身可以进行交易或其交易具有法律依据。如正当的金银交易、股票的投资与期权的买入和卖出等。与之相反，交易对象的非法性是指对象本身不能用于交易。它主要包括三种情形：一是人的生命权、健康权、尊严等，受法律保护，不能交易。换言之，人的这些基本权利依法受到法律保护，任何社会组织或个人都无权购买。二是那些具有负外部性或涉及稀缺公共资源占有的对象，也不能交易，如对高耗能、高耗水的企业，政府一方面会采取阶梯电价、水价与环保税引导企业积极节能减排，但这种经济手段的适用范围是有限度的，一旦企业的行为超过环保标准，违反国家相关规定，企业就会被依法强制关停或取缔。三是对象本身为法律明确禁止，不能作为可交易对象，如毒品、器官、性服务等。

交易在实施时，除了交易对象外，交易价格也是重要因素。交易对象的价格由社会必要劳动时间决定，同时受供求关系的影响。交易价格不仅表明对象的价值水平与市场稀缺程度，而且表明了交易主体的经济实力与可支付能力。交易的价格具体可划分为交易对象的意愿价格与交易对象的成交价格。交易对象的意愿价格是交易双方基于综合收益、成本与收益分析、数据建模分析等形成的心理价位，是在"波峰价格"[②]与"波谷价格"[③]区间内的意

---

① 朱沁夫：《交易对象的改变：从商品到连续服务》，《中国流通经济》2007 年第 11 期。
② 波峰价格：原指股票交易中一定区间内的最高价，此处引申为市场交易中，一定区间内的高价。
③ 波谷价格：原指股票交易中一定区间内的最低价，此处引申为市场交易中，一定区间内的低价。

愿交易价格，是一种预期价格。而交易对象的成交价格则是指经过一系列谈判、讨价还价、中间人斡旋、调研、磋商，最终实际达成交易的价格。交易对象的成交价格可能与其意愿价格存在一定差异，这主要取决于交易对象的性质、交易主体的经济实力、彼此的谈判技巧与能力、一方对交易对象的依赖程度等因素。

其三，交易意愿。交易意愿是指交易主体在具备一定的支付能力，愿意与合适的交易主体进行交易。交易意愿由经济意愿与道德意愿两部分共同构成。其中，经济意愿包含两层含义：生活需求的满足性与盈利的回报性。由于社会大分工和劳动内部分工，生产具有一定的专一性，交易主体的需求不能自给自足，只有通过交易，才能实现对需求的满足。所以，英国经济学家亚当·斯密指出：分工的倾向"就是互通有无，物物交换，互相交易"①。经营者所提供的交易对象价格适中，性价比高，符合消费者的预期；消费者能够且愿意支付，进行交易。道德意愿则主要是对交易主体承诺与实际交易行为一致性的认可，即交易主体不仅满意交易的商品质量和价格，而且还对交易者道德方面有一定的要求，如信用记录、承诺、人品等。一般情况下，交易意愿会受到经济和道德因素的共同影响。具言之，市场主体共同的交易意愿是交易的驱动力。众所周知，交易的初始动因源于商品所有者出售的欲望及买家有购买的愿望，所以，出售或购买意愿是实施交易的逻辑起点。交易不是卖主或买主任何一方的一厢情愿，而是交易双方共同意志的表达。交易作为不同市场主体共同参与的经济活动，具有双方甚至多方的参与性。有鉴于此，交易的任何一方都不能自行决定交易的价格与方式，必须是参与交易的所有主体基于平等自愿与协商原则，经过讨价还价的博弈与责任确权的协议沟通，才能进行交易。在这种体现交易主体自主选择与决定的经济活动中，无论是在宏观上还是微观上，交易主体的出售意愿和购买意愿，都是

---

① 〔英〕亚当·斯密：《国民财富的性质和原因的研究》上卷，郭大力、王亚南译，商务印书馆2013年版，第13页。

影响交易完成的直接因素。在宏观上交易主体双方的意愿决定是否出售和购买，在微观上交易主体双方的意愿决定与谁交易，卖方与买方都有权选择自己认可的交易方。

其四，交易支付。交易的过程由选择、议价、支付、交换四个环节构成，其中交易支付不仅表明交易主体具有交易意向，而且也具有实际交易的行为倾向。交易支付是货币发挥其流通手段与支付手段的重要功能，是最终实现不同交易主体间价值与使用价值让渡的实现方式。交易支付包括支付方式、支付平台与支付渠道三个方面。支付方式是参与交易的自然人、企业或其他社会组织通过协商确立的货款或服务费的兑付方式。支付方式按照支付媒介的不同，可划分为现金支付与非现金支付；根据支付有无时间差，可划分为即付、预付、后付和到付；根据支付是否为交易主体实施，可划分为自付与代付两类。伴随经济全球化以及我国国际贸易的迅猛发展，国际贸易中惯常支付方式包括现汇结算与记账结算两类。现汇结算是指在国际贸易中，交易主体通过国际银行汇兑，以现汇的方式逐笔清偿债券与债务的支付方式。现汇结算根据有无商业银行信用保证可划分为"有证支付方式"与"无证支付方式"两类；根据支付时间的不同，亦可划分为"预付"、"即付"和"延付"。记账结算方式则是指交易双方并不在每笔交易实施后实行支付，而是委托彼此国家的银行在一个约定的结算期，统一进行核销结算。结算期中，无须现汇支付，而是不同国家银行间的记账支付。到期时，参与国际贸易的企业与本国银行进行年底现汇结算。

支付平台是实现交易的结算平台，是商场、商业银行、央行通过一系列技术手段，保障消费者与供应商的权利与义务的"技术插件"。支付平台根据支付方式性质的不同，可分为现金支付平台、银行卡支付平台与第三方支付平台三类。现金支付平台是消费者与商家直接实现兑付的方式。顾客到商户中挑选商品，选定交易对象后，商户销售人员会开具支付小票或单据，消费者持小票或单据到店铺的收银柜台交款，收银员录入相关信息后，在销售单据上扣下"现金收讫"的印章后，顾客凭借商户专用收付结算凭据，取走购买的商品，同时保留交款结算凭据。一旦产品出现质量问题或大小不合适等问题，消费者可以在商场规定的期限内，持结算凭据与商家交涉商品的换货或退货问题。银行卡支付平台是用刷卡交易取代现金交易。即顾客使用银行卡完成交易支付，由发卡的商业银行与交易涉及的商户或企业完成后续的转账、结算工作。若为借记卡交易，则交易金额直接从卡中的余额内扣除；若为信用卡交易，则消费者先借银行的钱完成交易支付，并在规定的期限内偿还信用卡欠额，逾期将缴纳滞纳金。第三方支付平台，如支付宝和微信支付，它们只是支付平台，本身不具有商业银行的吸纳存款、发放贷款的职能。因此，消费者只有绑定银行卡或由银行卡转入，才能借助第三方支付平台完成交易。与现金支付平台相比，第三方支付平台省却了找零、甄别假币与携带钱包等不便，以及现金、钱包被抢、被偷的潜在风险。因为每笔交易所涉及的现金流都会受到第三方支付平台、商业银行的全程动态监管，交易支付的风险性低。现在许多公共交通工具都接入了移动支付系统，不仅方便了乘客，而且也省却了公交集团清点纸币、硬币与甄别真伪的环节，降低了风险与运营成本。第三方支付平台拥有不同种类的支付方式，以支付宝为例，交易主体可以选择移动、扫码、刷脸、指纹等不同支付路径。而根据支付方式时效性的不同，也可选择即买即付的支付路径和赊购后付的支付路径。如消费者在购买商品时，既可以使用立即支付方式，也可以选择支付宝的花呗进行赊购，到期还款。

其五，交易时效。"根据交易完成的时间特点，交易可以划分为即期完成交易和延期完成交易。所涉及双方权利和义务在同一时点上完成交割的交易称为即期完成交易……延期完成交易则是指根据交易双方协议安排，交易要件在一个规定的时间内完成。"[①] 即期完成的交易涉及的金额往往不大，如人们到超市购买物品等会直接付款；而延期完成的交易往往涉及的金额大，或者交易物需要析权等，如房屋交易或企业之间的并购等。无论是即期完成

---

① 王振营：《交易经济学原理》，中国金融出版社 2016 年版，第 111 页。

的交易还是延期完成的交易，都有一个消费者权利保护的期限问题。按照国家规定，消费者具有在一定期限内退货或换货的权利，所以，交易主体在完成支付并获得交换对象后，如发现购买物存在一定瑕疵的质量问题等，交易主体可以依照国家相应的法律、法规或与销售方达成的契约条款，在规定的期限内进行调换或退货。换言之，卖方在收到买方的购物款时，并不意味着这笔货款最终到手，只有在规定退货期限过后，交易主体未提出退货请求，这笔钱才真正"入账"。由于交易形式多样，交易的时效或长或短。

总之，在经济活动的生产、分配、交易、消费的四个环节中，交易是链接生产与消费的关键环节。由于交易是实现商品使用价值与价值相互"让渡"的重要途径，因此，交易既是生产品价值的实现，也是企业再生产或扩大再生产的前提；同时，交易也是实现消费的重要方式。可见，市场主体只有完成了交易，生产、分配与消费衔接起来，经济活动才能循环发展。

二、交易的主要类型

在当代社会，伴随生产力的提高，社会物品的丰富以及人们对交易快捷性要求等，交易形式不断推陈出新。按照不同标准进行划分，交易类型繁多。归类而论，有生活性交易与经营性交易、即付与预付和后付交易、线上与线下交易、合法与违法和非法交易等类型。

按照交易的目的进行划分，可以把交易分为生活性交易与经营性交易。众所周知，交易具有鲜明的目的性。从交易目的来看，不同的交易活动有不同的目标指向，按照是否追求盈利目的来划分，交易可以分为以满足人的生活需要为目的的生活性交易与以盈利为目的的经营性交易。人作为生命有机体，为了维持生存，有各种物质和精神需求。人们物质和精神需要的满足，通常有两种最基本的满足方式：自给自足与交易。在当代社会，即便市场经济较为发达，仍有一些人对农产品的需要是通过自种自收来满足的。但是，自给自足产品是有限的，对于那些不能靠自给自足满足的生活品，人们还是依赖市场交易。对于城市居民来说，生活需要的满足基本都是通过交易实现的。可以说，在现代市场经济社会，由于社会分工的精细，人人都需要通过交易满足自身的各种需要，而且伴随社会生产专业化程度的不断提高，人们更加依赖市场交易活动。人们作为消费者，都是交易者。以生活为目的的交易可以细化为三种类型：生存型、享受型与奢侈型交易三类。生存性交易类型，是社会成员为了维持自身生命的延续而进行的用以满足基本物质需求的交易活动，即社会成员支付一定数量的商品或货币，购买维持自身基本生活的必须品。享受性交易类型，是一种生活改善性的交易活动。伴随人们经济实力增强和社会物品的丰富，大多数社会成员不再局限于基本生活需要的满足，而是追求较高的生活品质。人们的生活"讲究"起来后，交易的物品往往超出了基本生活需要的范围，产品的质量、档次、品牌、样式等成为购买的主要标准。也就是说，人们购买的物品不仅品种多样，而且对物品的质量有较高的要求，注重产品的品牌、样式、服务等，商品的品牌效应发挥一定的作用，即一些人开始具有了品牌投射社会地位与生活品位的意识。奢侈性交易类型，通常是指那些挥霍浪费钱财购买大量的非必要生活品的消费活动，这种类型的交易主体，多是符号消费的人群，他们往往把一些品牌与社会地位与身份象征关联起来，更加关注商品品牌的社会象征性意义，如美国经济学家凡勃伦在其《有闲阶级论》中所阐述的那样，具有经济实力的社会阶层，它们的消费不仅是为了得到商品的功能效用，主要是想通过高消费赢得他人的羡慕与尊敬，满足自己的自尊心和荣耀感，即"炫耀性消费"。在这类消费者看来，只有购买高品质、高价或定制的物品才与自己的身价与社会地位相配。也就是说，他们购买商品已不单纯是一种交易的经济活动，更是身份、地位与经济实力的代表。中国的"面子文化"、社会心理学的"印象装饰"在"符号消费"中都发挥了催化剂的作用，乃至使一些人产生了虚荣消费等不良现象。在奢侈型交易人群中，还有一些人没有经济实力但为了追求虚荣超出自己的支付能力而进行符号消费。

无论生活性交易类型之间有何区别，它们都是一种为了自身消费而进行的交易活动。在经济学中的"交易"概念，更多是指以盈利为目的的企业之间的经营性交易活动。人类从生产产品的目的仅是为满足自己消费需要到以盈利为目的的经营性交易，对生产规模以及产权的确立都有较大影响。新制度经济学家哈罗德·德姆塞茨在《关于产权的理论》一文中以北美印第安人的狩猎边界与皮毛贸易的事例，来说明印第安人从自给自足的狩猎到以出售为目的狩猎的不同。"在皮毛贸易出现之前，捕猎的目的主要是为了取得食物和相应获得少量捕猎者家庭所需的皮毛。"[①] 印第安人由于狩猎目的不同，导致狩猎范围和数量都发生了变化。"先进的劳动分工意味着贸易的存在。如果人们可以用他们自己的劳动产品来交换其他人的劳动产品的话，那么每个人就能够只专注于少数的专门性工作。"[②] 正是由于分工产生的贸易，所以，专门产生了以盈利为目的的贸易活动。与以生活为目的的交易不同，营利性交易是市场主体在互通有无中实现增值，交易是一种手段，最终目的是增值盈利。

当代社会，从生产性商品交易与非生产性金融投资的角度来看，可以划分为金融类交易与非金融类交易。非金融类交易是生产型企业之间的交易，是一种产品或服务性企业之间的交易。非金融类交易是指厂商或供应商与原材料供应生产者、仓储物流公司、经销商、代销商场或超市间的互惠性交易。这类交易主要是生产、储存、运输、销售等不同交易主体或利益相关者间的商品流通或有偿服务等。非金融交易具体划分为生产性交易、流通性交易等。生产性交易往往是与生产要素关联的不同企业间的交易，如面粉厂与糕点店等。生产性交易的参与企业具有一定程度的相互依存性与可选择替代性，即一旦其中一方未及时向另一方清偿应付货款，则另一方会停止供货，导致不守信的企业在与新的供应方确定供货交易事宜并正式供货前都会出现一定周期内的短期生产停滞。流通性交易则是指为企业提供交易对象配送运

---

① 盛洪主编：《现代制度经济学》上卷，中国发展出版社 2009 年第 2 版，第 91 页。
② 〔英〕约翰·米德克罗夫特：《市场的伦理》，王首贞、王巧贞译，复旦大学出版社 2012 年版，第 19 页。

输服务的企业与配送终端企业间的交易。流通性交易具有不同类型：厂商主导性流通交易与收货企业主导性交易。其中第一种流通交易，是不同企业间相互独立，即厂商、配送方与收货方都可以选择市场主体，且厂商与收货方对配送方具有对等选择性。厂商主导型的流通交易与收货企业主导型的流通交易则分别是指厂商拥有自身的物流部门与收货企业指定流通企业的情形。

伴随股票、债券的发展和新型交易形式如期货、期权的兴起，交易种类更为丰富，金融交易逐渐在现代社会交易中扮演重要的角色。金融交易是与资金、期货、期权、股票、债券等稀缺资源相关的跨期买卖活动。金融机构作为市场经济主体之一，种类多，如银行、证券、保险、信托、基金等行业。笼统地说，凡是通过货币投资而进行的旨在盈利的经营活动，都是金融类交易。如商业银行与用户间、各种基金公司等具有投资性的、以盈利为目的的交易行为等。商业银行与用户间的盈利行为主要是储蓄、金融类产品的购买（基金、理财、债券、股票、期权期货）与放贷和还贷业务。商业银行吸存放贷，利用贷款利率与存款利率的差值，赚取利润；通过直接提供金融类产品的购买渠道与服务或间接委托代销其他金融机构的产品，向客户收取手续费，与利益相关者与委托代理人进行利益分成。这一过程中，就存在委托代理问题、次贷风险、内幕交易、中小企业融资难、融资成本高等问题。

当今社会的经营性交易形式虽然千差万别，但交易的营利性目的则是它们的共性。对于经营性交易而言，增值盈利是交易的驱动力、命根子、生存的基础，也是投机牟利违法背德行为的诱因。马克思曾对资本主义社会的"资本"趋利性进行过深刻的分析。"资本害怕没有利润或利润太少，就像自然界害怕真空一样。一旦有适当的利润，资本就大胆起来。如果有10%的利润，它就保证到处被使用；有20%的利润，它就活跃起来；有50%的利润，它就铤而走险；为了100%的利润，它就敢践踏一切人间法律；有300%的利润，它就敢犯任何罪行，甚至冒绞首的危险。"[①]

---

① 《马克思恩格斯选集》第2卷，人民出版社1995年版，第266页。

　　按照交易支付方式，交易可以划分为即付与预付和后付。交易的实施中，支付方式是影响交易效益的重要因素。在即付交易中，买卖双方当面看货、验货，即买即付，一手钱一手货，商品价值与使用价值几乎同步实现"让渡"，交易过程短，会降低交易风险。即付支付包括现金、银行卡与第三方支付等方式。非即付交易可分为先付后得与先得后付两个类别。预付交易是指交易主体在未获得对方产品、服务等前提下，预先支付部分或全部货款或服务费用。预付交易有先付款后取货、先支付后发货、企业发行销售的预付卡等。后付交易是指交易主体先得货物、服务等，然后再按照约定或协议的周期分期或一次付清款项。企业或个体消费者先贷后偿的信贷，是典型的后付型交易，尤其是房贷，周期时间往往较长。无论是预付还是后付，由于商品使用价值与价值存在一定的分离期，所有权转换时间有长有短，在客观上会存在交易风险。

　　按照交易方式，交易可以分为线上交易与线下交易。伴随科技进步，尤其是互联网技术的发展，为人们的交易方式提供了一种平台交易模式，形成了线上与线下两种交易方式。线上交易是以互联网为纽带，实现消费者、电商平台与厂商和经销商间的网上交易形式。线上交易亦称网上交易。"网上交易是买卖双方利用互联网进行的商品或服务交易。常见的网上交易主要有：企业间交易、企业和消费者间交易、个人间交易、企业和政府间交易等。"[1] 线上交易或网上交易是在网络虚拟环境下进行的各种交易活动。它的优势是为所有交易主体提供便利，购买者可以根据自己的需求，在网上查看供货商或厂商提供的商品图片、价格、样式、服务承诺等相关信息，参考网站统计的销量与网友的评价，选择中意的商品。对于销售方来说，不仅能够迅速地把商品或服务信息迅速地上网广而告之，信息传播快、传播广，打破地域局限性，而且由于网络交易省却了实体店面的房租、水电以及部分人工成本等。通常情况下，同一款商品的价钱，会比实体店具有竞争力。因此，

---

① 商务部公告：《关于网上交易的指导意见（暂行）》（2007 年第 19 号）。

在线交易不仅具有便捷性，而且也有价格优势。线上交易在我国较为流行，我国有许多电商，如阿里巴巴、京东、拼多多、当当以及各个商家自己的网上营销等。在中国，许多人生活物品的购买、企业生产资料的采购乃至政府行政所需的各种产品的购买，都会通过网购完成交易；甚至可以说，网购已然成为许多人或企业的一种重要的交易方式。不可否认的是，由于网络本身的虚拟性，网上商品图片的真伪性难辨、网络销售额与评价的可篡改性等，线上交易存在较大的风险隐患。如商品质量低劣，售后服务差等问题。线下交易是一种传统意义上的交易形式，买方与卖方、消费者与商家之间可以实行面对面的沟通与讨价还价，因为有实体店铺，可以直接选货，眼见为实，加之国家规定的退货保障以及商家信誉维护等，相对而言，交易的安全性会更强一些。

按照合法性来划分，交易可以分为合法性交易、违法性交易与非法性交易。合法性交易、违法性交易与非法性交易是根据交易是否具有合法性而划分的交易类型。合法性交易是指在法律所允许的框架内进行的交易行为。合法性交易一般有五大要素：其一，交易对象在合法范围内。事实上，世界上不是任何需求产品或劳动产品都可以随意进行交易，任何国家都会对交易对象的范围有所限制，这意味着交易者只能从合法交易品目中挑选对象。即交易对象只有在法律规定的品种内，个人或企业才能根据自身需要进行交易。其二，交易主体的合法性。除交易对象的合法性外，合法交易还包括交易主体的合法性要求，即交易主体要具有法定资质。交易主体依法享有交易的资格与权利，在交易对象合法的前提下，能够与同样具备相应交易资质的交易主体进行交易。其三，交易过程与结果的法定规范性。交易是一种由社会交往逐渐演变而来的具有互惠性的特殊交往行为，因而，交易不仅遵循内在的交易规律与规范，而且行为本身也受到社会规范，主要体现为交易过程中法定禁止行为、交易实施的契约强制性、交易主体权利与义务的法定对等性，以及交易结果利益分配与违约惩戒所遵循的法定原则与规范。其四，交易的依法保护性。交易主体在合法交易中的法定正当权益依法受到保护。除交易主体存在违法交易行为被依法剥夺相应资质与权利外，交易主体自身的正当权益依法受到保护。一旦合法性交易主体的法定权益受到侵害或遭受损失，则可以依法对造成其合法性权益损失的行为主体起诉追责，通过司法裁决获得相应赔偿。其五，违法的强制惩戒性。在交易中，一旦违法的行为主体使交易行为所涉及的利益相关者的合法权益受损，或者其交易行为的实施产生了对利益相关者的负外部性，且触犯法律，就会受到法律的处罚。

违法性交易与非法性交易都属于不合法交易的范畴，但两者各有侧重，在内涵上有一定区别。违法性交易侧重于交易行为违背现行法律规定。一方面，交易对象的违法性；另一方面，交易主体的违法性。交易主体的资格一旦出现问题，不能参与交易。交易主体的违法性还体现在交易主体与特定交易行为的法律禁止性。为避免特定职业人利用职务便利与信息优势扰乱公平竞争的市场交易秩序，从中谋取不正当利益，法律对特定职业人的交易活动进行限制，如国家金融管理机关的工作人员不得进行"内幕交易"等。非法性交易活动，是指未经法定授权许可或缺乏法律依据的交易。换言之，在这类交易中，相关企业未获得生产、经营、上市、运输交易对象的法定执照的情况下，从事的具有产权转移的经济活动，如非法集资、非法买卖枪支、非法买卖外汇与非法买卖土地等。非法交易通常违法，会依法问罪判刑，追究交易主体的民事责任与刑事责任。如非法买卖枪支属于危害公共安全的行为。《中华人民共和国刑法》第125条规定：对于非法买卖枪支的行为，"依法处三年以上十年以下有期徒刑；情节严重的，处十年以上有期徒刑、无期徒刑、死刑"。

三、交易的本质

交易是基于双方或多方信任而产生的产权互换的经济行为。交易概念虽然在学界以及日常生活中为人们广泛使用，但对于交易本质的思考，还是比较薄弱的。交易的本质是剥离具体交易类型与实现方式等形式因素后，反映交易规律的本质属性，是使交易区别于其他社会经济行为的根本特征，也是判断某一类行为是否为交易行为的内在依据与标准。尽管交易本身内涵极为丰富，但归纳而论，交易的本质可以概括为产权性、价值性、合约性、竞争性。

第一，交易的产权性。在市场经济社会中，"产权"是一个使用频率较高的概念，不仅在学界被经常探讨，而且也深入人们的日常生活中。比如，人们在房屋买卖中，房屋的产权至关重要，唯有房屋产权清晰，人们才可以实施交易，所以，许多社会成员对"产权"概念不完全陌生，尤其是具有房屋、汽车等大宗交易活动经历的人们，对产权会有较为深刻的体会和理解。那么，什么是"产权"呢？产权就是法律对经济所有制关系中的合法财产的所有权、占有权、支配权、使用权、收益权和处置权的法律保护。"产权的概念，最初在自然经济社会是仅指对具体财产的明确的占有权（因为占有便意味着一切）；而后，在商品经济社会中又逐渐分解为包括归属权、使用权、处分权等多种权利的总和；最后，在股份制企业中产权又发展成为保留了收益权的概念。"[1]据此而论，在现代市场经济社会中，交易中的产权尤指交易主体对交易对象所具有的所有权、支配权、处置权与收益权。它表明，唯有交易主体拥有对特定交易对象的产权，才有资格行使交易权，即市场主体拥有对特定交易对象的所有权，而且不与其他市场主体共享或存在债务关系，才能行使交易权。一方面，如果某类物品为不同市场主体共享或共同占有，则单一的市场主体不具有单方面处置这种商品的权利，而必须首先购回除自己占比的剩余部分的产权，获得全部产权或与产权共有方共同完成交易，并按照相应的比例进行交易后收益的分配。另一方面，如果市场主体在交易过程中，不具有完全支付的经济实力，需要通过银行贷款完成，则交易对象的产权需要先在银行做抵押，为买方与银行共同所有。交易主体只有在合约期限内还清贷款，才能取消产权证抵押贷款的标识，获得对交易对象的全部产

---

① 程方、李楠林：《产权概念的演变》，《科学学研究》1992 年第 4 期。

权。共享产权的另一种形式是周期性单一使用权共享，即市场中的供应商只将商品的使用权与消费者有偿共享，消费者支付相应费用，但并不具有对特定商品的处置权，如共享单车。可见，产权不仅是交易主体对物的所有权、处置权和支配权，而且包括交易完成后的收益分配。值得注意的是，对物的所有权是人们具有获得该物交易后收益权正当性的内在依据，没有对物的所有权，就没有对交易物收益的获得权。

第二，交易的价值性。产权清晰是人们进行交易的前提，但人们之间的交易活动之所以发生，不是交易活动本身，而是因为交易物具有价值性。交易在本质上是一种有价物之间的互换过程，即交易对象物有其价。交易的价值性主要体现在三个方面：其一，交易对象往往是通过劳动创造出来的。基于马克思的劳动价值论思想，劳动创造价值，因此，交易物包含了人们的抽象劳动。其二，交易对象在有价的前提下，还需要在交易价格与交易收益之间形成一种公平的买卖关系，合乎交易双方对利益的合理预期。其实，在现实生活中，交易价格与交易收益之间的关系是复杂的，如果一个企业家急于用钱，缓和资金紧张，他可能就会平卖或贱卖交易物；相反，如果市场行情好，卖主可能就要高价出售，尤其是近些年来一线城市的房子，如过山车一样，高峰与低峰之间的差价特别大。如果交易对象为无形的服务，如金融类交易，交易对象的价值性是社会必要劳动时间、市场供求关系与投资周期、风险、收益的综合考量。其三，交易对象是价值与使用价值的统一。按照马克思在《资本论》中"体现在商品中的劳动的二重性"的思想，商品价值是由于凝结无差别的人类劳动而具有价值，商品使用价值是由于人类的具体劳动形成的。"一切劳动，一方面是人类劳动力在生理学意义上的耗费；就相同的或抽象的人类劳动这个属性来说，它形成商品价值。一切劳动，另一方面是人类劳动力在特殊的有一定目的的形式上的耗费；就具体的有用的劳动这个属性来说，它生产使用价值。"[①] 正是由于商品具有价值和使用价值，所

---

① 《马克思恩格斯选集》第 2 卷，人民出版社 1995 年版，第 123 页。

以，才能通过交易既满足买主对商品使用价值的需求，也满足卖主实现商品价值的愿望。可见，交易的过程无非就是商品价值与使用价值在不同交易主体间的让渡。显然，商品具有价值和使用价值才能实施交易。

第三，交易具有合约性。交易的实现过程是复杂的，时间或长或短，涉及彼此利益，甚至是巨大利益。所以，在现代交易中，契约则成为实现交易的重要保障性因素。交易双方要想在交易物、价格、实施保障方面达成一致，需要签订协议或合同，从法律角度保护双方的权益。交易主体在订立契约过程中，交易主体法定地位平等，不同交易主体都能在立约中平等地发表观点，提出自己的利益诉求和相关主张。在交易实施过程中，如果双方同意修改合约条款，交易主体还需要通过协商、洽谈再签订相关的补充协议，补充协议与之前的合同视为一体，具有同等的法律效力。在合约期内，交易主体都要自觉履行合约的规定，一旦一方交易主体存在违约问题，另一方交易主体可以通过法律救济走司法程序，依法对违约者进行处罚，追回自己的利益损失。

第四，交易具有竞争性。交易涉及双方利益。无论是卖方还是买方，都会在市场中进行相关信息搜集与洽谈，为自身争取较好的利益，所以，交易是不同交易主体通过公平竞争的方式完成交易的。对于买方而言，他们往往会货比三家，对欲购买的同类产品在价格、品牌、质量、信誉等方面进行比对，选择性价比高、口碑好的商家产品。对卖方而言，为了增强竞争力，以顾客为中心，除了价格优惠、质量保证外，还会在服务承诺、交易方式便捷等方面，形成自己的竞争优势，尤其是侧重自己的品牌特色。"产品与品牌的排他性，指产品与品牌的独有性和专用性。它不容许别的产品或服务雷同，甚至会混淆视听的相近名称或含义相似的品牌，也不能在其他同样或同类产品、服务上使用。"[1] 市场行情瞬息万变、机遇稍纵即逝，因此，交易主体对市场行情与自身交易对象状况以及同类交易对象竞争对手营销策略等方

---

[1] 吴兰仙：《论产品与品牌的排他性及其创造》，《经济问题探索》2007年第10期。

面都需要了如指掌，进而采取相应的应激调整策略，以适应市场竞争的客观需要。

第二节　交易伦理廓清

交易不仅具有利益性，蕴含了人们实现利益最大化的价值诉求，而且也具有道德性，内蕴了克己利他、守信互惠的伦理规约。

一、伦理与道德辨析

中文语境下，"伦"与"理"脉脉相通、同音共律。古义中，"伦"由篆书𠆢演进而来，原指樵夫背柴，柴的捆扎的条理性。后字形多有变化，意思不断丰富，但条理和次序的原始意思都予以保留。后由物的条理次序拓展为人伦秩序。《礼记·乐记篇》："凡音者，生于人心者也；乐者，通伦理者也。"东汉许慎在《说文解字》中注解为："伦者，辈也。""同类之次曰辈。"由此意引申出"'类'、'比'、'序'、'等'等含义。"[1] 即"伦"是人们之间的辈分次第关系。"理"的古字为𤩒，原指玉上的条理与纹理。"理，治玉也。"由玉石的纹路引申为条理、顺序、道理等意思。后形成三个不同分支。在一般意义上，"理""是指事物和行为当然的律则与道理。"[2] 名词的"理"演进为一般性的条理与纹理，即道理、规律、原则、法则。"胜负之数，存亡之理。"[3] "理"的另一个分支名词动化，由条理拓展为雕琢玉石。"王乃使玉人

---

① 《伦理学》编写组：《伦理学》，高等教育出版社、人民出版社 2012 年版，第 2 页。

② 《伦理学》编写组：《伦理学》，高等教育出版社、人民出版社 2012 年版，第 2 页。

③ 《苏洵集》，邱少华点校，中国书店 2000 年版，第 19 页。

理其璞而得宝焉。"[①] 后由对玉石的雕琢引申为对国家或地方的治理、管理与整顿。"为天下理财，不为征利。"[②] "理"的第三种意思由"治玉"的原始意思演变而来，"后由此引申出条例、规则、道理、治理、整理等含义"[③]。故而有合乎规律的治理方式、政治清明、百姓安居的意思。"上下肃然，称为政理。"[④] 无论"伦理"在中国古义中，有多少不同的含义，但有一种含义是明确的。"伦"是人与人之间的客观关系；"理"是蕴含在人伦关系中的合理秩序与条理。一言以蔽之，"伦理"的含义就是各种社会关系中内蕴的合理秩序所要求的条理和顺序，是行为的当然律则。

西方语境中，伦理（ethic）源于"ethika"。而"ethika"由古希腊语词"ετηοσ"演进而来；"ετηοσ"有"风俗""习惯""传统""惯例"之意。后由个体区别于群体的特有风俗转变为性向与品性。[⑤] 古希腊哲学家亚里士多德最早赋予其伦理与德行的含义。后由伦理的原始含义学科化，伦理转变为伦理学（ethics），成为演变为专门研究德性与善的学科。西方语境下的"伦理"，原指驻地或公共场所，后被用来专指一个民族特有的生活惯例，如风尚、习俗，引申出性格、品质、德性等意思。

在古代，"道"与"德"是分开使用的，各有其意，但亦有联系。"道"古字为 ，原指道路。"道"的最初含义是"道路"。《诗经·小雅·大东》："用道如砥，其直如矢。"后来由道路引申为规律、规则等方面的意思。"道，所行道也。……道者人所行。……道之引申为道理。"[⑥] 孔子曰："朝闻道，夕死可矣。"[⑦] 韩非子："道者，万物所以然……万物之所以成也。"[⑧] "德"最

---

① 刘乾先等：《韩非子译注》，黑龙江人民出版社 2002 年版，第 137 页。
② 《王临川全集》卷七十三，世界书局 1935 年版，第 463 页。
③ 《伦理学》编写组：《伦理学》，高等教育出版社、人民出版社 2012 年版，第 2 页。
④ 〔宋〕范晔撰、〔唐〕李贤等注：《后汉书·张衡传》卷五十九，中华书局 1973 年版，第 1939 页。
⑤ 蒋少飞：《从词源上简述伦理与道德的概念及关系》，《改革与开放》2012 年第 10 期。
⑥ 〔汉〕许慎撰、〔清〕段玉裁注：《说文解字》，上海古籍出版社 1981 年版，第 75 页。
⑦ 杨伯峻：《论语译注》，中华书局 2009 年版，第 36 页。
⑧ 刘乾先等：《韩非子译注》，黑龙江人民出版社 2002 年版，第 232 页。

早为 𢓊，意为两眼正视前方前行。后字形多有变化，但按照规律，以正当方式行动的原始意思予以保留。"甲骨文中的'德'写作'值'，金文写作'悳'，前者是正直行为之意，后者是正直心性之意。"[①] 后字形殊途同归，合为"德"。其一，"德"通"得"，即取得、获得。《说文解字》指出："德，登也。……登读言得……得即德也。"[②] "是故用财不费，民德不劳。"[③] 其二，"德"指人的品行，指得道。东汉时期的训诂学家刘熙依据汉字"义以音生，字从音造"的原理，指出"德者，得也，得事宜也"。具言之，"德"是人对"道"认识、践履后所具有的良好品行和情操。"皇天无亲，唯德是辅。"[④] 认为君王有德才配天命。"道"和"德"二字合用，最早是荀子。《荀子·劝学篇》："礼者法之分，类之纲纪也。故学至乎礼而止矣，夫是之谓道德之极。"

西方语境中，道德（moral）出于拉丁语的"mos""mores""moralis"。其中，"mores"为"mos"的复数形式，原意为"传统的习惯"。罗马时代，对"mos"的原初含义有所继承和发扬，成语"mospartrum"（意即"祖先的习惯"）较明确地体现了这一点。[⑤] 显然，"道德"也涉及风俗与习惯之意，这一点与"伦理"的含义具有一定的交叉性，所以，在西方语境下，"伦理"与"道德"通常不做区分，通用之，但到了德国古典哲学时期，黑格尔对"伦理"与"道德"进行了区分。黑格尔伦理学说主要包括抽象法、道德和伦理三部分。"抽象法"可以看作道德发生论，"道德"可以看成是个体道德论，"伦理"可以看成是社会道德论。他认为，"道德"是"主观意志的法"，具有主观性和特殊性；"伦理"是自在自为地存在的意识，是主观与客观的统一，具有客观性和普遍性。

综上所述，"伦理"与"道德"无论在中国还是西方，不仅发源早，而

---

① 《伦理学》编写组：《伦理学》，高等教育出版社、人民出版社 2012 年版，第 2 页。

② 〔汉〕许慎撰、（清）段玉裁注：《说文解字》，上海古籍出版社 1981 年版，第 76 页。

③ 李小龙译注：《墨子》，中华书局 2007 年版，第 77 页。

④ 杨伯峻：《春秋左传注》，中华书局 1981 年版，第 309 页。

⑤ 蒋少飞：《从词源上简述伦理与道德的概念及关系》，《改革与开放》2012 年第 10 期。

且思想丰富。在中国文化的语境下，"伦理"与"道德"具有内在的关联性。伦是关系，理是关系内蕴的秩序与条理；道是凝练伦理关系内蕴之理的原则与规范，德是人们对原则与规范的遵守、践行而形成的行为、品德与情操。

在中国语境下，无论是学界还是日常用语，都存在伦理与道德不加区别混用的现象。本书基于伦理与道德之间的内在联系以及不可分割的关系，在"伦理"概念下，既强调伦理关系，又落实到道德行为和品德上，即在伦理中实现伦理关系、伦理秩序、伦理规则、伦理品行的统一。

二、交易活动的道德性

人类的活动是复杂多样的，道德行为只是人类活动类型之一。"广义的道德行为则指人在一定道德意识支配下进行的具有道德善恶意义的活动，即对他人和社会有利或有害，并具有道德自主选择性的行为。"[1] 道德行为具有自主性、自知性、利益性、善恶评价性的特征。人类活动以是否具有道德意义而划分为道德行为与非道德行为。那么，交易行为何以具有道德性呢？

首先，交易活动具有自主性。交易是社会成员间自主选择的行为。交易的自主性主要表现为交易主体的人格平等性、交易物的归属性、交易主体的经济理性。交易是发生在相互独立且平等的社会成员之间的经济活动，交易主体之间的身份、地位、人格是平等的。唯有交易主体彼此独立，不存在人身依附或辖属关系，人们之间才能够平等地协商交易事宜。"平等在最初的诉求是交换主体双方在经济地位上的平等（规则平等）。"[2] 交易主体的平等性还体现在社会关系中的对等关系与等价交换原则的约束关系中。马克思指出："每一个主体都是交换者，也就是说，每一个主体和另一个主体发生的

---

① 《伦理学》编写组：《伦理学》，高等教育出版社、人民出版社 2015 年版，第 247 页。
② 魏小萍：《马克思早期批判思路的形成路径——自由与平等、公平与正义：理念与现实的悖论》，《中国人民大学学报》2016 年第 3 期。

社会关系就是后者和前者发生的社会关系。因此，作为交换的主体，他们的关系是平等的。在他们之间看不出任何差别，更看不出对立，甚至连丝毫的差异也没有。其次，他们所交换的商品作为交换价值是等价物，或者至少当作等价物。"①事实上，交易主体地位平等是实行等价交换的前提和基础。交易物的产权性，表明交易物为一方主体所独有，具有产权归属的排他性，即人们对自己所有物具有支配权、消费权、交换权以及交易后的利益获取权。市场交易得以实现，不仅需要市场主体间的平等关系以及交易物的排他性，而且也需要市场主体具有理性判断力，能够根据市场信息，审时度势，在不受外界胁迫与压力下，自主决定交易事宜。

其次，交易活动具有自愿性。自知自觉性是交易主体自愿性的表现。交易的自知性，表明人们不仅清楚交易的动机与目的，而且预知交易的行为后果及其所要承担的责任。交易动机和目的是双方实现利益互惠。"商品不能自己到市场去，不能自己交换。因此，我们必须寻找它的监护人，商品所有者……商品监护人必须作为有自己意志体现在这些物中的人彼此发生关系，因此，一方只有符合另一方的意志，就是说每一方只有通过双方共同一致的意志行为，才能让渡自己的商品，占有别人的商品。"②交易主体往往是出于自身消费需求产生交易欲望和行动，交易主体的利己动机是鲜明的，但与此同时，交易主体也能意识到交易后果、收益与潜在的风险，以至于法律风险、违法成本的高低，会影响交易者的行为选择。一言以蔽之，交易活动是市场主体利益权衡的一种自知自愿的选择性行为。"只有通过市场商品和服务才是与自我所有权的原则相兼容的。当商品在私人市场上得到供应时，如果一种交易同交易者的目的不一致，那么每个个体都有退出这一特定交易的选择权。……'退出'（power）的权力是市场中最为重要的原则之一。"③

---

① 《马克思恩格斯文集》第 5 卷，人民出版社 2009 年版，第 103 页。

② 马克思：《资本论》第 1 卷，人民出版社 2004 年版，第 103 页。

③ 〔英〕约翰·米德克罗夫特：《市场的伦理》，王首贞、王巧贞译，复旦大学出版社 2012 年版，第 16 页。

再次，交易活动具有利益性。经济学家张五常指出，交易即"上下交征利"。①交易是一种利益互换的行为。一方面，交易是人际交往中发生的价值交换行为，个体的行为选择与他者的利益紧密相连，即交易一方的选择会影响另一方利益的损益，具有利己与利他的共生性、依存性、互动性；另一方面，交易主体不仅与利益相关者形成利害关系，而且个体间或经济实体间的交易也可能对其他社会成员造成负外部性，影响他人的福利。显然，交易是一种关涉他人或社会利益的经济行为。

最后，交易具有社会"应然"要求的价值诉求。交易不仅是互惠互利的经济行为，而且也是一种价值活动。交易物的质量、价格、合同等都有社会规范要求，商品质量要合乎国家或国际标准，价格要公道合理，货真价实，不能欺诈，交易方式要合乎国家法律规定和基本的道德要求。因此，交易行为是合规律性与价值性的统一，既要遵循商品经济的价值规律，实行等价交换，也要合乎国家法律与基本道德规范要求，要遵规守德谋取利益。"市场经济是一种道德经济，一个具有强大的社会和道德结构的正义社会的构建要求尽可能广泛地、深入地扩大市场力量。"②

三、交易伦理界定

基于上面对伦理与道德关系的分析以及伦理概念的含义，本书的"交易伦理"可以界定为：市场主体在交易活动中，应该遵守的基于市场交易伦理秩序而凝练的道德原则、道德规范以及与此相应而形成的行为、品德与情操的总和。

第一，交易伦理秩序。"伦理"一词的本义是"人伦关系及其内蕴的条

---

① 张五常：《经济学解释》第 1 卷，商务印书馆 2003 年版，第 56 页。
② 〔英〕约翰·米德克罗夫特：《市场的伦理》，王首贞、王巧贞译，复旦大学出版社 2012 年版，第 6 页。

理、规律、规则"①。交易是一种经济活动。交易是发生在具有不同需求的社会成员或组织间的价值交换活动。交易主体的一方与另一方通过使用价值与价值的相互让渡，实现利益互换。市场主体间的交易活动，需要遵循市场经济的等价交换原则，所以，交易活动不仅涉及利己与利他的经济关系，而且内蕴了利益实现的秩序，先利人后利己，是一种人我两利的经济行为。交易是行为主体通过公平有序的竞争，平等地协商交易事宜而实现的。因此，交易活动是一种经济伦理关系。

第二，交易道德规则。交易内蕴的经济伦理秩序，凝练出的道德原则与规范，就是市场主体在交易活动中应该遵守的经商之"道"。交易行为不仅具有主体的自知、自觉、自愿、自主性，而且交易行为的选择方式涉及利己与利他，具有善恶评价性。所以，市场主体在交易活动中，要遵守交易道德规则。尽管不同国家和民族在商业伦理原则上不尽相同，但市场道德的共性还是鲜明的。交易道德规则有多种表达方式，如"君子爱财，取之有道"、"己所不欲，勿施于人"、诚实守信、公平竞争、童叟无欺等。

第三，交易道德行为与德性。"'道德'一词的本义是指人们行道过程中主体内心对道德体认、获得以及由此形成的内在品质。"②交易伦理不仅表现为交易经济活动中的伦理秩序，由之凝练出约束和引导社会成员行为的道德规则，而且也表现为市场主体在交易经济活动中，自觉遵守交易伦理规则，具有相应的品行。具言之，市场主体经过社会道德教化及其自身修养，在交易活动中自觉守德谋利，具有良好的道德行为及品德。

需要说明的是，交换伦理与交易伦理既有联系，也有一定的区别。尽管从历史演进的历程来看，交换与交易的对象与方式有一定的区别，但在本质上，交易就是一种互通有无的交换活动，因此，无论是交换还是交易，内蕴的伦理要求和道德原则是相同的，都要求市场主体遵守诚实信用、公平竞

---

① 焦国成：《伦理学学科定位的时代反思》，《江海学刊》2020 年第 4 期。
② 焦国成：《伦理学学科定位的时代反思》，《江海学刊》2020 年第 4 期。

争、货真价实等道德规范。二者的主要区别在于：调节方式发生了一定的变化，交换在熟人社会，多是一手钱一手货的直接交换，主要靠道德和习俗进行调节；交易在陌生人社会，多是商品价值与使用价值不能同步实现的信用交易，除道德调节外，还有法律、监管和信用惩戒。

第三节　交易伦理的功效

市场交易具有信息不对称性，蕴含各种投机牟利的风险。交易伦理对市场主体道德自觉、自省、自律的培育所塑造的伦理经济人，对于规避逆向选择、降低道德风险、提高经济效率、促进人际信任，具有重要作用。

一、规避逆向选择

逆向选择（adverse selection）是在市场交易环节因信息不对称产生的问题。在一般意义上，逆向选择是指参与经济活动的市场主体，一方利用交易信息占有优势，预期自己获益而他人受损的情况下，主动订立契约，而处于信息占有劣势的一方，难以做出判断，继而导致价格扭曲的情形。概言之，在市场交易中，逆向选择是由信息不对称性引发市场交易价格下降，劣品驱逐良品与价格扭曲的现象。在曼昆看来，逆向选择即"从无信息一方的角度看，无法观察到的特征组合变为不合意的倾向"[①]。

基于二手车交易市场中买方与卖方在交易对象质量方面的信息不对称性，乔治·阿克劳夫着重探讨了与质量不确定性相关的问题，提供了一套用

---

① 〔美〕格里高利·曼昆：《经济学原理》（微观经济学分册），梁小民、梁砾译，北京大学出版社2009年版，第489页。

以衡量不诚实经济成本的结构，立论了劣质产品信息不对称性的存在及其产生的消极影响。阿克劳夫指出，尽管存在许多市场，但买方往往只基于其中某些市场的统计数据作为意向购买交易对象质量的判定依据。此种情况下，由于优质产品的收益统计数据主要受到卖方整体而非个别卖方的影响，因此，市场交易中的卖方具有销售劣质商品的应激性，导致产品的平均质量和市场规模呈下降趋势。

交易伦理对市场主体诚实守信道德人格的塑造，使交易具有稳定的行为预期，有助于规避"逆向选择"。市场主体在参与交易的过程中，具有利益导向的应激行为倾向，而市场在调节资源中提供了可供选择的不同配置形式，相应地产生了差异化的行为收益与利益实现方式，最为典型的是人我两利的行为与损人利己的行为。因此，在信息不对称的条件下，市场主体更易于出现"逆向选择"。交易伦理通过营造诚实守信的社会文化氛围，将诚实守信的道德观、价值观、义利观融入社会评价体系和市场主体经营理念中，使诚实守信成为交易行为准则和值得赞誉的可嘉行为，进而促进市场主体对诚实守信价值观的认同和信奉，并在长期的实践中形成良好的道德行为习惯和道德品德，即通过道德理性对牟利欲望与激情的合理控制，形成交易行为的道德"中道"，进而规避"逆向选择"。与纯粹的经济手段相比，交易伦理对"逆向选择"的规避更具优势。经济学中有一种观点认为，信息不对称性所诱发的"逆向选择"问题可以通过增加信息获取的手段加以改善。迈克尔·斯宾塞关注劳动力交易，对雇主与应聘者之间关于受聘对象生产能力信息的对称性问题进行了探讨，认为雇主可以通过掌握应聘者更为详尽的信息，如应聘者的"教育、过去的工作经历、种族、性别、犯罪与服务记录等其他数据"[1]，规避逆向选择。但问题是，市场主体不仅信息采集的种类与手段较为单一，采集效率较低，而且所采集的信息良莠不齐、真伪难辨，尤其

---

[1]　Michael Spence, "Job Market Signaling", *The Quarterly Journal of Economics*, Vol.87, No.3, Aug. 1973, p.356.

是个人信息的采集需要法律授权，因此，信息的采集和验证成本较高，对"逆向选择"的制约力度有限。

交易伦理推崇的守信互惠、"义利两养"的正当获利方式，有助于规避"逆向选择"。在对诚实守信道德原则的遵守问题上，存在条件型与条件无涉型两类。前者对诚实守信交易行为附加是否盈利的额外条件，在价值排序上，视诚实守信为盈利的次级原则。持这类观点的人认为，市场主体并不需要将诚实守信的道德原则上升为普遍的道德法则，当且仅当诚实守信能够发挥其实现盈利的价值，这类道德原则的执行才是必要的。这种以盈利为条件对道德的遵守，难以完全规避逆向选择。如企业一旦面临外部经营环境或自身经营状况恶化，甚至诚实守信原则的遵守会损害企业的利益，一些企业就会放弃对诚实守信的坚守，转而通过偷工减料、以次充好、夸大交易对象功能等手段牟利，以维持企业的生存。后者强调遵守诚信道德原则的无条件性，认为只有诚实守信成为具有普遍必然性的"绝对命令"，市场主体在行为选择时才不会发生动摇，即不会为了利益而失德。交易伦理不反对正当利益的获取，只是要求市场主体遵循"道义"的行为尺度，保持获得正当利益的应激性。

交易伦理的"礼法"合治，有利于抑制"逆向选择"行为的蔓延。社会行为规范包括"礼"与法两个主要方面。交易是重要的社会交往行为，对"逆向选择"的行为约束，相应地包括"礼"的内在伦理约束与法的外在制度约束两方面。不论是"礼俗社会"中的法还是现代法治社会中的法律，它们虽然具有强制执行的优势，但对交易环节中"逆向选择"的规制存在滞后性与非广延性的不足。"礼"即"社会公认合式的行为规范。合于礼的就是说这些行为是做得对的，对是合式的意思"[1]。因此，即便有些交易行为缺乏法的约束，"礼"依然能在内在伦理制约下发挥作用。在调节手段方面，礼

---

[1] 费孝通：《乡土中国》，人民出版社 2008 年版，第 61 页。

不依靠"有形的权力机构来维持。维持礼这种规范的是传统"①。换言之，"礼"先于交易参与者而存在，是代际间延续下来的交易行为准则与规范。只有行为合乎"礼"，才是合宜的、正确的，可被接受与认同的。"礼"虽然不具有法的外在强制执行力，但通过长期不断的教化、践行以及人们的"克己""省身"等，会使社会成员从小养成诚实守信的价值认同和行为范式。"礼并不是靠一个外在的权力来推行的，而是从教化中养成了个人的敬畏之感，使人服膺；人服于礼是主动的。"②

二、降低道德风险

道德风险（moral hazard）是信息不对称性前提下产生的另一个道德问题。在一般意义上，它是指参与交易活动的市场主体之间由于存在信息的不对称性，其中一方无法对另一方立约后的执行情况进行有效的监测监督或监督成本过大，从而导致交易中信息居于相对优势的一方在实现个人利益最大化的同时损害信息占有相对劣势的一方利益。

阿罗在《不确定性与医疗关护的福利经济学》一文中，通过对医疗保险社会福利与损失的研究将道德风险引入经济理论中。他指出，在医疗政策方面，医疗关怀成本不完全是由遭受病痛的患者决定的，而是由医生的选择及其提供医疗服务的意愿决定。因此，人们将共保条款引入重大医疗政策当中以应对这类情形的发生，诸多保险公司也以此作为回避风险的重要举措。③ 曼昆则将"道德风险"界定为："一个没有受到完全监督的人从事不诚实或不合意行为的倾向。"④ 与"逆向选择"的立约后的机会主义行为相比，道德风

---

① 费孝通：《乡土中国》，人民出版社 2008 年版，第 61 页。
② 费孝通：《乡土中国》，人民出版社 2008 年版，第 63 页。
③ Kenneth J. Arrow, "Uncertainty and the Welfare Economics of Medical Care", *The American Economic Review*, Vol.53, No.5, Dec. 1963, p.962.
④ 〔美〕格里高利·曼昆：《经济学原理》（微观经济学分册），梁小民、梁砾译，北京大学出版社 2009 年版，第 488 页。

险则是一种由客观存在的信息不对称性引起的风险。"道德风险是因信息不对称（亦称为非对称信息）而产生的系统性风险，属于一种不可保风险，且具有不可消除性。"[①] 换言之，道德风险是一种信息不对称性条件下天然孕育而成的风险。道德风险与道德败坏间存在本质的不同，其发生与行为主体的道德素养具有一定的关联性。

交易伦理增加市场主体行为的稳定性，降低道德风险。在信息不对称条件下，市场主体的不道德行为与背信弃义导致其行为变幻莫测，难以预料，这极大地增加了交易的监督与执行成本。而不同于法律形成的外在行为规范，作为市场主体的内在行为规范，交易伦理不对具体交易类别进行区分，而是在普遍意义上确立了社会经济交往行为的原则和规范。它依托道德评价与行为者的道德意识，充分发挥行为者的积极性、能动性，形成较为稳定的行为，增加市场主体行为的可预期性。尽管不同市场主体间不具有血缘关系，缺乏相互的了解，具有信息的不对称性，但大家都认同诚实守信、一诺千金、"言必信，行必果"的社会经济交往的道德通则，那么，不论立约后交易对象的市场价格与出现何种未能预测到的新变化或情形，以及交易行为结果所产生的实际收益与预期收益间存在多大程度的差额，人们都会义无反顾地自觉守信践诺，即使是通过口头沟通达成的承诺。事实上，交易主体以某种方式、路径实施行为的过程，既需要客观条件的支撑，也需要主观条件的保障，如具有交易伦理观和对交易道德坚守的坚强意志。唯有如此，才能在有利可图的情况下，抵制住不正当利益的诱惑。具有道德信念的交易者，强调交易行为合乎"道"，诚信经营，不弄虚作假，以欺骗手段赚钱，牟取不义之财，而是"慎终如始"，不欺人，不自欺，不利用信息不对称而损害他人的利益。

---

① 王璐航：《诚信体系：防控社会医疗保险道德风险的理性选择》，博士学位论文，吉林大学，2017年，中文摘要第 1 页。

三、提高经济效率

效率是经济学中的一个重要概念。效率理论几经发展，形成了较为丰富的理论内涵。在现代经济学的理论体系中，效率是指"资源配置使社会所有成员得到的总剩余最大化的性质"[①]。其中，总剩余由消费者剩余与生产者剩余共同构成。效率与市场主体在交易中欲求的隐性利益息息相关。"如果一种配置是无效率的，那么，买者和卖者之间的交易的一些潜在的利益就还没有实现。"[②]经济效率的内涵较为广泛。关于这一概念，不同经济学理论都有所涉及，形成了对经济效率的不同阐释。但在一般意义上，经济效率在本质上是指资源利用的有效性，即资源的价值增值性与无浪费性。

现代社会是法治社会，市场主体参与交易行为具有守法的义务。市场主体的守法义务适用于全体交易参与的个人、企业、社会组织与政府等，即不因市场主体的经济地位、权力、性别与职业等个性特征而具有差异，因此，守法是交易行为的底线要求。市场主体的利益与法律的应激统一性表明，利益实现方式的守法底线性。市场主体只能在守法的前提下，在众多存在的交易中，甄别、遴选出法律上认可的交易类别和对象，并以合法的方式实现利益的获取。尽管一些交易的经济回报较大，但只要触及法律的底线，就坚决不越雷池一步。如毒品交易、器官交易、内幕交易等，尽管可能在短期内侥幸偶然地获得了巨额的违法利益，但法网恢恢疏而不漏，等待交易者的终将是法律的严惩。通常情况下，当市场主体实施或参与的交易行为成为法律所禁止的对象，则为违法行为。囿于法律条款的有限性，对于法律未述及但却明显有违社会公序良俗和一般道德常识、道德意识和道德感的行为，则成了法律调控的模糊地带。在某类交易能提供达到市场主体预期丰厚收益的情况

---

① 〔美〕格里高利·曼昆：《经济学原理》（微观经济学分册），梁小民、梁砾译，北京大学出版社2009年版，第156页。

② 〔美〕格里高利·曼昆：《经济学原理》（微观经济学分册），梁小民、梁砾译，北京大学出版社2009年版，第156页。

下，则易于导致市场主体铤而走险。交易伦理依风俗习惯、内心信仰塑造市场主体的优良品德、道德情操与道德人格，就能确立道德与利益的价值优先性，在一定程度上弥补法律规范的不足与短板，确立市场主体在交易行为选择、实现方式与事后利益分配方面的道义规约，具有对不正当行为的事先规避性，从而降低了市场主体的交易风险，提高经济效益。所以，利益与道德具有应激的统一性。

市场主体参与交易活动的动机是通过交换实现对各自交易对象的产权转移、使用价值的让渡或价值的获取。市场主体利益的实现是以遵守交易行为的道德原则为前提，因此，市场主体交易行为利益应激的实现是在道义优先、互惠互利的限度内实现的效率，即道德上否定的或与社会公序良俗相抵触的不当交易，会影响经济效率正向的提高。利益与道德的应激统一性表明，合德的交易行为对于经济效率的提升，受益者不仅仅是社会、经济体，还有交易个体；同样，如若市场主体实施了不道德的交易行为，受害者不仅是与之交易的对象，也包括他自身。一旦参与交易的市场主体对经济共同体中的其他市场主体实施了欺骗或其他类型的不守信行为，导致相应的市场主体的正当利益受损，其他市场主体势必会采取相应的反制措施。即一旦某个市场主体在交易中的虚假失信信息，在相应行业圈中恶名远播，为业界同仁所熟知，则这类市场主体即使具备参与交易的经济实力和合法资质，也会受到行业圈中其他市场主体的联合排挤与抵制，增加二次交易的"无谓损失"。

交易伦理能够降低市场主体间的事前、事中、事后交往成本，提高经济效益。由于市场主体都认可交易伦理的行为准则，且都具有较高的行为执行力，因此，市场主体在交易中就会自觉地按照交易伦理准则去做，即使在信息不对称的情况下，市场主体也能够在一定程度上遏制内心的贪婪与冲动。无论交易顺遂与困顿，市场主体都能自觉践行交易伦理准则，保持合乎道德规范交易行为的一贯性。以企业和消费者间的交易行为为例，在消费者表明购买意向，确立交易对象的品牌和款型后，对应品牌产品的销售人员不仅要积极主动地与顾客进行沟通，而且还应及时将顾客对交易对象的个性化偏好与送货安装的时间安排与厂商的相关负责人进行信息对接，确保顾客合理要求的可行性和执行有效性。企业负责人与销售人员对顾客做出的与交易对象相关的售后服务及其优惠，坚持客观与公正的伦理准则，可以确保顾客的合理需求和对企业信誉的认可，降低交易中人为道德风险，减少相应环节中的经济利益纠纷及其违约违法成本，提高企业的经济效率。此外，对于出现质量问题或环保问题的商品，坚守交易伦理准则的企业不仅会主动向顾客承认错误，正视产品存在的问题，而且还积极与顾客进行接洽，妥善处理善后事宜，能够最大限度地降低顾客的交易损失和不满足感，避免企业与顾客信任关系的进一步恶化，以降低企业的潜在损失；反之，如果企业对消费者反映的产品问题敷衍塞责，消极躲避，则易于引起消费者不满，恶化消费者与厂商的关系，导致交易过程中人际关系摩擦，增加交易成本，影响企业的经济效率。企业将顾客至上的伦理关怀融入商品配送过程中，注重对交易后的内部监督与售后回访，这些行为会提升企业在消费者心中的信任感与形象，提高企业的经济效率。

企业践行交易道德，会形成良好信用信息的传散效应，以低成本拓展潜在用户，进而提高经济效率。传统熟人社会中的交易内蕴着一套行为约束机制。在熟人社会中，由于社会成员间彼此知根知底，具有信息的对称性，因此，一旦社会成员出现了不合乎"礼"的交易行为，如借钱不还，则圈子里的人会通过口耳相传知道该社会成员的不诚信行为信息，失信者会因此受到社群圈的共同抵制，导致其失去在社群继续从事交易的根基。进入市场经济后，交易的范围更为广泛，逐渐打破了传统"礼俗社会"的地域限制，形成了陌生人之间的交易。而与传统的交易相比，现代社会的交易同时兼有陌生人交易与熟人交易的跨人际交易传递性。陌生人之间的交易，往往是在缺乏信息对称情况下的初次交易。企业践行交易伦理准则，诚实守信、积极履责，能够与初次交易的消费者构建良好的信任关系，使消费者形成对所购买交易对象的生产企业及其品牌、质量的认可与肯定。初次购物的消费者与其他有类似需求的消费者间的熟人交流，会使特定品牌的优质信息通过口耳相传，产生品牌的增值增销效应。

四、促进人际信任

信任，即相信、认可与任用，它主要是指人们之间的一种信赖关系以及由此产生的对他人或组织的相信、道德认同和归属感。在个体层面，信任内蕴"信"，而"信"是我国传统儒家思想中"五常"——仁义礼智信的重要组成部分，它要求个体要诚实守信，在与人交往中不弄虚作假。信任是现代社会的基石。"信任是交换与交流的媒介。"[①] 人们之间的社会交往，除了具有互利性的利益驱动外，还须具有相互信任的道德纽带。"清楚而简单的事实是：没有信任我们认为理所当然的日常生活是完全不可能的。"[②] 社会学家卢曼在《信任与权力》一书中认为，信任是复杂情形下简化的重要机制，它可以促进社会关系的持续发展。"信任的存在是所有可持续社会关系的重要组成部分。"[③] 福山认为，信任是一种基于社会共同体的共识性行为准则的合理期望。"在一个有规律的、诚信的、相互合作的共同体内部，成员会基于共同认可的原则，对于其他成员有所期望，这一期望便是信任。"[④]

信任有三大基本特征：明确的预期性、他者行动指向性、正向积极肯定性。信任具有鲜明预期性行为的特征，它体现了行为者对信任对象未来一定情形下行为表现的推测与相信。"信任（trust）就是相信他人未来的可能行动的赌博。"[⑤] 信任具有他者行动的指向性和正向积极肯定评价性。信任体现

---

① 郑也夫：《信任论》，中国广播电视出版社 2006 年版，第 19 页。

② Good, David, *Individuals, Interpersonal Relations, and Trust*, Oxford：University of Oxford, 2000, chapter 3, p.32.

③ Niklas Luhmann, *Trust and Power*, New York: John Wiley & Sons, 1979, p.45.

④ 〔美〕弗兰西斯·福山：《信任——社会道德与繁荣的创造》，郭华译，广西师范大学出版社 2016 年版，第 28—29 页。

⑤ 〔波兰〕彼得·什托姆普卡：《信任——一种社会学理论》，程胜利译，中华书局 2005 年版，第 32 页。

的是人们之间以及社会成员与社会组织之间的信赖关系，是对信任对象未来行为正向的、肯定性的评价。也就是说，虽然对他人行为的未来情形缺乏可知性，但依然对特定对象未来行为的可预期性保持认可。信任是共同体与社会资本产生的必备条件。"共同体是基于互相信任之上的，缺了信任，共同体不可能自发形成；社会资本是一种能力，它源于某种社会或某特定社会部分中所盛行的信任。"① 根据属性的不同，什托姆普卡将信任划分为预期信任（anticipatory trust）、反应信任（response trust）与唤起信任（evocative trust）三类。②

人际信任（interpersonal trust）是信任在心理学特别是社会心理学中的具体表现形式。一般意义上，它是指参与社会人际互动的个体在交往过程中逐步建立起来的，关于交往对象言辞承诺与书面或口头陈述方面可靠性度量的一种抽象化的期望。人际信任具有生成的艰难性与毁损的脆弱性的二重特征。人际信任是个体通过在社会人际互动中长期的言行一致、践信履约方面的恒常语言与行为范式而相应获得他人的信任和认可，这种信任关系的建立并非一朝一夕的事，必须是个体持之以恒、勠力而行，这一过程不仅需要行为者坚强的意志力与坚韧的品德，而且更需要较高程度的意志自律与理性自觉。因此，行为者如果仅仅停留在追求诚信言行的手段善、偶然善层面，则难于形成稳定的人际信任关系，只有将诚实的行为当作善本身，出于目的、责任、义务而为的人，才易于形成人际信任关系。与此同时，人际信任十分脆弱，易于遭受毁损。由于个体在进行判断时，交往对象的负面信息往往比正面信息留有更深刻的印象，因此，在交往对象出现偶然的不诚实言行后，个体易于产生对交往对象缺乏信任的倾向。人际信任会受多重因素的影响。哈丁（Hardin）于 2002 年对人际信任的影响因子进行系统梳理，确立了信

---

① 〔美〕弗兰西斯·福山：《信任——社会道德与繁荣的创造》，郭华译，广西师范大学出版社 2016 年版，第 28—29 页。

② 〔波兰〕彼得·什托姆普卡：《信任——一种社会学理论》，程胜利译，中华书局 2005 年版，第 34—35 页。

任个体、关系属性、情境因素三个方面的人际信任影响因素。信任与交易成本具有负相关性，较高的信任有助于降低社会经济运行的交易成本。福山指出："一个社会中的普遍的不信任给各种经济行为横加了另一种税，而高度信任的社会则无须支付这一税款。"[①] 社会学家马克斯·韦伯认为，"一切信任，一切商业关系的基石明显地建立在亲戚关系或亲戚式的纯粹个人关系上面"，是一种特殊信任；而普遍信任则是指"将商业信任建立在每一个个人的伦理品质的基础上，这种品质已经在客观的职业工作中经受了考验"。[②]

交易伦理是人际信任形成的基础。交易是社会的重要交往行为，蕴含利益性与信息不对称性，易于诱发不道德的逐利行为，易于导致市场主体间因猜疑而缺乏信任与安全感，因之产生高额的交易成本。市场主体积极践行诚实守信、公平买卖、货真价实等伦理准则，形成道德的内在约束而具有良好的道德行为，就会获得其他社会成员或组织对该行为的认可与嘉许，博得人们信任，从而形成良好的人际关系。对交易伦理准则执著与坚守的市场主体，即使法律存在"空缺架构"或处罚过轻的情形，也能在交易经济活动中保持道德定力，不被利欲诱惑而迷失方向。交易双方具有信任关系，在交易的执行与监督环节，市场主体间具体交易细节的权利与义务关系无须全然诉诸烦琐且复杂的契约，只需通过口头承诺的方式就能实现同等甚至优于契约的行为效果。美国社会学家迈克尔·武考克在《社会资本与经济发展：一种理论综合与政策构架》中指出："当各方都以一种信任、合作与承诺的精神来把其特有的技能和财力结合起来时，就能得到更多的报酬，也能提高生产率。"[③]

交易伦理有助于市场主体获得社会信任。交易的实现条件包括经济购买力和道德品行。其中，经济购买力是交易意愿产生的前提，即交易中的买方

---

① 〔美〕弗兰西斯·福山：《信任——社会道德与繁荣的创造》，郭华译，广西师范大学出版社 2016年版，第 30 页。

② 〔德〕马克斯·韦伯：《儒教与道教》，王容芬译，商务印书馆 1995 年版，第 289 页。

③ 杨惠斌、杨雪冬主编：《社会资本与社会发展》，社会科学文献出版社 2000 年版，第 10 页。

具有完成交易的合法收入，存在实施交易的可行性。除了经济应激性外，市场主体自身的诚实守信情况则构成了交易实施的内在道德意愿，即市场主体在长期的交易活动中，言行一致，具有诚信人格，获得了人们的信任，其他市场主体就会乐于与其进行交易，形成实施交易的内在道德意愿。总之，市场主体要始终坚守交易伦理原则，具有稳定行为预期，就会赢得他人信任。

第二章　交易伦理的多维解读

伦理学以道德为研究对象，不仅研究道德意识和道德规范现象，而且也研究道德活动现象。它作为一门历史悠久的学科，学派分立，理论纷呈。不同的伦理学说对道德问题形成的较为系统化和理论化的道德思想观点，奠定了对交易伦理多维解读的理论基础。在伦理学中，按照道德理论是以"行为者"为中心还是以"行为"为中心的划分方法，一般把主要伦理学说划分为美德论与规范论两大类型。在规范论伦理学中，又具体分为契约论、义务论和功利论。本章将分别对美德论、契约论、义务论、功利论相关的交易伦理思想进行梳理与条陈。

第一节　美德论及其交易伦理思想

美德论是伦理学说中具有重要影响的学派之一。它关注的是：什么是人值得过的好生活，注重的是人的道德品德、道德人格与道德情操，而非行为原则和行为后果。"我断定，美德伦理学几乎是中外所有传统伦理学理论中最原始、也最连贯成熟的经典形态，并且我尝试着给美德伦理学做出了如下概念界定：'它以人类个体或群体的道德品格和伦理德性为其基本研究主旨，意在通过具体体现在某些特殊人类个体或社会群体的行为实践之中的卓越优异的道德品质，揭示人类作为道德存在所可能或者应该达成的美德成就或道德境界。'"① 从历史流变来看，美德论可以分为以古希腊哲学家亚里士多德为代表的古典美德论和 20 世纪后期以来以麦金太尔、赫斯特豪斯为代表的现代美德论。

一、美德论的主旨思想

麦金太尔通过对历史的考察，认为美德或德性，在古希腊时期，有两个含义。一个是指人或物自身具有的卓越特性。"希腊语的'arete'一词（后来被译成'德性'）在荷马史诗里，被用于表达任何一种卓越。一个快速跑步者展现了他双脚的'卓越'（arete）。"② 德性作为一种品质，"它的表现形式是某人能够完满地履行他被明确规定了的社会角色所要求的义务"③。人所具备品德的优良性，是行为者获得他人或社会赞美的依据。另一个意思是亚里士多德对美德的理解，指人的好生活所要求的品德。"在亚里士多德看来，作为人的好（善）生活的目的是和德性联系在一起的，德性的践行本身是好生活的中心性的必要部分，没有德性，也就没有人类的好生活或幸福。"④ 与义务论和功利论相比，美德论强调道德的本质不在于遵循某种基本的规范与原则或获得好的行为结果，而在于人们的德性养成，在于人一贯的道德表现和良好的行为习惯；同时，美德论尤为强调道德是因自身而被追求，并非因为有用才被需要，即道德是目的而非手段。作为个体优良道德品质的美德，它具有三个重要特征：自因性、超功利性和自律性。具体而言，美德是行为者出于道德自身而具有的良好品行，道德是目的而非到达其他目标的手段，

---

① 万俊人：《关于美德伦理学研究的几个理论问题》，《道德与文明》2003 年第 3 期。

② 〔美〕A. 麦金太尔：《德性之后》，龚群、戴扬毅等译，中国社会科学出版社 1997 年版，第 154 页。

③ 龚群：《现代伦理学》，中国人民大学出版社 2010 年版，第 325 页。

④ 龚群：《现代伦理学》，中国人民大学出版社 2010 年版，第 326 页。

动机是超功利的，同时，也不是出于外在的胁迫（社会舆论或利益算计）。

亚里士多德是古典美德论的代表人物，他的美德论是建立在理性主导的人性论基础上的。他认为，人虽然具有欲望、激情和理性，但唯有理性才是人超越其他物类的独有特性。理性使人思考什么是人应该过的好生活，因之，人应该具有的优良状态是人的理性主导欲望和激情，肉体受灵魂统治。人的道德活动是理性控制和引导欲望和激情，达到"中道"，即德性是人合乎理性的活动。在亚里士多德看来，一个事物的善好在于发挥其功能，"德性是一种使人成为善良，并使其出色运用其功能的品质"[①]。因之，人的德性就是人的理性功能的充分发挥。他从目的论的角度，提出只有出于自身的原因而被追求的道德才是善的。"善显然有双重含意，其一是事物自身就是善，其二是事物作为到达自身善的手段而是善。"[②] 善好的生活并不必然与个体的有用性或乐趣相关，而是其本身就构成了人的存在目的。"那种永远为自身而不为它物的目的是最完满的、绝对最终的目的，是最高的善。"[③]

二、古典美德论的交易伦理观

在亚里士多德美德论思想体系中，蕴含着丰富的交易伦理思想。亚里士多德时代的雅典，贸易较为发达，而且，"交易是城邦共同体的重大事业或公民们的主要生活活动，这一点，也可以从当时雅典海上及内陆贸易的高度发达与重要性中得到证明"[④]。除城邦公民间生活必需品的日常交换外，还

---

① 〔古希腊〕亚里士多德：《尼各马科伦理学》，苗力田译，中国社会科学出版社 1990 年版，第 32 页。
② 〔古希腊〕亚里士多德：《尼各马科伦理学》，苗力田译，中国社会科学出版社 1990 年版，第 8 页。
③ 〔古希腊〕亚里士多德：《尼各马科伦理学》，苗力田译，中国社会科学出版社 1990 年版，第 10 页。
④ 周展、陈村富：《市场交易契约是道德的根？——也论亚里士多德的分配公正观，兼与摩凯恩教授商榷》，《浙江学刊》2002 年第 3 期。

包括具有抵押赎回性质的土地交易。"早在古希腊时期就有以土地作抵押的形式，称为有赎回权的买卖。"①与此同时，古希腊时期，还拥有图书贸易。"早在公元前4、5世纪时，古希腊、古罗马已有了图书贸易的市场。"②除此以外，当时的雅典市场交易，还有先预订后付款的农产品期货交易。"当时，城里的商人在农作物收获季节到来之前便常向农民预购，待农民收获农产品后再支付，这种买先卖后交割的远期贸易就已带有期货交易的性质。"③雅典时代多样的交易类型以及繁荣的商贸活动，促进了亚里士多德对交易伦理的深入思考。亚里士多德把交易分为三大类型：第一，安全性较高的一般交易，如"船舶供应""商品运输""商品展售"等；第二，能够带来较大利润的交易，如"高利贷"和"雇佣业务"等；第三，非农业生产型自然资源技术开采交易，如"伐木"和"采伐"等。④

亚里士多德的交易伦理思想集中体现在其公正观中。在亚里士多德看来，"公正"是指"一种由之而做出公正事情来的品质"⑤，它是一种整体德性，"公正是一切德性的总汇"⑥。在一般情况下，人们以德性对待自己是容易的，而以德性对待他人往往是困难的，而具有公正德性的人，能够以道德的方式对待他人，是一种关心他人的善行，所以，"公正不是德性的一部分，而是整个德性"⑦。除了作为整体德性的公正外，还存在部分公正的德性。"部分的公正和不公正分为两类。在不公正是违法和不均，在公正则是守法和均等。"⑧城邦公民的行为应该遵循"守法和均等"的德性要求。"守法"是交往行为的底线。"法律要求人们合乎德性而生活，并禁止各种丑陋的事。教

---

① 薛军：《对典当的立法思考》，《法学杂志》1989年第1期。

② 李荃：《欧洲书业的形成及其本质特征》（下），《出版发行研究》1994年第1期。

③ 李辉华、奇正、王大海：《世界主要期货市场现状简介》，《红旗文稿》1994年第1期。

④〔古希腊〕亚里士多德：《政治学》，颜一、秦典华译，中国人民大学出版社2003年版，第21页。

⑤〔古希腊〕亚里士多德：《尼各马科伦理学》，苗力田译，中国社会科学出版社1990年版，第88页。

⑥〔古希腊〕亚里士多德：《尼各马科伦理学》，苗力田译，中国社会科学出版社1990年版，第90页。

⑦〔古希腊〕亚里士多德：《尼各马科伦理学》，苗力田译，中国社会科学出版社1990年版，第90页。

⑧〔古希腊〕亚里士多德：《尼各马科伦理学》，苗力田译，中国社会科学出版社1990年版，第91页。

育人们去过共同生活所制订的法律，就构成了德性的整体。"① 具而言之，守法的公正要求人们在社会交往中，必须遵守法律的相关规定，做到法律明令禁止的行为坚决不去做。"不均是不公正的，然而在不对等的事物之间存在着一个中间。这个中间就是均等。"② 在亚里士多德看来，行为的不公正性，主要表现为行为的违法性或非"均等"的利益所得。"守法和均等的人是正义的，违法和不均等的人是不公正的。"③ 因此，交易行为的公正性首先体现为行为者实施的交易行为不仅合乎法律的规定，而且能以均等的方式与其他人进行交易。交易的守法性除了具有守法的一般交往行为的准则性外，还体现在交易尺度的统一性与法定性方面。"使用的交换习以为常就发明了货币，货币依据法律而存在，所以称为法币。"④ 换言之，交易物价值的衡量是通过法定货币的方式实现的，交易实行等价交换，只能以交易物价值量基本对等的一定数量的法定货币进行支付、结算，完成对交易对象的购买与占有。"交换必须是等价的，货币作为一种尺度，可将事物公约，并加以等价化。"⑤ 在亚里士多德看来，并非所有的经济行为都隶属于交易的范畴，只有在法律框架内的买卖或其他种类的交换才是交易。"例如买进和卖出，以及其他为法律所允许的交易。"⑥

在亚里士多德看来，"公正分为两类：一类表现在财物和荣誉等等的分配中，另一类表现在交往中提供是非的标准"⑦。"公正"是作为确立财物与荣誉在城邦内进行分配行为的德性标准和城邦内一般交往的对错依据。"分配公正（distributive justice）在于由国家对公共财产按比例分配。"⑧ 分配公

---

① 〔古希腊〕亚里士多德：《尼各马科伦理学》，苗力田译，中国社会科学出版社 1990 年版，第 92 页。

② 〔古希腊〕亚里士多德：《尼各马科伦理学》，苗力田译，中国社会科学出版社 1990 年版，第 93 页。

③ 〔古希腊〕亚里士多德：《尼各马科伦理学》，苗力田译，中国社会科学出版社 1990 年版，第 88 页。

④ 〔古希腊〕亚里士多德：《尼各马科伦理学》，苗力田译，中国社会科学出版社 1990 年版，第 97 页。

⑤ 〔古希腊〕亚里士多德：《尼各马科伦理学》，苗力田译，中国社会科学出版社 1990 年版，第 97 页。

⑥ 〔古希腊〕亚里士多德：《尼各马科伦理学》，苗力田译，中国社会科学出版社 1990 年版，第 97 页。

⑦ 〔古希腊〕亚里士多德：《尼各马科伦理学》，苗力田译，中国社会科学出版社 1990 年版，第 91 页。

⑧ 〔美〕摩凯恩：《市场交易契约的内在道德完备性——亚里士多德、交易公正、"正名"》，《浙江学刊》2002 年第 3 期。

正遵循比例原则，根据城邦不同公民所提供产品数量的多寡，按照贡献比例确立社会公共产品的分配量。"分配性公正，是按照所说的比例关系对公物的分配。（这种分配永远是出于公共财物，按照各自提供物品所有的比例。）"① "分配公正"遵循比例公正原则，各得其所。"公正就是各取所值原则。"②

针对交往中违背"均等"原则的行为，亚里士多德提出了"矫正公正"的概念。③矫正性公正不以"几何比例"而是根据"算数比例"的方法进行核算。矫正性公正的计算对象是交往行为前后的利得与利失，其实现方式是通过裁判者对不均等行为的一方处以与其超出均等比例所获利益对等的处罚或以其他方式依法剥夺其不正当利益的方式实现。"裁判者用惩罚和其他剥夺其利得的方法，尽量加以矫正，使其均等。"④矫正性公正的均等不同于较为宽泛意义上普遍公正的"均等"，在概念指向方面更为清晰，特指交往中行为者利益的损益。"利得和损失，即多和少的中道，即公正。"⑤矫正性公正遵循依法同罪同罚原则。对于同一类有违均等原则的交往行为，只要行为造成了对方的利益损失，则不论实施这类行为前，行为人的品德如何，是好还是坏，一律依照法律同罪同罚，俱无例外。"不论好人加害于坏人，还是坏人加害于好人，并无区别。不论是好人犯了通奸罪，还是坏人犯了通奸罪，也无区别。法律则一视同仁，所注意的只是造成损害的大小。"⑥以交易为例，不论实施欺骗的行为人身份是尊贵或卑贱，在德性上是否受人尊重，具体以何种方式实施了欺骗行为，只要是欺骗给其他交易者带来了损失，都应受到处罚，使欺骗的一方退还出超出均等原则的利得，受损失一方则获得相应的同等数量的补偿，重新实现"均等"分配的状态。"公正就是在非自愿

---

① 〔古希腊〕亚里士多德：《尼各马科伦理学》，苗力田译，中国社会科学出版社 1990 年版，第 95 页。
② 〔古希腊〕亚里士多德：《尼各马科伦理学》，苗力田译，中国社会科学出版社 1990 年版，第 93 页。
③ 〔古希腊〕亚里士多德：《尼各马科伦理学》，苗力田译，中国社会科学出版社 1990 年版，第 95 页。
④ 〔古希腊〕亚里士多德：《尼各马科伦理学》，苗力田译，中国社会科学出版社 1990 年版，第 95 页。
⑤ 〔古希腊〕亚里士多德：《尼各马科伦理学》，苗力田译，中国社会科学出版社 1990 年版，第 95 页。
⑥ 〔古希腊〕亚里士多德：《尼各马科伦理学》，苗力田译，中国社会科学出版社 1990 年版，第 95 页。

交往中的利得与损失的中间，交往以前和交往以后所得相等。"①

亚里士多德在分配性公正与矫正性公正基础上，着重阐述了交换公正。不同于国家公共资源的公正分配，交换公正具有涉私性，体现为私人产品间遵循"算数比例"对等原则实施的货币与物品的交换。"交换的公正（communicative justice）则内在于私人的交易即买方与卖方在市场上自愿地交换货物之中。交易公正与分配公正的不同之处在于交换关系的目标在于达到私人物品的'算术比例'相等。当买卖双方通过交换变得'同等'，交换关系中的公正便达至了。"② 在亚里士多德看来，交换公正具有互惠性、对等性和自愿性。亚里士多德认为，如果没有以德报德的互惠的交叉关系，就不会有交换。"要以德报德，若不然交换就不能出现。正是通过交换，人们才有共同来往。"③ 在社会中，由于社会分工，人们之间是相互满足的，需要互惠或回报。"这种互惠是由交叉关系构成的，设定营造师为 A，制鞋匠为 B，房屋为 C，鞋子为 D。那么营造师要从制鞋匠那里得到他的成果，又把自己的成果给予鞋匠。如若在比例上首先相等，回报就随之而来……如果不是这样，交换就不存在。"④ 一方面，交易以职业的差异性为前提，是发生在城邦内具有不同职业的公民间的交换行为。如果城邦公民的从事同种职业或其运用技艺的产品相同，则不具有互通有无的可能，交易亦不可能实现。"在两个医生之间并不相通，而在医生和农民之间则是相通的，总地说来，不相同的东西、不相等的东西之间才相通。"⑤ 另一方面，交易是不同交易者与其交易物间按照一定交换比例的有偿互换行为，因此，交易的回报遵循比例原则。"回报这种德性是共同交往的维系，它是按照比例原则，而不是按照均

---

① 〔古希腊〕亚里士多德：《尼各马科伦理学》，苗力田译，中国社会科学出版社 1990 年版，第 97 页。
② 〔美〕摩凯恩：《市场交易契约的内在道德完备性——亚里士多德、交易公正、"正名"》，《浙江学刊》2002 年第 3 期。
③ 〔古希腊〕亚里士多德：《尼各马科伦理学》，苗力田译，中国社会科学出版社 1990 年版，第 98 页。
④ 〔古希腊〕亚里士多德：《尼各马科伦理学》，苗力田译，中国社会科学出版社 1990 年版，第 98 页。
⑤ 〔古希腊〕亚里士多德：《尼各马科伦理学》，苗力田译，中国社会科学出版社 1990 年版，第 98 页。

等原则。"[1] 显然，交易关系的维系，不仅是生产专属性而实现的互通有无，而且也需要保持公正回报的比例关系。

人们之间的交换之所以能够进行，除了互惠或回报外，还需要在比较中能够量化，坚持等价交换原则，使交换者可以比较各自的利得与利失，从而自愿决定是否进行交易。亚里士多德认为，人们之间的交易之所以能够达成，是因为人们发明了货币，使货币成为商品交换的中间物。"它衡量一切，决定价值的高低，多少双鞋子等于一所房屋和一定量的食品。营造师和制鞋匠之间的比例，也应当和鞋子、房屋和食物之间的比例一样。如若不是这样，交换就不相通了。"[2] 有了货币，就可以对交换的东西进行比较，在比较中，等价物之间就可以实现交易了。等价交换是指一切用于交换物的价值都通过一定数量的货币加以衡量，并与同等具有相同价值的货币数量的交换对象进行等价互换。"交换必须是等价的，货币作为一种尺度，可将事物公约，并加以等价化。"[3] 具体而论，在交易中，不同交易者遵循定量比例原则完成物与货币的互换。这一比例一经确认，则一切交易者都须自觉遵守，概莫能外。交易的达成是不同交易者按照价值量相等的原则的交换，体现为一定数量 $N1$ 的交易物 A 与一定数量 $N2$ 的交易物 B 的等价交换，即 $A \times N1 = B \times N2$。其中 $N1$ 与 $N2$ 的大小遵循比例原则并通过各自对应的交易物的稀缺与贵重程度确认。在交易过程中，任何一方都只能在比例对等的前提下才能完成交换。换言之，如果交易者违背交换比例原则，试图以少获多，则交换缺乏实然的公正基础而无法实现。"双方还保持着他们自己的产品的时候，而不是在已经发展交换之后，必须把交换的条件归纳成用数字表示的比例，否则双方中的一方将试图争取优势，以少量换取多量。数字比例一经确定以后，双方这就可以进行公正的联系，否则两者之间是不可能建立恰

---

① 〔古希腊〕亚里士多德：《尼各马科伦理学》，苗力田译，中国社会科学出版社 1990 年版，第 98 页。
② 〔古希腊〕亚里士多德：《尼各马科伦理学》，苗力田译，中国社会科学出版社 1990 年版，第 99 页。
③ 〔古希腊〕亚里士多德：《尼各马科伦理学》，苗力田译，中国社会科学出版社 1990 年版，第 97 页。

当的平衡关系的。"① 在亚里士多德看来，人们在参与交易时应当遵循正义的德性要求，自觉按照交换的既定比例进行等价交换，而不能违背既定比例，坑蒙拐骗，以少换多。"交易公正"即"交易双方通过交换，每一方都从对方得到了自己的提供物的恰当的回报"②。

交易的公正性也体现为交往的平等性与自愿性。交往的平等性则是指城邦内的公民出于同一目的进行交换，身份地位平等，大家协商议价以及磋商其他具体交易事宜，而不是由经济实力较强或特定交易地位较高者决定。具体言之，不同交易者与交易物的价值量都通过公认的标准衡量其价，交易双方地位平等，在交易过程中无高低贵贱之分，大家平等参与交易，公正协商议价。交易除了具有平等性外，还具有自愿性，体现为一种非强迫的、自发的、意愿性的目的性行为。交往公正按照性质的不同，可划分为"自愿"与"非自愿"两类，其中，"非自愿的交往有时在暗中进行，有时以暴力进行"③。"自愿的交往，如买卖、高利、抵押、借贷、寄存和出租等等。（这类交往所以称为自愿，因为它们是以自愿开始的。）"④ 非自愿交往行为有"偷盗、通奸、放毒、撮合、诱骗、暗算、伪证等等"⑤。暴力交往如"袭击、关押、杀害、抢劫、残伤、欺凌、侮辱等等"⑥。其中的"诱骗"、"暗算"、"抢劫"和"伪证"多直接违背交易的公正德性，而其余行为类型，则是以不正当的方式或手段对他人财产、人身安全自由、人格、生命等实施的部分或完全的伤害。

总之，以亚里士多德为代表的古典美德论，关注的是交易者的一贯品

---

① 〔美〕A. E. 门罗：《早期经济思想——亚当·斯密以前的经济文献选集》，蔡受百等译，商务印书馆 2011 年版，第 30 页。

② 周展、陈村富：《市场交易契约是道德的根？——也论亚里士多德的分配公正观，兼与摩凯恩教授商榷》，《浙江学刊》2002 年第 3 期。

③ 〔古希腊〕亚里士多德：《尼各马科伦理学》，苗力田译，中国社会科学出版社 1990 年版，第 91 页。

④ 〔古希腊〕亚里士多德：《尼各马科伦理学》，苗力田译，中国社会科学出版社 1990 年版，第 91 页。

⑤ 〔古希腊〕亚里士多德：《尼各马科伦理学》，苗力田译，中国社会科学出版社 1990 年版，第 93 页。

⑥ 〔古希腊〕亚里士多德：《尼各马科伦理学》，苗力田译，中国社会科学出版社 1990 年版，第 93 页。

行、德性和情操，而非行为原则和行为后果。他强调的是善本身是行为的目的，德性的保持无须借助行为之外的其他善。"德性的获得和保持无须借助于外在诸善"，因之，它"对于我们比财物和身体更为珍贵"。① 交易目的是为了实现某种物品的互换与物质财富的占有，但利益的实现途径千差万别。亚里士多德反对用不道德的方式如欺骗实现对物质财富的占有，认为只有获取财富的交易行为合乎道德才是可嘉的。"人们应该合乎道德地谋取财富，在中道原则指导下处理财富，否则将损害人的德性。"②

三、现代美德论的交易伦理观

20 世纪后期，以美国的麦金太尔和新西兰的赫斯特豪斯为代表的现代美德论学者，通过对功利主义、义务论等观点的分析，认识到上述理论的局限性，努力尝试对古希腊亚里士多德美德伦理学进行复兴，试图通过重温传统美德论的思想，汲取其中的精华，为现代社会遇到的伦理学理论困境和现实道德问题探求出路。

20 世纪 80 年代，美国伦理学家麦金太尔出版了《*After Virtue: A Study in Moral Theory*》一书，成为现代美德论的标志性成果。应该说，麦金太尔力图对古希腊亚里士多德美德论进行复兴，既有理论方面的原因，也有现实方面的因素。"当代德性伦理学的出现，其理论动机在于对占主导地位的以康德为代表的义务论和以边沁、密尔为代表的功利主义的后果论的不满。"③ 在麦金太尔看来，无论是重视行为动机与道德规则的义务论还是强调行为后果的功利论，都忽视了人的德性本身。在一定意义上可以说，离开德性，无

---

① 〔古希腊〕亚里士多德：《政治学》，颜一、秦典华译，中国人民大学出版社 2003 年版，第 228—229 页。

② 龚天平、张军：《经济伦理如何通达现实——从亚里士多德到当代思想家的思想撷英》，《武汉大学学报》2016 年第 5 期。

③ 龚群：《现代伦理学》，中国人民大学出版社 2010 年版，第 323 页。

法理解伦理学。另外，他针对现代西方道德哲学中存在的"善"的私人化所导致的道德分歧普遍化与道德冲突的加剧，力图从理论上克服这些道德分歧和冲突，最后回归到亚里士多德的美德伦理学。"当代道德言词最突出的特征是如此多地用来表述分歧，而表达分歧的争论的最显著特征是其无终止性。"[①] 现实因素是当时美国社会主导的自由主义、个人主义片面理解个人与社会关系，过度强调个人自由，导致了社会的道德沦丧和道德滑坡。

在麦金太尔看来，近代西方启蒙运动虽然摧毁了中世纪神学道德传统，却将古希腊亚里士多德美德论传统中内蕴的精华摒弃了。事实上，唯有一个人的德性才是一个人道德的充分表现，而不仅仅是他遵守道德规则或产生了好的行为后果。无论是义务论还是功利论，都是重视行为本身而忽视行为者，只有美德论以行为者为中心。具体言之，无论是义务论注重道德规则而忽视行为者，还是功利论注重行为后果而忽视行为者，它们的理论都是有缺陷的。有鉴于此，麦金太尔认为有必要复兴古希腊亚里士多德的美德伦理学。从历史发展的角度来看，当代社会无法摆脱传统社会的影响，且当代西方社会的道德亦起源于古希腊时期的德性传统，具有一定的理论思想传承性。麦金太尔对亚里士多德美德论的复兴，不是思想的简单重复，他提出的"实践"的概念以及德性的内在利益与外在利益的思想，不能不说是对美德论思想的一种丰富。

麦金太尔认为，要真正理解"德性"的概念，首先要理解人类的"实践"。麦金太尔所说的"实践"是什么呢？"我要赋予'实践'的意思是：通过任何一种连贯的、复杂的、有着社会稳定性的人类协作活动方式，在力图达到那些卓越的标准——这些标准既适合于某种特定的活动方式，也对这种活动方式具有部分决定性——的过程中，这种活动方式的内在利益就可获得，其结果是，与这种活动和追求不可分离的，为实现卓越的人的力量，以

---

① 〔美〕A.麦金太尔：《德性之后》，龚群、戴扬毅等译，中国社会科学出版社 1995 年版，第 9 页。

及人的目的和利益观念都系统地扩展了。"①麦金太尔的"实践"概念外延是很宽广的，几乎涵盖了人类的所有领域的活动，但其内涵的核心思想是，实践既要获得利益又要涉及标准以及遵守规则。"一种实践，既要获得其利益，也涉及到卓越的标准和服从规则。"②显然，人的实践活动都要依标准而为、遵守规则，但遵守规则不是最终目的，最终目的是通过遵守规则而使人们具有相应的德性；同时，人们遵守规则的行为所获得的利益，既有内在利益，也有外在利益，而且二者是有区别的。对于"内在利益"与"外在利益"，麦金太尔给予了明确的解释："我所称之为外在利益的东西的特征：当我们获得这些利益时，它们总是某种个人的财产和占有物。它们的特性决定了某人得到的更多，就意味着其他人得到的更少。……因此，外在的利益在本质上是竞争的对象……内在利益也确实是竞争优胜的结果，但它们的特性是他们的实现有益于参加实践的整个群体。"③通俗地讲，麦金太尔所说的"内在利益"是指人们在实践活动过程中体验的意愿满足的快乐、幸福、成就感等。麦金太尔提出实践活动的"外在利益"与"内在利益"的概念，是要说明唯有德性的活动，才能使人们获得内在利益。"德性是一种获得性人类品质，这种德性的拥有和践行，使我们能够获得实践的内在利益，缺乏这种德性，就无从获得这些利益。"④在此，麦金太尔虽然没有完全否认德性可能会给人们带来金钱、社会地位、权力、财富等外在利益，但他强调的是，唯有内在利益才是德性的特性。

现代美德伦理学的另一个重要代表人物是新西兰学者罗莎琳德·赫斯特

---

① 〔美〕A.麦金太尔：《德性之后》，龚群、戴扬毅等译，中国社会科学出版社 1995 年版，第 237 页。

② 〔美〕A.麦金太尔：《德性之后》，龚群、戴扬毅等译，中国社会科学出版社 1995 年版，第 240 页。

③ 〔美〕A.麦金太尔：《德性之后》，龚群、戴扬毅等译，中国社会科学出版社 1995 年版，第 241 页。

④ 〔美〕A.麦金太尔：《德性之后》，龚群、戴扬毅等译，中国社会科学出版社 1995 年版，第 241 页。

豪斯（Rosalind Hursthouse），她出版了专著《*On Virtue Ethics*》。她在著作中对义务论、功利论与美德论进行了较为全面的比较，并概述了美德伦理学的主要特征：第一，美德论是以行为者为中心而不是以行为为中心；第二，它关注"是什么"（being）而非"做什么"（doing）；第三，它追问"我应当成为怎样的人"而不是"我应当采取怎样的行动"；第四，它以特定的美德论概念（好、优秀、美德）而不是以义务论概念（正确、义务、责任）为基础；第五，它拒绝承认伦理学可以凭借那些能够提供具体行为指南的规则或原则的形式而法典化。① 在赫斯特豪斯看来，义务论强调道德规则以及功利论强调最好的行为后果，其实都是不完整的，因为，"如果它们不能说明什么是做好的后果，或什么是正确的道德原则，那么，对于行为的指导也就没有实质性的意义"②。德性伦理学认为，德性是行为者的内在品质，它是具有德性品质的人在相应的情境中所应做的行为，所以，在德性论看来，"一个行为是正当的，当且仅当它是一个有德的行为者在那样的环境中，在其品格特征（即行动的品格）上总会做出的行动"③。在这个问题上，赫斯特豪斯坚持了亚里士多德关于德性与行为之间具有因果关系的思想，即真正的道德行为，是有德之人在一定的境遇中应该做出的行为，公正人所做的公正事，才是道德的行为。只有行为者自身具有优良品德，才会做出相应的道德行为。在他们看来，人的具体道德行为与人的德性之间是缺乏恒常因果关系的，即有些道德行为可能是德性之人所为，但有些行为虽然合乎道德，那也不能表明行为者就是具有德性的人。"德性伦理学对于行为正当性的判断只能根据行为者的德性品质来判断。"④

对于美德伦理学对行为正当性的命题以及德性与道德行为关系的观点，其他学派是有质疑的。质疑之一就是：德性从何而来？当人们还没有一定的

---

① 〔新西兰〕罗莎琳德·赫斯特豪斯：《美德伦理学》，李义天译，译林出版社 2016 年版，第 27 页。

② 龚群：《现代伦理学》，中国人民大学出版社 2010 年版，第 347 页。

③ Rosalind Hursthouse, *On Virtue Ethics*, Oxford: Oxford University Press, 1999, p.28.

④ 龚群：《现代伦理学》，中国人民大学出版社 2010 年版，第 348 页。

德性品质的时候，人们应该如何行动？对此，赫斯特豪斯认为，这是一个问题，但这个问题是可以解决的，即通过身边人的道德示范学会如何去做正确的事，因为人通过观察身边的人尤其是道德榜样，产生效仿的行为。"如果你想要你的行动正确（做对的事），并且做那有德性的行为者在那样的环境下是正确的或对的事，同时你又不知道有德的行为者在那样的环境下会怎样做，那么，你应该发现他在那样的环境下会做什么。"[①] 道德典范的行为示范对人们正确行为的选择以及德性的形成具有重要的作用。

现代美德论在秉承亚里士多德古典美德论精义基础上，在不同方面进行了完善和发展，同时也蕴含了一定的交易伦理思想。在麦金太尔看来，交易经济活动，既有外在利益也有内在利益。交易作为一种实践活动，不仅要通过交易而满足双方的需要及其利益，同时，任何实践活动都内蕴了一定的卓越标准以及人们对规则的遵守。这就预示，人们在交易经济实践活动中，外在的金钱、利益的获得不是随心所欲的，而是要按照交易活动的规则要求去做，唯有如此，交易者才能获得"应得"的利益，同时才能具有满足、尊重、荣誉等道德体验的内在利益。为此，人们在交易实践活动中，需要使自己的欲望和态度按照相应的行为标准进行调整。交易实践需要人们遵守诚实守信的道德规则，人们就应该维护诚信道德规则的权威性。"进入一种实践，就要接受这些标准的权威性，自己活动的不当处，依这些标准来裁决。我要使我自己的态度、选择、爱好和情趣服从这些标准，这些标准是通用的，也部分地规定了这种实践。"[②] 显然，麦金太尔认为，包括交易在内的任何实践活动，都有自身内在的规则要求，这些规则要求及人们对其的遵守，是内含在实践活动中的，而且人们遵守实践中的规则，造就了守规者的卓越和优秀。"任何一种实践都有它的内在规定，我们通过遵守这些规定并成功地进行相应的实践，从而我们可以获得在其中追求相应的卓越，从而获得它的内

---

① Rosalind Hursthouse, *On Virtue Ethics*, Oxford: Oxford University Press, 1999, p.35.

② 龚群：《现代伦理学》，中国人民大学出版社 2010 年版，第 328 页。

在利益。"① 显然，在麦金太尔看来，一个成功的商人，是以遵守商业道德要求为前提的，而且也唯有具有了商德，才会拥有内在利益。

按照赫斯特豪斯美德伦理思想进行推论，交易伦理既不是商人遵守商业道德规则的结果，也不是商人追求利益最大化的结果，而是具有商德的交易者在经济活动中理应表现的道德行为。具有诚实守信德性的人，在交易活动中，坚持公平理念、遵守诺言、履行契约、不弄虚作假等，都是其品格总会做出的行为。换言之，真正的交易伦理行为，应该是具有商业道德品德的人在那样的环境中都会做出的举动。事实上，在市场经济活动中，由于市场主体的道德素养参差不齐以及法治对道德保障的环境存在不完满的情形，交易伦理的类型是多样的，既有出于契约约束、利益惩罚而为的道德行为，也有忠诚道德规则而为的道德行为，还有具有良好德性品德的人而为的道德行为。

总之，美德论伦理学为人们提供的是完美的交易伦理类型，它关注的是交易者的品德，是具有良好道德素养的企业家、经营者、销售者等市场主体所展现的优良品行。

第二节　契约论及其交易伦理观

作为一种较为成熟的理论，契约理论直到近代才逐渐走向成熟，成为具有社会影响力的政治理论和道德哲学学说。就其理论框架而言，契约理论不仅包括政治哲学层面公民与国家间的契约，也包括在道德哲学视域下公民之间的契约。"契约主义是一种道德哲学、社会哲学和政治哲学，其特点在于将道德规则的本源、社会秩序的基础和政治统治的依据，归溯为自由与平等

---

① 龚群：《现代伦理学》，中国人民大学出版社 2010 年版，第 328 页。

的行为主体在一种虚拟的初始状态下所签订的契约；这种契约体现的是行为主体在维护自身基本利益与需求上的自主意志，因而能够得到社会成员的普遍认可，并且构成人类行为的规范、社会制度的合理性以及政治权威的合法性的一种客观标准。"[①] 契约论作为近现代具有重要影响的伦理学说，有以霍布斯、洛克、卢梭为代表的传统契约论，也有以罗尔斯、哥梯尔为代表的现代契约论。

一、传统契约论的道德主张

契约作为一种缔约双方的合意行为，早在古代社会就产生了。在中国古代典籍中，与"契约"同义的"契"字早已出现。主要有三层意思：一是"大约"。《说文解字》："契，大约也。"即邦国之间形成的要约。二是"书契"。"书契，符书也。"意指在出卖、借贷、租赁、抵押等各种商业活动中，交易双方立下的字据或文书。三是一种凭证。"契，券也。"一种在市场上可以取物或予物的流通凭证。

在西方，早期契约行为不仅具有经济交换与贸易的内涵，还具有公民与城邦法律间的契约默契，集中体现为城邦公民的守法性，这最早可追溯至古希腊时期"苏格拉底对城邦法律的绝对服从"[②]。古希腊时期，倡导"智慧""勇敢""节制""公正""四主德"。在对"公正"的理解上，形成了"守法即正义"的理念。苏格拉底认为，作为城邦公民，忠诚城邦法律并服从是义务。只要司法裁决是依据现有法律做出的且合乎相应的司法审判程序，城邦的公民就须服膺。所以，即便在他受到非正义裁判并有机会越狱的情形下，他仍然服从法律判决。苏格拉底对法律的服从，表达了"他对于自

---

① 甘绍平：《论契约主义伦理学》，《哲学研究》2010 年第 3 期。

② 在苏格拉底看来，城邦的公民都须无条件地服从法律。他在明知自己受到了不公正的判决，且在有机会越狱逃跑的情况下，仍待在监狱中接受司法裁决，体现了苏格拉底对法律的服从。

己与国家之间的一种隐含或默认契约的严格践履"①。到了中世纪，是宗教神学德性论在社会中占据主导地位，产生了向教会捐款以获得上帝宽宥和内心精神慰藉的赎罪券心理契约。近代社会以后，伴随市场经济的发展以及宗教神学的衰落，传统意义上主要在商业领域广泛使用的契约，逐步拓展到国家的政治制度层面。也就是说，契约行为不仅是不同交易者间为确保买卖双方的权利与义务而订立的具有法律性质的经济合同，而且亦可指在国家政治生活中国家权力与公民权利之间的政治契约。有学者因此认为，契约可以有不同分类，即罗马法中经济法学概念中的契约、宗教神学概念中的契约、政治哲学概念中的契约和道德哲学概念中的契约四类。②

　　契约论有四大主要特征。第一，契约论基于"自然状态"的理论假设。从契约论的传统来看，契约论从属于自然法。自然状态、契约（通过契约确立自然法）与政治社会是传统契约论的三个基本构件。第二，契约论是一种自由意志论。契约论强调的是人们自愿进行一种协商，一种讨价还价的自主商谈。契约论强调这种无压制的理想环境的重要性。契约论是在确立一个自然状态或类似于自然状态的前提下，对参与订立契约的各方动机与达成协议的合理性的描述。第三，契约论保障个人自然权利。缔约双方的终极目的都是通过订立契约，使个人自然权利受到保障，不受他人的侵犯。第四，违背契约的惩罚性。不同缔约者之间地位平等，权利与义务对等，不具有人身依附关系和组织上的辖属关系，任何一方都不具有超越于其他社会成员或组织的特权，只要订立契约，大家共同遵守。违背契约将根据所立契约的规定，依法问责，追究违约人的违约责任。

　　契约理论的形成具有社会政治的契机与伦理思想转型的必然性。伴随近代社会的政治变革、生产力发展和市场经济的推进，西方近代社会的社会结构和利益关系发生了根本性的变化。在社会结构方面，传统社会依靠封建等

①　王露璐、朱亮：《契约伦理：历史源流与现实价值》，《江苏大学学报》2009 年第 9 期。
②　何怀宏：《契约伦理与社会正义》，中国人民大学出版社 1993 年版，第 12 页。

级、特权而形成的社会阶层转为由资本主义劳资关系、交易关系等形成不同社会阶层，进而由传统的熟人社会进入陌生人社会；在利益关系方面，随着市场经济社会分散的产权、利益主体的多元以及社会利益关系的复杂多样和尖锐化，尤其是市场经济社会实利价值观的影响，社会上各种唯利是图、见利忘义等经济行为泛滥，扰乱社会秩序、破坏社会经济发展、消解人们的道德信念。故而，社会需要具有普遍性、标准化和更具有强制力的协调方式，由之，制度化的契约应运而生，即在世俗伦理思想层面，由美德伦理转为契约伦理。契约伦理是用契约来说明行为正当性根据的一种伦理学说。

二、传统契约论的交易伦理观

契约伦理是契约论在道德哲学领域的一个重要分支。相比其他伦理学说，契约伦理具有其自身的理论特征。

第一，契约伦理以个人的自我利益为道德基础。利益是道德的基础，但利益主体是多样的，既有个人利益，也有集体利益、国家利益和民族利益。在我国伦理学的语境下，立足于马克思主义伦理学的观点，人们一般把道德与利益的关系视为伦理学的基本问题。道德与利益关系作为伦理学的基本问题，涉及两方面的问题：一是物质利益与道德的关系；二是利益主体之间的关系，即个人之间的利益关系、个人与社会集体之间的利益关系以及社会集体之间的利益关系。相较于其他伦理学说，契约论明确提出契约双方的自我利益是道德的基础。"契约主义伦理学是对传统的以某种自然本原或宗教信仰为价值基础的伦理学的一种超越。"[①] 契约伦理具有鲜明的道德行为个体性特征，理论关注的对象是单个社会成员自我利益如何有效地合理实现。在契约伦理框架下，凡是社会个体之间经过协商、自愿订立的契约所保护的个人权益，都是正当的，任何一方对契约权利与义务的破坏所导致的对个人利

---

① 甘绍平：《论契约主义伦理学》，《哲学研究》2010 年第 3 期。

益的损害，都是不道德的。"对行为主体权益的保护成为社会与政治机制存在的理由，所有的行为规范与社会义务的概念都来自于人们相互之间自主的约定与设置。于是，'约定'、'契约'、'认同'等便构成了近代哲学、社会与政治理论的基本概念与合法性标准。"① 所以，契约论者都强调人们在交易中，遵守彼此订立的协议、合同是天经地义的，是不容置疑与违背的经济伦理原则。卢梭认为，社会契约既是协调人们之间利益关系的需要，也是保护个人权利和财富的需要。"要寻找一种结合的形式，使它能以全部共同的力量来卫护和保障每个结合者的人身和财富，并且由于这一结合而使得每一个与全体相联合的个人又只不过是在服从其本人，并且仍然像以往一样地自由。这就是社会契约所要解决的根本问题。"②

第二，契约伦理强调个人理性对自我利益的约束性。在契约伦理的理论体系中，道德行为的正当性源自人们立誓与守约的一致性。立誓与守约是对个人利益的保障，那么，是什么促使人们能够践约呢？契约论认为，是人的理性。作为生命有机体，人都有感性欲望和利益诉求，彼此会产生争斗。霍布斯认为，人性中有冲动、情感和理性。人性中有两个重要要素："一是包括一切冲动和情感的基本欲望以及人的本能反应；一是人的自我保护需要的理性。"③ "最能引起智慧差异的激情主要是程度不同的权势欲、财富欲、知识欲和名誉欲。这几种欲望可以总括为第一种欲望，也就是权势欲；因为财富、知识和荣誉不过是几种不同的权势而已。"④ 人们在欲望的驱使下，为占有财富、权力等会产生矛盾。"所以在人类的天性中我们便发现：有三种造成争斗的主要原因存在。第一是竞争，第二是猜疑，第三是荣誉。"⑤ 毋庸置疑，人们的自保自利的本能会激化利益矛盾，人们为了追求各种利益，相互

---

① 甘绍平：《论契约主义伦理学》，《哲学研究》2010 年第 3 期。

② 〔法〕卢梭：《社会契约论》，何兆武译，商务印书馆 2003 年版，第 19 页。

③ 宋希仁：《西方伦理思想史》，中国人民大学出版社 2010 年版，第 188 页。

④ 〔英〕霍布斯：《利维坦》，黎思复、黎廷弼译，商务印书馆 1985 年版，第 54 页。

⑤ 〔英〕霍布斯：《利维坦》，黎思复、黎廷弼译，商务印书馆 1985 年版，第 94 页。

怀疑与竞争乃至争斗。在人的自我保存和追求幸福的欲求下，人的理性和人的倾向和平的情感，就要求人们要理性地追求自己的利益，个人的自由是有限度的。"这条基本自然律规定人们力求和平，从这里又引申出以下的第二自然律：在别人也愿意这样做的条件下，当一个人为了和平与自卫的目的认为必要时，会自愿放弃这种对一切事物的权利；而在对他人的自由权方面满足于相当于自己让他人对自己所具有的自由权利。"① 人的理性和生活经验告诉人们，只有用理性控制好自己的欲望、不伤害他人利益，大家才能和平相处，各自的利益才能得到满足，为此，为了保障大家各得其利，就需要订立契约，彼此相互约束而实现自己的利益。也就是说，人的理性使人认识到，要想使自己的个人利益得到有效保证，就需要在人们交往中，对所处利益关系进行沟通，寻求共识，在确立双方权利与义务基础上订立契约。人们对于自己经过理性权衡判断而订立的契约，就会在实际行动中积极践履，按照契约要求约束自己的行为，不侵犯他人的权益，只谋求自己的正当利益。得益于对契约的信守，理性立约者的逐利行为受到了契约的约束，被控制在一个互利共赢而非利己损人的合理限度内。"契约主义认为只有每一位理性的行为个体均具有的自我利益需求才能够为道德奠定一种比人的其他品性稳固得多的根基：如果道德以理性的自我利益为本原则人们就拥有一种清晰而强烈的、令人信服的动机来认可道德要求并遵守道德规范。"②

第三，契约伦理坚持自主、平等、公正的价值原则。契约伦理强调行为主体的主体性。在契约的订立与执行过程中，缔约者能够根据自己的意志，选择交易对象，商谈契约内容，自主自愿地订立合同，表现为契约是理性的立约人为了保障个人利益而主动实施的自觉自愿行为。人们自愿订立契约，自觉履行契约，约束个体行为。在契约伦理中，不仅立约人具有自主性，而且立约人之间是平等的，在契约关系中，双方地位、人格、权利平等，在相

---

① 〔英〕霍布斯：《利维坦》，黎思复、黎廷弼译，商务印书馆 1985 年版，第 98 页。
② 甘绍平：《论契约主义伦理学》，《哲学研究》2010 年第 3 期。

互尊重的基础上，签订双方认可的协定。契约伦理要求立约双方的权利与义务是对等的，任何一方都受到同等的对待，而不是对某一方有偏私或袒护，双方履行义务是必行的，利益实现是公平合理的。"公正在这里意味着契约为当事人各方普遍认可，意味着契约能够经得起在公众面前的公开讨论与辩护。"① 由于契约是立约人深思熟虑（deliberate）缔结的，所以，除了出现某种不可抗拒的情况外，立约人都应当自觉遵守契约的规定，从而保证行为具有稳定预期。在霍布斯看来，社会秩序来自契约，正义来源于契约的订立与执行。契约是正义存在的先决条件，没有契约，就没有正义的根基，也就"无所谓正义与不正义"。订立契约之后，遵守信约就是正义，违背信约就是不正义，因此，在霍布斯看来，"正义的性质在于遵守有效的信约"②。

第四，契约伦理强调法律对约定的强力保护。由于人们在社会交往中，常会面临诸种不正当利益与欲望的诱惑，措辞严厉的规定不足以确保缔约人必然履行契约的义务。"语词的约束过于软弱，不足以使人履行其信约。如果没有对某种强制力量的畏惧心理的存在，就不足以束缚人们的野心、贪欲、愤怒和其他激情。"③ 换言之，契约只是包含权利与义务对等性、放弃和转让权利过程中的语言表达，在缺乏强制力的情况下，不足以令人畏戒，并约束人们的行为，有效遏制由人性中的种种贪欲而导致的内心冲动以及这种冲动对既定契约的破坏，所以，契约需要社会权力的支持。特别是对于交易中的信约而言，即使交易者签订了契约，对缔约人能享受到的权利与应履行的义务做了相应的规定，且缔约人认可契约的条款，并承诺去执行相应内容，但契约本身不等同于法律，自身具有道德的软约束，因此，只有缔结的契约与法律联系起来，违约失信的行为不仅仅受到道德谴责，而且还可以借助社会公权力对违反契约的交易者进行强制性的惩罚，从而使缔约双方的正当权利受到有力保障，契约成为有约束力的社会规范。为此，霍布斯指出：

① 甘绍平：《论契约主义伦理学》，《哲学研究》2010 年第 3 期。
② 宋希仁：《西方伦理思想史》，中国人民大学出版社 2010 年版，第 189 页。
③ 宋希仁：《西方伦理思想史》，中国人民大学出版社 2010 年版，第 189 页。

"信约本身只是空洞的言辞，除开从公众的武力中得到的力量以外就没有任何力量来约束，遏制、强制或保护任何人。"①洛克也具有法律对契约保障的思想。洛克认为，由于人利己的本性，不能确保人会永远恪守信约，并永远不损害他人的利益。因此，在此种情形下，在公认的善恶是非标准和仲裁者都缺失的条件下，人们之间由于利益问题易于产生冲突。为了有效避免这类争端，需要订立契约。交易过程中，由于人性自私利己，而交易往往涉及重大经济利益的分配，因此，即使人们订立了契约，做出了相应的承诺，依然会存在为求不正当一己私利而背信弃义的情形。因此，洛克提出把共识性道德作为判断是非的标准，使人们心中树立共识性是非道德标准，同时引入国家的仲裁者，通过政府的权力机构对违反契约的行为进行惩罚，实现矫正公正。

三、现代契约论的交易伦理思想

契约伦理随社会历史的发展，呈现出不同阶段特征的契约观点，由此形成了传统契约伦理与现代契约伦理。"传统契约主义伦理学将道德理解为行为主体为了自我利益的保障而签订的契约，当代契约主义伦理学则将道德理解为通过对极端自利的有益限制而使理性利益获得最大化所签订的契约。"②契约伦理学在一般意义上可分为自利的契约论与非自利的契约论。两者的主要区别在于，前者从自利的理性人的自我立场出发，以自我利益的维护或增进为目的，来确立契约或通过契约同意确立道德原则；后者则从订约人的共同立场或共同需要出发，依据公平与互惠合作的原则来确立契约，并依此确立道德原则。事实上，无论是近代的传统契约伦理学说还是现代契约伦理学说，都是立足于个人的自我利益和理性。在近代契约伦理中，契约对个人利

---

① 〔英〕霍布斯：《利维坦》，黎思复、黎廷弼译，商务印书馆 1985 年版，第 135 页。
② 甘绍平：《论契约主义伦理学》，《哲学研究》2010 年第 3 期。

益的有益约束性虽然有所提及，但较为模糊，而现代契约伦理则更加鲜明地揭示出契约的内在道德逻辑基础，即通过限制立约人的极端自私自利的行为，促进立约者个人合理限度内利益的最大化。

现代契约伦理的主要代表人有美国的罗尔斯、哥梯尔等。罗尔斯在其代表作《正义论》中，明确表达了他对传统契约论的继承与发展。"我一直试图做的就是要进一步概括洛克、卢梭和康德所代表的传统的社会契约理论，使之上升到一种更高的抽象水平。藉此，我希望能把这种理论发展得能经受住那些常常被认为对它是致命的明显攻击。而且，这一理论看来提供了一种对正义的系统解释，这种解释在我看来不仅可以替换，而且或许还优于占支配地位的传统的功利主义解释。……确实，我并不认为我提出的观点具有创始性，相反我承认其中主要的观念都是传统的和众所周知的。我的意图是要通过某些简化的手段把它们组织成一个一般的体系，以使它们的丰富内涵能被人们赏识。如果本书能使人们更清楚地看到那隐含在契约论传统中的这一可做替换的正义观的主要结构性特点，并指出进一步努力的途径，那么我写这本书的意图也就完全实现了。"[1]

罗尔斯对"契约有明确的解释。他认为，'契约'一词……暗示必须按照所有各方都能接受的原则来划分利益才算恰当。……'契约'的用语也表现了正义原则的公开性。……最后，契约论还有一种悠久的传统。以这一思考方式来表现人际关系有助于明确观念且符合自然的虔诚（natural piety）"[2]。在罗尔斯看来，契约的核心思想是基于正义原则，所有利益方达成的协议或契约，契约是合乎正义性的。"正义的原则是一种公平的协议或契约的结果。"[3]罗尔斯的契约思想是开阔的，涉及广泛，不仅指社会个体之

---

[1] 〔美〕约翰·罗尔斯：《正义论》，何怀宏、何包刚、廖申白译，中国社会科学出版社 1988 年版，第 2 页。

[2] 〔美〕约翰·罗尔斯：《正义论》，何怀宏、何包刚、廖申白译，中国社会科学出版社 1988 年版，第 14 页。

[3] 〔美〕约翰·罗尔斯：《正义论》，何怀宏、何包刚、廖申白译，中国社会科学出版社 1988 年版，第 10 页。

间的合作性契约，而且指在社会基本结构设计中坚持正义原则制定的旨在保护公民自由和权益的各项制度。众所周知，罗尔斯的《正义论》阐述的是一种公平的正义理论。他的公平正义理论，除了运用于在原初状态中契约各方为建构社会基本结构需要坚持的正义原则外，还运用于社会交往中的忠诚与守诺等实践活动中。罗尔斯有一个重要思想，值得重视。他认为，个体道德品行不单是个人修养的结果，与所生活的制度环境密切相关，即人们权利的保护以及人们良好品行的形成，离不开社会结构[①]正义的保障。所以，正义不仅是评价个人行为正当性、道德性的标准，更是衡量社会制度首要价值的标准。"正义是社会制度的首要价值，正象真理是思想体系的首要价值一样。一种理论，无论它多么精致和简洁，只要它不真实，就必须加以拒绝或修正；同样，某些法律和制度，不管它们如何有效率和有条理，只要它们不正义，就必须加以改造或废除。每个人都拥有一种基于正义的不可侵犯性，这种不可侵犯性即使以社会整体利益之名也不能逾越。……所以，在一个正义的社会里，平等的公民自由是确定不移的，由正义所保障的权利决不受制于政治的交易或社会利益的权衡。"[②]不难看出，在罗尔斯的契约思想中，建设一个好的社会，需要有好的制度支撑。为此，他把如何缔结公平正义的制度性契约作为首要工作。因为有了这种制度性的契约，才能限制公权力，以避免其对个人自由和权利的侵犯，即只有在公平正义的社会制度框架下，人们的生命、财产等才有安全保障。罗尔斯的公平正义的制度契约思想，是他的一个重要的理论特色，为人们所共识和赞赏。

罗尔斯另一个契约思想的特色，是他强调并论证了"正当优先于善"的思想。在罗尔斯看来，社会基本结构为社会成员的交往和利益的获取提供了空间，划定了界限，也决定了人们利益获取的正当性。人们可以追求快乐和利益，但快乐和利益本身需要合乎正当性和正义性原则，否则，个人的快乐

---

① 社会基本结构是指分配公民的基本权利和义务、划分由社会合作产生的利益和负担的主要制度。

② 〔美〕约翰·罗尔斯：《正义论》，何怀宏、何包钢、廖申白译，中国社会科学出版社 1988 年版，第 1—2 页。

和利益是没有价值的。个人利益获取的正当性来自社会基本结构框架给人们提供的范围。"正当原则和正义原则使某些满足没有价值，在何为一个人的善的合理观念方面也给出了限制。……他们的欲望和志向从一开始就要受到正义原则的限制，这些原则指定了人们的目标体系必须尊重的界限。我们可以这样说，在作为公平的正义中，正当的概念是优先于善的概念的。"①由此，人们的自由、权力和利益是有界限的，那些靠违反正义而获得的利益是不道德的。"正义的优先部分地体现在这样一个主张中：即，那些需要违反正义才能获得的利益本身毫无价值。由于这些利益一开始就无价值，它们就不可能逾越正义的要求。"②在这个普遍原则指导下，作为经济活动的交易契约，不仅体现为是双方自由意志的一种表达，更在于是双方的合理利益诉求，即双方利益的划定首先要合乎正义原则。唯有在契约中双方约定的保护利益是合理的，契约才获得了正当性。

在罗尔斯看来，"市场和财产制度"作为"较普遍的社会实践的实例"③，除了具有普遍的制度体系外，还有个人的行为原则。"一种制度可以从两个方面考虑，首先是作为一种抽象目标，即由一个规范体系表示的一种可能的行为形式，其次是这些规范指定的行动在某个时间和地点，在某些人的思想和行为中的实现。"④作为个人实践活动的公平原则，要求人们履行各自的义务和职责。公平原则在个人义务和职责中的应用，就是要坚持忠诚原则。"忠诚原则是公平原则应用于许诺（promise）这个社会实践（Social Practice）的结果。罗尔斯认为，许诺是一个有着特定规则的社会实践，当

① 〔美〕约翰·罗尔斯：《正义论》，何怀宏、何包刚、廖申白译，中国社会科学出版社 1988 年版，第 28 页。
② 〔美〕约翰·罗尔斯：《正义论》，何怀宏、何包刚、廖申白译，中国社会科学出版社 1988 年版，第 28 页。
③ 〔美〕约翰·罗尔斯：《正义论》，何怀宏、何包刚、廖申白译，中国社会科学出版社 1988 年版，第 51 页。
④ 〔美〕约翰·罗尔斯：《正义论》，何怀宏、何包刚、廖申白译，中国社会科学出版社 1988 年版，第 51 页。

人们利用该社会实践去从事互利的合作活动时，人们就要遵循该实践原则，履行对他人的承诺，这就是我们所说的忠诚原则。"[1] 显然，在社会交往中，为了合作而进行的允诺、签订的契约等，人们要忠诚于约定义务和责任，唯有如此，才是公平的。

美国匹兹堡大学哲学教授、现代契约伦理学的代表人物之一大卫·哥梯尔（David Gauthier）在其 1986 年出版的《协议道德》一书中，提出"用以限制个人无止境地追求个人利益"的限制性条款协议，有利于个人利益最大化的实现。哥梯尔认为，人们在社会交往中，都力图寻求自身利益最大化，但生活事实告诉人们，在追求自身利益最大化过程中，也要考虑和估计交往方的利益诉求，只有大家都理性思考利益关系，权衡利弊，做到既理性地缔结契约，又自觉地遵守契约自愿约束自身行为，才能最终实现各方的利益，实现双方共赢。[2] 尤其是在经济交往中，交易双方唯有出于理性且在双方利益博弈中考虑双方共同的利益诉求，才会形成公正的、不偏不倚的限制性条款，形成对双方利益的合理约束，避免极端利己主义行为对合作者的伤害，进而促进双方利益的实现。订立契约的交易行为者应彼此相互尊重，积极遵守契约，践信履约，而不能为了谋求不正当利益违背契约，侵害他人权利。

① 杨伟清：《正当与善：罗尔斯思想中的核心问题》，人民出版社 2011 年版，第 141 页。

② David Gauthier, *Morals by Agreement*, Oxford: Clarendon Press, 1986, p.227.

第三节　义务论及其交易伦理思想

义务论^①是一种重要的规范伦理学说，是一种要求人们必须遵照某种道德原则或按照某种正当性去行动的道德理论，在道德评价根据问题上，与"功利主义"相对。在"正当"与"善"的关系问题上，它强调"正当"优先于"善"。义务论的主要代表人物是德国的哲学家和伦理学家康德。

一、"义务"概念释义

"义务"概念在义务论伦理学中尤为重要。在词源学上，"义务"（obligation）可追溯到拉丁文（obligare)，原意指某人与某物间的强制性关系，体现为将二者通过捆绑的方式达到有机统一，后由特定人与物之间捆绑关系，引申为某人在特定情形下必须去做或被要求去履行的自身的责任。"义务"在康德伦理学中是一个核心概念，因此，首先对康德"义务"概念的内涵进行梳理，对于正确理解义务论伦理思想是十分必要的。康德不是从权利与义务的对等性以及义务的形成方式出发界定义务，而是将"义务"界定为道德行为主体认识并服从于道德准则，同时践行道德准则而行动。义务论要求人们所遵循的道德准则是道德主体运用理性为自身立的实践法则，不

---

① 在伦理学史上，义务论有两种类型：以康德为代表的规则义务论（rule-deontology）和以罗斯为代表的直觉主义义务论或行为义务论（act-deontology）。行为义务论者视每一个行为皆是独一无二的伦理事件（a unique ethical occasion），人们必须凭良心（conscience）或直觉（intuition）来决定其对错。本书所说的义务论，是指康德的规则义务论，在此不再赘述罗斯的直觉主义义务论思想。

仅是正当行为的依据，而且也是行为主体自觉遵守的实践准则，不论道德主体的个体意愿如何。康德在不同的著作中对"义务"概念都有所阐释。在《道德形而上学的奠基》中，康德认为"义务就是出自对法则的敬重的一个行为的必然性"①。概言之，义务是人们出自对法则的敬重而必然要做的行为。在《道德形而上学原理》中，康德将义务界定为道德主体对自身责任的执行。由于责任所服从的道德法则是具有客观性和规律性的道德法则，因而亦具有普遍性和必然性。"要只按照你同时认为也能成为普遍规律的准则去行动。"②在《实践理性批判》中，康德把义务界定为以定言令式存在的、对道德主体具有约束力的道德法则。"因此道德律在人类那里是一个命令，它以定言的方式提出要求，因为这法则是无条件的；这样一个意志与这法则的关系就是以责任为名的从属性，它意味着对一个行动的某种强制，虽然只是由理性及其客观法则来强迫，而这行动因此就称之为义务。"③一言以蔽之，康德认为，义务就是人作为理性存在者，摆脱或超越感性欲望和爱好的驱使而使行为意志完全服从于普遍的实践理性法则。"一个出自责任的行为的客观必然性就叫做义务。"④为此，康德提出了义务的三个命题："第一个是：只有出于责任的行为才具有道德价值。第二个命题是：一个出于责任的行为，其道德价值不取决于它所要实现的意图，而取决于它所被规定的准则。……第三个命题，作为以上两个命题的结论，我将这样表述：责任就是由于尊重（Achtung）规律而产生的行为必要性。"⑤

---

① 〔德〕伊曼努尔·康德：《道德形而上学的奠基》，李秋零译注，中国人民大学出版社 2013 年版，第 16 页。

② 〔德〕伊曼努尔·康德：《道德形而上学原理》，苗力田译，上海世纪出版集团 2012 年版，第 30 页。

③ 〔德〕伊曼努尔·康德：《实践理性批判》，邓晓芒译，杨祖陶校，人民出版社 2003 年版，第 42 页。

④ 〔德〕伊曼努尔·康德：《道德形而上学的奠基》，李秋零译注，中国人民大学出版社 2013 年版，第 62 页。

⑤ 〔德〕伊曼努尔·康德：《道德形而上学原理》，苗力田译，上海世纪出版集团 2012 年版，第 12 页。

二、义务论的道德立场

康德肯定人的主体性地位，提出"人为自己立法"的思想，建构了理性主义的义务论。在康德看来，人们行为的正当性或其伦理价值是由这种行为所遵循的道德法则或行为准则而定，不是取决于行为的功利性后果。他强调道德原则的普遍性、道德义务和责任的神圣性以及履行义务和责任的重要性，认为只有出于道德原则或义务的行为，才真正具有道德价值，只有道德动机和责任心在道德评价中才具有重要地位和作用，即判断人们行为道德与否的根据，不是行为后果的好坏，而是要看动机是否善良。具体言之，康德的理性主义义务论主要包括三大内容。

第一，善良意志。在不同伦理学派比较的视域下，康德义务论的重要特征之一，是强调行为动机的重要性和唯一性，即赋予"善良意志"对行为性质与价值的绝对决定性，反对后果论的评价方式。康德将"善良意志"作为其义务论的逻辑起点和核心概念。他认为，人虽然具有感性与理性双重属性，但人之为人的本质在于人有理性。人的理性能够使人超越自然因果律而遵循自由因果律，"表现为人的理性对行为意志的自由决定"[①]。人的行为意志按照规律性和普遍性的理性法则而行动，这个意志就是善良的，即善良意志是从理性中产生的具有普遍性的道德法则。因为人有道德，就在于人的理性能够给自己和人类立法，不受纯粹的感性欲望和苦乐的支配，所以，道德是理性立下的实践原则，是人之内心的规律和法则，人出于内心道德法则而为的行为，就具有了自律性，与他律伦理学不同。在康德看来，道德价值与上帝的意志、人的自然本性、世俗的权威无关，而仅仅是源自人的理性本身的善良意志，而善良意志与功利性价值无关。"善良意志，并不因它所促成的事物而善，并不因它期望的事物而善，也不因为它善于到达预定的目

[①]　周辅成主编：《西方著名伦理学家评传》，上海人民出版社 1987 年版，第 463 页。

标而善，而仅是由于意愿而善，它是自在的善。"① "在这个世界之中，一般地，甚至在世界之外，除了善良意志，不可能设想一个无条件善的东西。"② 一方面，"善良意志"是人的一切品格和行为具有道德价值的根据。人的任何优良的品质，都必须具备"善良意志"，否则，就会成为恶行坏品。唯有人出于善良意志的行为才是道德的行为。另一方面，人们作为感性存在者所追求的那些幸福的东西，如财富、权力、荣誉，必须是出于"善良意志"而获得，否则，就是祸害他人和社会的行为，即人们牟取的财富就成了不义之财，人们得到的权力和荣誉就失去了正当性。换言之，谋取财富、权力、荣誉等人人所欲求的东西，只有出于"善良意志"去正确地指导人们的心灵和行为，才不至于招灾惹祸，它们才会成为令人们真正幸福的东西。"因此，善良意志是一切品质和行为之具有道德价值的必要条件。"③

第二，绝对命令。"绝对命令"如同"善良意志"一样，是康德道德哲学理论体系中独有的术语。康德认为，道德是建基于理性意志之上的，并非建立在欲望之上。理性排除感性经验与主体偏好，纯粹出于对规律尊重而形成的普遍道德法则，即为"绝对命令"。由于道德法则是出于客观必然性的应当，所以，道德法则就是对人们发出的"绝对命令"。"绝对命令"是人人都要遵守的，是无条件的。"无论做什么，总要做到使你的意志所遵循的准则永远同时能够成为一条普遍的立法原理。"④ 归类而论，"绝对命令"具有普遍性、必然性、无条件三大特征。首先，"绝对命令"是具有普遍性的道德法则。"绝对命令"不是个别人，也不是一部分人应遵守的行为原则，而是在任何时候、任何地方人人都当遵守的行为原则。因为"你在任何时候，都要按照那些你也想把其普遍性变成规律的准则而行动"⑤。其次，"绝对命令"

---

① 〔德〕伊曼努尔·康德：《道德形而上学原理》，苗力田译，上海世纪出版集团 2012 年版，第 7 页。
② 〔德〕伊曼努尔·康德：《道德形而上学原理》，苗力田译，上海世纪出版集团 2012 年版，第 6 页。
③ 宋希仁：《西方伦理思想史》，中国人民大学出版社 2010 年版，第 330 页。
④ 〔德〕伊曼努尔·康德：《实践理性批判》，关文运译，商务印书馆 1960 年版，第 30 页。
⑤ 〔德〕伊曼努尔·康德：《道德形而上学原理》，苗力田译，上海世纪出版集团 2012 年版，第 43 页。

是具有必然性的道德法则。"绝对命令"不是现象世界的感性原则，而是出于客观必然性的应当，是合乎普遍规律的行为准则。康德"绝对命令"原则之一是："不论是谁在任何时候都不应把自己和他人仅仅当作工具，而应该永远看作自身就是目的。"①最后，"绝对命令"是无条件遵守的道德法则。"绝对命令"不仅是任何人都要遵守的道德法则，而且每个人对道德法则的遵守，不附带任何额外条件，不是因有利才遵守，也不是因为会受到嘉奖而遵守，仅仅是出于"应当"之责。

第三，意志自律。康德从"自由是人的本质"与"人是目的"出发，提出了人的价值与尊严的思想，认为行动准则不能以情感、欲望和爱好为基础，而只能是基于理性人的意志。"意志自律是一切道德法则以及合乎这些法则的职责的独一无二的原则。"②人作为理性存在者，能够超越感官享受和爱好的驱动，实现意志自律。"合乎意志自律性的行为，是许可的（erlaubt），不合乎意志自律性的行为，是不许可的（unerlaubt）。"③只有人的意志受道德法则支配，才有真正的道德行为，所以，意志自律是道德行为的一个重要特征。"自律"是指人们不受外界约束、不为情感所支配，根据自己的"意志"和"良心"为追求道德本身目的的行为。在康德看来，唯有意志自律的行为才具有道德价值。

三、义务论的交易伦理观

康德的义务论思想，衍生出了交易伦理的相关道德判断。归类而论，有如下思想：

第一，交易的道德性是行为出于义务而非利益。康德的"善良意志"思想以及义务的三个命题都表明，任何道德行为，包括经济活动的道德性，都

---

① 〔德〕伊曼努尔·康德：《道德形而上学原理》，苗力田译，上海世纪出版集团 2012 年版，第 40 页。
② 〔德〕伊曼努尔·康德：《实践理性批判》，韩水法译，商务印书馆 2003 年版，第 34 页。
③ 〔德〕伊曼努尔·康德：《道德形而上学原理》，苗力田译，上海世纪出版集团 2012 年版，第 46 页。

要出于"善良意志"和义务，即只有出于对普遍道德法则的尊重与践行的交易行为，才具有道德性。康德认为："信守诺言、坚持原则并非出于本能的宽厚才具有内在价值。"①一旦掺杂任何利益的动机，交易行为就失去了道德性。"道德法则作为理性原则，必须排除一切感性经验，排除道德主体的偏好、兴趣和利益欲求。"②展言之，虽然交易活动是一种互惠互利的经济活动，交易双方都有利益欲求的动机和获得交换利益行为后果的要求，但交易主体遵守商业道德规范要求不是因为利益驱动而是完全出于对道德法则本身的尊重。唯有出于对诚实守信道德法则的诚服而童叟无欺、一视同仁、价钱公道，其行为才有道德价值；相反，如果商人出于外在经济利益的考虑，把诚实守信商业道德要求作为博得顾客青睐、获取更大利益的手段，其行为即使合乎道德要求，由于不是出于道德法则本身、不是因道德义务而为，那么，此类的交易行为也不具有道德价值。"例如，卖主不向无经验的买主索取过高的价钱，这是合乎责任的。在交易场上，明智的商人不索取过高的价钱，而是对每个人都保持价格的一致，所以一个小孩子也和别人一样，从他那里买得的东西。买卖确乎是诚实的，这却远远不能使人相信，商人之所以这样做是出于责任和诚实原则。他之所以这样做，因为这有利于他。"③即，交易的道德价值仅仅是交易主体出于对诚实守信道德法则的尊重、诚服与遵循，完全出于道德责任而为。"行为全部道德价值的本质性东西取决于如下一点：道德法则直接地决定意志。倘若意志决定虽然也合乎道德法则而发生，但仅仅借助于必须被设定的某种情感，而不论其为何种类型，因此这种情感成了意志充分的决定根据，从而意志决定不是为了法则发生的，于是行为虽然包含合法性，但不包含道德性。"④在康德看来，交易行为是"出于道德"还是"合乎道德"，二者是有本质区别的。对此，牟宗三先生有过分

① 〔德〕伊曼努尔·康德：《道德形而上学原理》，苗力田译，上海世纪出版集团2012年版，第42页。
② 宋希仁：《西方伦理思想史》，中国人民大学出版社2010年版，第333页。
③ 〔德〕伊曼努尔·康德：《道德形而上学原理》，苗力田译，上海世纪出版集团2012年版，第10页。
④ 〔德〕伊曼努尔·康德：《实践理性批判》，韩水法译，商务印书馆2003年版，第77—78页。

析："'一个商人决不可对一无经验的买主高索售价'，这总是一义务之事；而凡商业盛行之地，谨慎的商人亦实不（随意）高索售价，但只对每一人皆保持一固定的价格，这样，一个儿童去买他的东西亦与任何其他人一样。如是，人们（顾客）实是诚实地被对待；但这还不足以使我们相信这商人这样做是由义务而这样做，并由诚实的原则而这样做：他自己的利益需要他如此做。"① 如果人们在交易中仅是出于利益考虑而遵守道德法则，那只是"行为合乎道德"，这种因利益而守德的行为是危险的，易导致人们"选择性守德"的价值相对主义。因为交易主体那些自发的互惠互利行为，具有偶然性、条件性和不稳定性，加之人们投机钻营的冲动性，此类出于功利考虑的行为常常缺乏稳定的行为预期。遵守道德法则获利是道德与利益的一种"应然逻辑"，但这种"应然逻辑"要变为"现实逻辑"，需要相关的社会支持系统，尤其是严明的法律保障。一旦法律缺位或缺威，对交易中的违法背德行为惩治不到位，就会出现守德失利的"二律背反"现象。在这种道德与利益频现的"二律背反"的社会环境中，一些人就会放弃道德而投机牟利。所以，在康德看来，人们只有自觉遵守交易伦理法则，完全出于义务与责任，才能摒弃外在经济利益的诱惑而坚守道德，商人才会真正具有诚实守信的道德品格。

第二，交易的道德义务是必行的。"如果义务是一个应当包含着意义和为我们的行为的实际立法的概念，那么，义务就只能以定言命令、决不能以假言命令式来表达。"② 康德认为，人的道德行为仅仅是出于对客观必然性应当的遵守，是一种定言令式而非假言命令。何谓令式？罗素在《西方哲学史》中，把"令式"界定为"理性的生物按照规律的理念而行动，即一种凭借意志而行动的能力，客观原则的这种理念对理性的个体具有强制的约束，

---

① 牟宗三:《康德的道德哲学》，吉林出版集团有限责任公司 2013 年版，第 25 页。
② 〔德〕伊曼努尔·康德:《康德著作全集》第四卷，李秋零编译，中国人民大学出版社 2006 年版，第 432 页。

称作理性命令，而这种命令的程式即令式"①。令式可分为两类，即假言令式和定言令式。道德的假言令式是以某种外在目的为条件，它的逻辑形式是"如果……就……"认为道德、善行可以是达到目的或实现利益的手段，利益可以成为附加于道德自身的外在条件。道德的定言令式不以某种外在目的为条件，道德或善行本身就是行为的目的，是人们应该做的行为。如"人应该诚实"，是命令式要求，人们遵守无须附加任何条件。"如果行为仅仅为了别的目的作为手段是善的，那么，命令就是假言的。如果行为被表现为就自身而言善的，从而是被表现为在一个就自身而言合乎理性的意志之中是必然的，被表现为该意志的原则，那么，命令式就是定言的。"②依康德之见，人们从事交易经济活动，同样需要遵守道德法则的"绝对命令"。"道德的或定言的命令，则与此相反地说，我不是意愿另外什么东西而这样那样地行动。例如，前一种人说，为了保持信誉，我不应该说谎。后一种人则说，尽管于己毫无不利之处，我也不应该说谎。"③表明商业道德法则是经济活动内蕴的规律，是客观的"应当"，凡是从事经济活动的商人都要遵守；人们在交易活动中，不能出于获利的动机去遵守道德法则，因为遵守道德法则是无条件的，无论获利与否，在任何情况下都要遵守。所以，康德认为，商人不能因利益而守德，遵守道德与利益无关。商家只有仅仅出于对诚实守信原则尊重而为的行为，才是值得赞许的；相反，那种把诚实守信作为增进收益手段的行为是不具有道德价值的。显然，交易行为的道德性是行为主体仅仅是对普遍、必然的道德法则的无条件服从的行为类型，那种以改进盈利状况的合乎道德的行为，是不具有道德性的。

第三，交易的道德义务是自律的。康德认为，"道德哲学则须给在自然

---

① 〔英〕罗素：《西方哲学史》，邓晓锡译，商务印书馆 1982 年版，第 227 页。

② 〔德〕伊曼努尔·康德：《道德形而上学的奠基》，李秋零译注，中国人民大学出版社 2018 年版，第 32 页。

③ 〔德〕伊曼努尔·康德：《道德形而上学原理》，苗力田译，上海世纪出版集团 2012 年版，第 47 页。

影响下的人类意志规定自己的规律"①。理性是人超越动物的重要特征。理性
人的道德行为，是出于对道德法则尊重的自律性行为。"一切命令式都用应
该（Sollen）这个词来表示，它表示理性客观规律和意志的关系。"② "意志自
律性，是意志由之成为自身规律的属性，而不管意志对象的属性是什么。所
以自律原则就是：在同一意愿中，除非所选择的准则同时也被理解为普遍
规律，就不要做出选择。"③ 在交易经济活动中，人们对诚实信用等道德法则
的遵守，不是迫于外在的压力，而是基于对道德法则本身的诚服，是自觉自愿
的。"既不是恐惧，也不是爱好，完全是对规律的尊重，才是动机给予行为
以道德价值。"④ 如果交易主体在法律威慑下，唯恐法律的惩处而遵守道德，
或者唯恐社会舆论的谴责而遵守道德，那么这类交易行为都没有道德价值。
因为诚实信用等商业道德法则，是人们从内心中认同与敬重的道德法则，是
人们的意志必须服从的，与外在的奖惩无关。所以，人们在交易活动中，会
按照道德法则和良心行事，不为利益诱惑所动，自觉恪守道德法则。

第四节　功利论及其交易伦理思想

　　功利论或功利主义（utilitarianism）是道德哲学中一个重要的规范伦理
学说，它把"最大多数人的最大幸福原则"作为行为的唯一准则和最终目
的，强调把实际功效或利益作为行为道德价值的依据。在道德评价上，功利
主义既不同于美德论，也不同于义务论，而是看重行为后果的功利价值，忽
视人们行为动机在道德评价中的作用。

---

① 〔德〕伊曼努尔·康德：《道德形而上学原理》，苗力田译，上海世纪出版集团 2012 年版，第 1 页。
② 〔德〕伊曼努尔·康德：《道德形而上学原理》，苗力田译，上海世纪出版集团 2012 年版，第 24 页。
③ 〔德〕伊曼努尔·康德：《道德形而上学原理》，苗力田译，上海世纪出版集团 2012 年版，第 46 页。
④ 〔德〕伊曼努尔·康德：《道德形而上学原理》，苗力田译，上海世纪出版集团 2012 年版，第 46 页。

一、古典功利论的核心思想

古典功利主义是由英国哲学家边沁创立、约翰·穆勒（也译为密尔）发展的道德学说。"20 世纪以来，学界一般把边沁、密尔的功利主义理论称为古典（classical，或"经典"）功利主义理论。"① "功利主义，从其最广泛意义来说，不仅是一种伦理学说，而且形成一种社会运动、社会思潮。它流行于十八世纪中叶至十九世纪中叶的西欧各国。"②

边沁是古典功利主义的创始人，他在吸收休谟的"功利"思想以及"普利斯特利（Priestly）《政府论》（*Essay on Government*）"中的"最大多数人的最大幸福"短语③ 基础上，创立了他的功利主义伦理学说。

首先，边沁把"最大多数人的最大幸福"作为人们行为遵循与评价的唯一准则。在边沁看来，人们一切行为的共同目标是"幸福"，所以，"任何行动中导向幸福的趋向性我们称之为它的功利；而其中的背离的倾向则称之为祸害"④。行为趋向或结果的有利与有害，则成为人们评价行为的道德标准。"功利原则指的是当我们对任何一种行为予以赞成或不赞成的时候，我们是看该行为是增多还是减少当事者的幸福；换句话说，就是以该行为增进或者违反当事者的幸福为准。这里，我说的是指对任何一种行为予以赞成或不赞成，因此这些行为不仅要包括个人的每一个行为，而且也要包括政府的每一个设施。"⑤ 边沁所说的"幸福"是什么呢？是人们的快乐。边沁对"快乐"和"幸福"未进行严格区分，认为凡是增加快乐、减少痛苦的行为就是善的。值得注意的是，边沁不仅把功利原则作为评价个人行为的道德标准，而且也将其作为衡量政府行为好坏的标准。这恰恰就是边沁伦理思想的一个重

---

① 龚群：《现代伦理学》，中国人民大学出版社 2010 年版，第 101 页。

② 周辅成主编：《西方著名伦理学家评传》，上海人民出版社 1987 年版，第 527 页。

③ 周辅成主编：《西方著名伦理学家评传》，上海人民出版社 1987 年版，第 528 页。

④ 〔英〕边沁：《政府片论》，沈叔平等译，商务印书馆 1997 年版，第 115—116 页。

⑤ 周辅成编：《西方伦理名著选辑》下卷，商务印书馆 1987 年版，第 211—212 页。

要特色。可以说，边沁是把"最大多数人的最大幸福原则"引入政府公共决策和法律中的重要思想家，发挥了道德对社会行为调节的重要作用。

其次，边沁继承了英国经验主义的传统，以经验主义人性论和认识论为基础，认为趋乐避苦是人的本性，从人的苦乐原理出发，他对"最大多数人的幸福"原则进行了论证。他在《道德与立法原理》中指出："自然把人类置于两个至上的主人——'苦'与'乐'——的统治下。只有它们两个才能够指出我们应该做什么，以及决定我们将要怎样做。在它们的宝座上紧紧系着的，一边是是非的标准，一边是因果的环链。凡是我们的所行、所言和所思，都要受它们的支配；凡是我们所做一切设法摆脱它们的努力，都是足以证明和证实它们的权威之存在而已。一个人在口头上尽可以自命弃绝它们的统治，但事实上，他都始终屈从于他。"[1] 在边沁看来，人们的所有行为都受苦乐支配，人们根本无法摆脱它的统治，趋乐避苦是人的本性。"功利原则承认人类受苦乐的统治，并且以这种统治为其体系的基础。"[2] 在伦理思想史上，提出"功利"概念或"最大多数人的幸福原则"的创始人，虽不是边沁，但边沁是对"功利"和"最大多数人的幸福"原则进行论证的思想家。对此，有人认为边沁的功利主义伦理思想是"建立了对古代和近代初期而言的'旧瓶装新酒'"[3]。

再次，边沁论述了苦乐的计算与行为的选择。前述已表明，在提出"最大多数人的幸福原则"以及苦乐原理方面，边沁基本上是借用或沿用了前人的思想，其自身的理论独创性几乎没有，但在"快乐计算"方面，却凸显了他的理论特色，尽管他的"快乐计算"方法遭到其他思想家的质疑。边沁认为，"最大多数人的最大幸福原则"要在实践中贯彻执行，就是要通过计算、比较出哪些行为是增进快乐和幸福的，哪些行为是招致痛苦和不幸的。为此，他提出快乐的计算理论。在边沁看来，快乐和痛苦只有量的区别而无

① 周辅成编：《西方伦理名著选辑》下卷，商务印书馆 1987 年版，第 210—211 页。
② 周辅成编：《西方伦理名著选辑》下卷，商务印书馆 1987 年版，第 211 页。
③ 周辅成主编：《西方著名伦理学家评传》，上海人民出版社 1987 年版，第 531 页。

质的不同，所以，快乐是可以计算的，同时他对快乐和痛苦做了简单的分类。在他看来，无论是哪一类快乐和痛苦，都是由各种"制裁"（Sanction）使人们产生的感觉。边沁最初提出"四种制裁力"。"它们是自然制裁、政治制裁、道德制裁和宗教制裁。……边沁在晚年时又加上另外三种制裁：惩罚、同情和反感。"[①] 人的苦乐虽然源自不同的制裁，但没有质的区别。为了更好地计算苦乐，追求最大的快乐和幸福，边沁提出了衡量快乐的七个指标："强弱（intensity）、久暂（duration）、虚实（certainty or uncertainty）、近远（propinquity or remoteness）、因缘（fecundity）、纯杂（purity）和广狭（extent）。"[②] 在边沁看来，人们可以通过这七个指标的衡量与比较，清楚快乐的多少，并把最大快乐作为行为的最佳选择。总之，边沁在苦乐原理基础上，提出了"最大多数人的最大幸福"原则，主张一切行为都必须要以增进最大多数人的快乐、幸福、效用为目的，即凡是带来快乐、幸福的行为都是道德的，反之亦然。

最后，边沁把"最大多数人的幸福原则"贯彻到政治和立法中。边沁认为，"最大多数人的最大幸福"原则，不仅是个人的道德行为准则，而且也是社会政治和法律制定的原则以及衡量的标准。边沁对社会的思考，既有伦理学家的思维视野，也有法学家的洞察力。在他看来，要在社会中真正实现"最大多数人的最大幸福"，光靠社会成员个人的遵守是不够的，必须把这一原则在政治政策和法律中得到贯彻，使政策和法律体现和维护社会上最大多数人的最大幸福。"政府的业务在于通过赏罚来促进社会幸福。由罚构成的那部分政府业务尤其是刑法的主题。一项行动越趋于破坏社会幸福，越具有有害倾向，它产生的惩罚要求就越大。"[③] 唯有好的政策和良法，保障社会成员的生存、平等、富裕和安全，才能够最大限度地促进社会的福利和幸福。

---

① 周辅成主编：《西方著名伦理学家评传》，上海人民出版社 1987 年版，第 537 页。

② 周辅成主编：《西方著名伦理学家评传》，上海人民出版社 1987 年版，第 537 页。

③ 〔英〕边沁：《道德与立法原理导论》，时殷弘译，商务印书馆 2005 年版，第 122 页。

政治和法律致力的目标是"导养生存，达到富裕，促进平等，维持安全"①。法律只有保护人们的财产不受侵犯，使人们能够拥有获取和享受财富的快乐，避免财富因被剥夺而产生的痛苦，法律才达到了安全的目标。

穆勒继承和发展了边沁的古典功利主义的思想。边沁的功利主义思想在理论和实践上都产生了一定的社会影响，但同时也出现了一些质疑之声。"边沁采取的功利标准，使他受到了过分的赞誉，同时也使他受到了过分的责难。"②针对边沁功利理论的不完备性，穆勒在肯定边沁功利主义合理性的基础上，对边沁功利主义思想在继承的基础上进行了一定的修正和完善。

穆勒提出了快乐具有量和质的区别的思想，并用"幸福"取代了边沁的"快乐"。穆勒开宗明义地阐述了功利主义的道德原则。"把'功利'或'最大幸福原理'当作道德基础的信条主张，行为的对错，与它们增进幸福或造成不幸的倾向成正比。所谓幸福，是指快乐和免除痛苦；所谓不幸，是指痛苦和丧失快乐。……唯有快乐和免除痛苦是值得欲求的目的，所有值得欲求的东西（它们在功利主义理论中与在其他任何理论中一样为数众多）之所以值得欲求，或者是因为内在于它们之中的快乐，或者是因为它们是增进快乐避免痛苦的手段。"③显然，"所有古典功利主义都是快乐论者，都认为功利、快乐和痛苦之间的联系为其理论体系提供了前后一贯的基础。"④

穆勒在功利与快乐的关系问题上，坚持了边沁所主张的快乐与功利相一致性的观点。"从伊壁鸠鲁到边沁，都从来没有把功利理解为某种与快乐判然有别的东西，而是把它理解为快乐本身以及痛苦的解除。"⑤但他不同意边沁把快乐只看成单纯有量的区别的观点。在他看来，人的快乐，不仅有量的差异，而且更有质的不同，人们快乐的质是人优于动物的重要特征。"这种

---

① 宋希仁：《西方伦理思想史》，中国人民大学出版社 2004 年版，第 297 页。
② 〔英〕边沁：《政府片论》，沈叔平等译，商务印书馆 1997 年版，编者导言，第 35 页。
③ 〔英〕约翰·穆勒：《功利主义》，徐大建译，上海人民出版社 2008 年版，第 7 页。
④ 〔英〕弗雷德里克·罗森：《古典功利主义：从休谟到密尔》，曹海军译，译林出版社 2018 年版，第 6 页。
⑤ 〔英〕约翰·穆勒：《功利主义》，徐大建译，上海人民出版社 2008 年版，第 6 页。

质量的优胜，超出数量的方面那么多，所以相形之下，数量就成为微小不足道的条件了。"① 为此，他从三方面进行了论证：一是人具有不同于动物的特殊官能，使人的快乐不同于动物。"人类具有的官能要高于动物的欲望，当这些官能一旦被人意识到之后，那么，只要这些官能没有得到满足，人就不会感觉幸福。"② 为此，他将人的快乐区分为高级的和低级的，即肉体的和精神的或心灵的，主张人们不能单纯满足于肉体的低级快乐，而要追求精神的或心灵的快乐，唯有人的精神或心灵快乐才是人独有的。因此，人的幸福离不开精神或心灵快乐。正是由于人具有高于动物的心灵或精神快乐，所以"做一个不满足的人比做一个满足的猪好；做一个不满足的苏格拉底比作一个傻子好"③。二是快乐种类的价值不同，有些快乐更值得人们欲求。"理智的快乐、感情和想象的快乐以及道德情感的快乐所具有的价值要远高于单纯感官快乐。……承认某些种类的快乐比其他种类的快乐更值得欲求，更有价值，这与功利原则是完全相容的。"④ 因为功利主义者"一般都将心灵的快乐置于肉体快乐之上，主要是因为心灵的快乐更加持久、更加有保障、成本更小等等"⑤。精神快乐之所以优于肉体的低级快乐，不光是因为它是人类特殊官能的反映，更能表现人性，而且也是因为它更合乎功利最大化原则。三是质量和数量相统一是评价事物优劣的普遍标准，以此类推，衡量人的快乐也应该既有量也有质。另外，从人们的生活经验来看，受过教育的人和聪明的人，都不愿把自己降低为低级的动物，他们都愿意追求精神的、心灵的快乐。⑥

为了使人们正确地理解"功利"或"幸福"，消除一些人对"功利主义"的狭隘理解以及所产生的偏见，穆勒认为，有必要对"功利主义"做进一步

① 〔英〕约翰·穆勒：《功利主义》，徐大建译，上海人民出版社 2008 年版，第 9 页。
② 〔英〕约翰·穆勒：《功利主义》，徐大建译，上海人民出版社 2008 年版，第 8 页。
③ 〔英〕约翰·穆勒：《功利主义》，徐大建译，上海人民出版社 2008 年版，第 10 页。
④ 〔英〕约翰·穆勒：《功利主义》，徐大建译，上海人民出版社 2008 年版，第 8—9 页。
⑤ 〔英〕约翰·穆勒：《功利主义》，徐大建译，上海人民出版社 2008 年版，第 8 页。
⑥ 〔英〕约翰·穆勒：《功利主义》，徐大建译，上海人民出版社 2008 年版，第 9 页。

说明。为此，他在其代表作《功利主义》一书中指出："我必须重申，构成功利主义的行为对错标准的幸福，不是行为者本人的幸福，而是所有相关人员的幸福，而这一点是攻击功利主义的人很少公平地予以承认的。功利主义要求，行为者在他自己的幸福与他人的幸福之间，应当像一个公正无私的仁慈的旁观者那样，做到严格的不偏不倚。"① 在穆勒看来，作为判定人们行为对错的功利原则，不是单纯的个人幸福，而是所有行为相关者的幸福，不是只增进个人的福利，而是增进行为相关者的共同福利。他指出："所谓功利必须是最广义的，必须是把人当作前进的存在而以其永久利益为根据的。"② 显然，穆勒通过对"功利主义"概念的准确表达，为"功利主义"做了辩护，继而证成了功利主义与利己主义尤其是极端利己主义的区别。"其实功利主义并非贬义，亦非'利己主义'、'急功近利'、'唯利是图'、'只讲目的不择手段'的同义词，因为它并不认为行为的对或错的标准要看是否有利于自己个人的幸福或福利，而是说，衡量行为的最终道德标准是要看它是否提高社会的总福利；它不允许无视和侵犯他人的幸福和福利；为了社会的总福利的提高，有时它还要求人们牺牲个人的利益。"③

穆勒在坚持"功利原则"和"最大多数人的最大幸福"原则的同时，肯定了利他行为的合理性，并提出了自我牺牲的必要性。针对一些人对功利主义与"美德"或"高尚"表现出的自我牺牲精神之间关系的质疑，穆勒从三方面表明了自己的观点：一是功利主义不反对美德、高尚表现出的自我牺牲精神和行为。他从功利主义原则本身出发，推论出功利主义内涵了美德和高尚的行为。因为"功利主义的行为标准并不是行为者本人的最大幸福，而是全体相关人员的最大幸福"④ 也就是说，按照功利主义的理论逻辑，是倡导美德和高尚行为的，因为具有美德或高尚品德的人，他们对自己欲望和利益

---

① 〔英〕约翰·穆勒：《功利主义》，徐大建译，上海人民出版社 2008 年版，第 17 页。
② 〔英〕密尔：《论自由》，许宝骙译，商务印书馆 1998 年版，第 12 页。
③ 张华夏：《道德哲学与经济系统分析》，人民出版社 2010 年版，第 81 页。
④ 〔英〕约翰·穆勒：《功利主义》，徐大建译，上海人民出版社 2008 年版，第 12 页。

的自觉节制，会增进他人或全体人的幸福。"我们完全可以怀疑，一个高尚的人是否因其高尚而永远比别人幸福，但毫无疑问的是，一个高尚的人必定会使别人更幸福，而整个世界也会因此而大大得益。所以，即便每个人都仅仅由于他人的高尚而得益，而他自己的幸福只会因自己的高尚而减少，功利主义要达到自己的目的，也只能靠高尚品格的普遍培养。"① 二是功利主义强调，自我牺牲本身不是目的。在穆勒看来，虽然为了他人或社会利益舍弃个人福利的自我牺牲是高尚的，值得人们称赞，但需要谨记，"自我牺牲本身并非目的"②。只有人们的自我牺牲能够增进世上幸福总量的行为，才值得崇敬。"功利主义的道德承认，人具有一种力量，能够为了他人的福利而牺牲自己的最大福利。功利主义的道德只是不承认，牺牲本身就是善事。它认为，一种牺牲如果没有增进或不会增进幸福的总量，那么就是浪费。它唯一赞成的自我牺牲，是为了他人的幸福或有利于他人幸福的某些手段而做出的牺牲。"③ 功利主义推崇的自我牺牲，在于行为后果的善。三是功利主义认为，自我牺牲往往是世界安排不完善状态时，人所表现出的最高美德。在不完善的世界中，一些人为增进他人和社会的幸福，只好牺牲自己的幸福。由此可见，改善和完善社会何其重要。

对于道德的约束力问题，穆勒主张内在制裁与外在制裁相统一。在穆勒看来，促进人们遵守道德原则的动机，不仅有边沁提出的外部制裁力，而且也有良心的内部制裁。边沁提出自然的、政治的、道德的和宗教的制裁，除此之外，还有人的一种内心感情。"义务的内在约束力只有一种。那就是我们内心的感情。……这种感情，如果是公正无私的，并且与纯粹的义务观念相关联，而不与某种特定形式的义务或任何附加的情况相关联，那么它就是良心的本质。"④ 在穆勒看来，良心是后天培育教育作用的结果。"内在制裁"

---

① 〔英〕约翰·穆勒：《功利主义》，徐大建译，上海人民出版社 2008 年版，第 12 页。
② 〔英〕约翰·穆勒：《功利主义》，徐大建译，上海人民出版社 2008 年版，第 16 页。
③ 〔英〕约翰·穆勒：《功利主义》，徐大建译，上海人民出版社 2008 年版，第 17 页。
④ 〔英〕约翰·穆勒：《功利主义》，徐大建译，上海人民出版社 2008 年版，第 28 页。

是指道德行为者在违背正确的道德原则或违法后，由于错误的行为与自身教育所形成的道德认识相违背而产生的以道德感为表现形式的自责和愧疚。"凡受过良好教育的有道德之人，违反义务时便会产生程度不等的强烈痛苦，这种痛苦如果比较严重，甚至会使人不能自拔。"①穆勒认为，良心与"同情""爱悦""恐怖"密切相连。具有良心的人，会对自己的行为进行判断，一旦出现违背道德义务的行为，其内心会产生羞愧和痛苦。"出于良心的感情的确存在着，经验证明了，那是一个人性的事实，是实实在在的东西，能对受过教养的人发生巨大的作用。"②穆勒认为，良心的确会发挥内在约束作用，但对于那些没有良心感情的人来说，道德"就没有任何约束的作用"③，"除非通过外在的约束力"④。

二、现代功利论的继承与发展

在现代社会发展中，功利主义是较为活跃的学派。现代功利主义是在对古典功利主义理论批评、继承与修正过程中渐进形成的。由于不同功利主义思想家的理论侧重点不同，可据此将功利主义划分为行动功利主义与准则功利主义两大流派。"20 世纪以来，功利主义理论最重要的发展是行动功利主义和准则功利主义这样两种理论形态的出现。"⑤虽然现代功利主义对古典功利主义的某些思想进行了修正，但在总体上，并没有对功利主义进行"根本改造"，没有改变古典功利主义的基本原则。

行动功利主义的主要代表人物是澳大利亚著名哲学家 J.J.C. 斯马特和英国的 B. 威廉斯，他们的代表作是《功利主义：赞成与反对》。行动功利主义

---

① 〔英〕约翰·穆勒：《功利主义》，徐大建译，上海人民出版社 2008 年版，第 28 页。
② 〔英〕约翰·穆勒：《功利主义》，徐大建译，上海人民出版社 2008 年版，第 29 页。
③ 〔英〕约翰·穆勒：《功利主义》，徐大建译，上海人民出版社 2008 年版，第 28 页。
④ 〔英〕约翰·穆勒：《功利主义》，徐大建译，上海人民出版社 2008 年版，第 29 页。
⑤ 龚群：《现代伦理学》，中国人民大学出版社 2010 年版，第 101 页。

继承了古典功利主义的评价行为道德价值的后果论思想，主张人们行为对错的依据是"可期望的最大化效用集"。"关于最大化的效用或功利集，功利主义强调在可选行动项中，如果某种应做的行为所产生的后果是所有可选事态中最好的或最大的量，那么，你的责任就是从事这一行动。"① 在行动功利主义者看来，人们无论是在行为选择中还是在行为评价中，依据和标准是行为结果的最大化效用或功利。"行动功利主义把可期望的最大效用集作为行为判断和行动决定的最后依据，因而可以说这也就是行动功利主义的公式化原则。"② 行动功利主义的这一核心思想，忽视了"常识道德准则"和"正义"原则的普遍性。按照行动功利主义的理论逻辑，在一定的境遇中，如果说谎、违背诺言能够带来更大的利益，人们不是遵守常识道德准则而是功利原则。"在不依据习惯而是根据思考和选择行动的情况下，他必须运用功利主义的标准。"③ 在功利与正义的关系问题上，行动功利主义态度鲜明地表示，要坚持功利原则的优先性。即在一定社会情境中，人们如果面对行为可能产生的非正义性与行动可能产生的最大福利之间进行选择，行动的最大福利是行为的唯一依据和标准。

面对行动功利主义的主张，尤其是对常识道德准则与正义原则的藐视，准则功利主义在某种程度上进行了修正和完善。准则功利主义④ 的主要代表人物是美国哲学家理查德·布兰特等。布兰特指出了行动功利主义的理论不足，深化了准则功利主义的理论。"'行动功利主义'和'准则功利主义'的概念最早为布兰特在《伦理学理论》中提出并进行论述。"⑤ 在布兰特看

---

① 龚群：《现代伦理学》，中国人民大学出版社 2010 年版，第 102 页。

② 龚群：《现代伦理学》，中国人民大学出版社 2010 年版，第 103 页。

③ 〔澳〕J.J.C. 斯马特、〔英〕B. 威廉斯：《功利主义：赞成与反对》，牟斌译，中国社会科学出版社 1992 年版，第 43 页。

④ 规则功利主义的发展沿着三条思路，分为简单规则功利主义、试图与义务论结合的规则功利主义以及整体性规则功利主义。参阅龚群：《现代伦理学》，牟斌译，中国人民大学出版社 2010 年版，第 117 页。

⑤ 龚群：《现代伦理学》，中国人民大学出版社 2010 年版，第 101 页。

来，行动功利主义将行为结果的效用作为判定行为是否具有正当性的唯一标准，而不注重对能够有助于实现普遍的行为效用最大化所遵循的道德准则的探讨，是狭隘且短视的。他认为："规则功利主义的主张应是一个行为者的行为只有在其所处的社会中最优道德规则允许时，该行为才是正确的。这种最优道德规则必须是以最大化该社会的福利和'善'，即功利。这也就给予了一个行为即使本身没有达成最大化的福利也可以是正确的可能性。"① 在布兰特看来，决定行为是对的还是错的依据，不是单纯看行为后果，而是看该行为遵循的道德规则及由此产生的利益。概言之，准则功利主义主张，应该把功利原则或效用原则作为行为的普遍道德准则。对于"行动功利主义"与"准则功利主义"之间的区别，斯马特曾给予了明确的概括："行动功利主义根据行动自身所产生的好或坏的效果，来判定行动的正确或错误；准则功利主义则根据在相同的具体境遇里，每个人的行动所应遵守准则的好或坏的效果，来判定行动的正确或错误。"② 显而易见，规则功利主义既强调了人们对道德规则的遵守，也强调了行为后果。"与行为功利主义不同，准则功利主义着重用功利原则来作为判别社会的道德准则是否正当的标准。换句话说，一种行为是否正当，只要看他是否符合道德的准则；而道德准则是否正当，要看它是否导致人民的最大幸福。"③

由于准则功利主义强调人们对于道德规则的遵守，为此，布兰特提出了"规则体系的多层次性"问题。他认为："一个社会的完整的道德规则体系必然包括多层次的规则和原则，它是一个多层次的规则和原则体系。"④ 第一层次的规则，是那些为人们在日常生活中提供道德引导的最基本的道德规则，如同罗斯在自明义务中所说的那些道德规则，比如不要说谎、遵守诺言、尊

① Richard B. Brandt: *The Real & Alleged Problems of Utilitarianism*, The Hastings Center Report, 1983 (13), pp.37-43.

② 〔澳〕J.J.C. 斯马特、〔英〕B. 威廉斯：《功利主义：赞成与反对》，牟斌译，中国社会科学出版社 1992 年版，第 9 页。

③ 张华夏：《道德哲学与经济系统分析》，人民出版社 2010 年版，第 85—86 页。

④ 龚群：《现代伦理学》，中国人民大学出版社 2010 年版，第 128 页。

重生命等。对于第一层次的道德规则，布兰特认为，大家都应该普遍践行，不能因利益关系而影响对道德规则的遵守，即在一般情况下，大家都应该遵守诺言，不欺骗。第二个层级的道德规则是要规定如何解决第一个层级道德规则之间的冲突，如在一般情况下，大家都要诚实，不能撒谎，但在特殊情况下，诚实可能会对人产生伤害。那么，在诚实与不伤害之间，哪一个规则更具有优先性呢？在布兰特看来，就诚实、遵守诺言与不伤害选择而言，不伤害原则应该比遵守诺言或诚实具有更强的义务。显然，布兰特强调常识道德或自明义务规则的重要性，认为不能为了利益最大化而践踏这些基本道德规则，这与行动功利主义有明显的不同。很显然，布兰特吸收了义务论的思想，强调遵守道德规则的重要性及其绝对性，反对为了追求履行规则之外的更大利益而舍弃遵守规则的做法。

三、功利论的交易伦理观

穆勒认为："功利主义不仅在政治领域构造了一种足以与自由主义契约论学派相抗衡的政治哲学和法哲学，而且在经济领域排除了所有其他的伦理学说而独自成为主流经济学的伦理框架。"[①] 纵观功利主义的主旨思想，其蕴含的交易伦理思想，可以从四个方面进行概括。

第一，功利主义肯定交易动机的利益性。功利论在行为动机上，与义务论观点不同。义务论要求人们的行为动机必须完全出于道德原则、义务和责任，唯有如此，行为才有道德性。穆勒认为，人们的行为动机是多样的，而且动机与行为的道德性无关，因此，行为动机是出于义务还是功利，不影响行为的道德性，更不能因行为出于功利而否认行为的道德性。衡量交易行为对错的标准是看交易结果是否促进了双方的最大福利。"没有一种伦理学体系要求我们，我们的全部行为都只有一个动机，即出于义务感；相反，我们

---

① 〔英〕约翰·穆勒：《功利主义》，徐大建译，上海人民出版社 2008 年版，第 5 页。

的行为百分之九十九都是出于其他动机，这些行为只要合乎行为规则，就并无不当之处。……动机虽然与行为者的品格有很大关系，却与行为的道德性无关。……救人于溺水之中，总是道德上正确的行为，无论救人的动机是出于义务还是希望为此得到报酬。"[1]在功利主义者看来，由于交易行为是不同社会成员或社会组织之间以彼此的利益满足为目的的社会交往行为，所以，交易行为动机的功利性是鲜明的，而且也是被允许的。只要交易行为的结果有助于实现"最大多数人的最大幸福原则"，增加了交易双方的福祉，那就是道德的行为。因此，边沁认为，人们在社会交往中履行各种承诺，尤其是经济活动中的交易承诺，除了功利原则外，没有任何原则能够为履行承诺提供理由。"到底是根据什么理由，人们应该遵守诺言呢？当前被提出的可以理解的理由是：正是为了社会利益，他们必须遵守诺言；如果他们不这样做，等到惩罚来临时，就会迫使他们遵守诺言。正是为了整体的利益，每个个人的诺言都必须遵守，而不是不须遵守。这样，不遵守诺言的人就必须受到惩罚。如果有人问，这样做会出现什么情况？答案是现成的：他遵守诺言，就会获得利益，避免损害，其好处会大大超过如此多的惩罚所造成的损害的补偿——这些惩罚是迫使人们遵守诺言所必需的。"[2]在边沁看来，社会成员践行承诺是出于功利的动机。换言之，遵守承诺的趋利避害性，是人们践行承诺的完全充分的理由。因为如果人们履行承诺会对双方不利，大家还会践行诺言、契约吗？"假定履行承诺的经常和普遍的后果是带来灾难，那么，在这种情势下人们还有遵守诺言的义务吗？在这种情势下，制定法律，运用惩罚迫使人们去履行承诺，还是正当的吗？"[3]边沁认为，人们履行诺言的理由，是因为履行诺言对大家有利，离开履行承诺、契约的功利动机和后果是无法理解人们遵守诺言义务的正当性的。

第二，功利主义强调交易行为利益获取的正义性。穆勒认为，在普遍性

---

[1]〔英〕约翰·穆勒：《功利主义》，徐大建译，上海人民出版社 2008 年版，第 18 页。

[2]〔英〕边沁：《政府片论》，沈叔平等译，商务印书馆 1997 年版，第 154 页。

[3]〔英〕边沁：《政府片论》，沈叔平等译，商务印书馆 1997 年版，第 156—157 页。

上，"正义是建立在权利或利益基础上的，是对正当权利或利益的维护"[①]。交易作为一种经济活动，也要遵循正义原则。交易本身是互惠互利的交换活动，交易双方都是为了满足自身利益才去实施交易活动的，因此，离开利益，人们无法进行交易。但交易所获利益，要基于双方正当权利和利益的维护。"大家普遍认为，正义在于每个人得到了自己应得的（无论是利还是害），非正义则在于每个人得到了自己不应得的福利或者遭受了自己不应得的祸害。"[②] "应得"是正义的核心，任何人都可以追求自己的利益，但不能损害他人的正当权利和利益，否则，就是违背正义原则。在交易中，人们不能通过坑蒙拐骗来牟取自己的利益，也不许通过背信弃义而见利忘义。凡是那些不守诺言的行为，都是非正义的。"人们公认，不守信用，例如违背承诺——不论是明确表达的承诺还是暗示默认的承诺，又如自己的行为引起了别人的期望——至少自己知道并且愿意引起这样的期望——却又让这种期望落空，等等，都是非正义的。"[③]

第三，功利主义强调诚信原则的重要性。穆勒非常强调诚实信用道德规则的重要性，认为虚假失信行为不仅破坏人们之间的信任关系以及社会福利，而且瓦解人类文明与道德的基础。"任何背离事实真相的谎言，即便并非出于故意，都会严重地削弱人们言论的可信性，这种言论的可信性不但是当前全部社会福利的主要支柱，而且它的缺失会比其他任何东西都更加严重地阻碍文明和美德、破坏人类幸福的一切主要支柱。因此我们觉得，为了一种眼前的利益而违背一个对人类极其有利的规则，那并非有利的做法；一个人如果为了他自己或某个人的方便，就自行其是，破坏人们彼此之间对于对方的言谈或多或少能够给予的信任，剥夺了人们由于彼此的信任得到的好处，使人们由于丧失信任而受损，那么他的行为就无异于人类最大的敌

---

① 〔英〕约翰·穆勒：《功利主义》，徐大建译，上海人民出版社 2008 年版，译者序，第 13 页。
② 〔英〕约翰·穆勒：《功利主义》，徐大建译，上海人民出版社 2008 年版，第 45 页。
③ 〔英〕约翰·穆勒：《功利主义》，徐大建译，上海人民出版社 2008 年版，第 45 页。

人。"① 在他看来，无论伦理学家们在思想观点上有多大的分歧，但诚实守信是公认的伦理准则，即诚实守信行为规则的重要性和神圣性，为所有伦理学家认同。规则功利主义思想家布兰特，把诚信视为第一层次的道德规则，认为不能为了获得更大利益而不履行诚信原则。"布兰特指出，相比较那些自明的义务，我们不会把诸如最大化功利或效用看成是第一层的规则。"② 在布兰特看来，诚实、不说谎、遵守契约等都是自明的义务，是需要普遍遵守的，例外是有条件的，但这个条件不是个人利益最大化。

第四，功利主义主张依靠内外制裁力维护交易伦理秩序。尽管边沁强调的是外在制裁力，但在功利主义理论的发展中，穆勒在肯定边沁外在制裁力的同时，非常重视良心内在制裁力的作用。边沁不仅把"最大多数人的最大幸福原则"在道德领域中贯彻，而且把这一原则引入政府政策和法律中，成为立法原则。所以，边沁主张对于那些违背诺言的非正义行为，法律必须给予惩处。穆勒也同样认为，对于那些违背承诺或侵占他人利益的非正义行为，必须受到社会外在制裁力的惩罚。"就正义的情感而言，穆勒认为，正义感含有两个本质要素，一是相信存在着某个或某些确定的权利受到侵犯的受害者，二是要惩罚侵害者。"穆勒认为，由于人具有特殊的感官和感情，人的行为除了受法律等外在制裁力的约束外，还有良心内在制裁力的约束。交易者基于后天的教育所形成的道德认识及其道德觉悟，为避免违背交易道德的负罪感和罪恶感，就会坚持"最大多数人的最大幸福原则"，不去损害交易方的利益。显然，在穆勒等人看来，交易者只有在内在道德感和外在法律的共同约束下，才能更好地坚持"最大多数人的最大幸福原则"。

通过上述对美德论、契约论、义务论、功利论四大伦理学派思想主旨的简约阐述及其蕴含的交易伦理思想的归纳，可以得知，交易伦理内涵是丰富的，有多维解读视角，同时也揭示了交易伦理建设路径的多样性。首先，契

---

① 〔英〕约翰·穆勒：《功利主义》，徐大建译，上海人民出版社 2008 年版，第 22 页。
② 龚群：《现代伦理学》，中国人民大学出版社 2010 年版，第 128 页。

约论和功利论昭示，"利导行为"对交易伦理秩序形成的可行性。交易经济活动可以通过契约、制度奖罚等，形成"应激性"的利益激励与回报的机制，因而能够促进交易主体理性权衡与明智选择，进而积极推进和实施人们之间互惠互利的交易行为。其次，功利论强调道德约束力的内在制裁与外在制裁相结合的思想，对于交易伦理建设非常重要。交易经济活动具有鲜明的利益导向性，如何使交易者在追求自己利益过程中，不侵占对方合理合法利益，既需要法律的严明规定及其违法必究的制裁力，也需要交易者具有良心，自觉控制自己的欲望和行为，守住道德底线。最后，交易伦理的建设，不能仅停留在契约论的自利自制以及功利论的行为合乎规则上，还要倡导交易者具有义务论的出于道德坚定性以及美德论所倡导的良善道德品德。义务论强调道德主体对道德法则服从的自觉性和信服性，对于强化交易者的道德责任感、社会责任的担当精神与内心的道德信仰，避免"选择性"守德的机会主义行径，是非常必要的。美德论强调，交易者注重自身良好品德养成，使诚实守信等交易道德原则成为其信条与行为习惯，就进入了交易伦理的更高境界——以追求诚实守信的优良美德本身为目的。总而言之，这些不同理论视角交易伦理的解读与建构，预示交易伦理的建设，是一个包括道德、法律、管理等综合因素协同互济的一种共治，表明交易伦理的建设，既需要不断强化不同社会主体的道德责任，也需要不断完善各种制度，形成外在约束机制，以达至道德责任内规与制度外治的有机统一。

第三章　交易成本与道德困境

交易是一种价值交换的经济活动。交易成本既影响企业的利润率，也影响市场经济效率和秩序。为此，新制度经济学家诺思指出："交易成本是解释经济绩效的关键。"[①] 一般而言，"现代市场经济中的交易费用占净国民生产总值将近 50% ~ 60%"[②]。事实上，影响交易成本的因素有很多，除了国家管理、法律制度以及技术性因素外，在很大程度上，与市场主体的道德价值取向和道德品行密切相关。

第一节　交易成本界说

交易成本是运用成本分析方法剖析交易行为成效的重要工具，也是交易经济学的重要概念。梳理交易成本的概念，厘清交易成本的内涵，对系统阐述伦理道德对交易的作用具有重要意义。

---

① 〔美〕科斯、诺思、威廉姆森等：《制度、契约与组织——从新制度经济学角度的透视》，刘刚等译，经济科学出版社 2003 年版，第 49 页。

② 〔美〕埃里克·弗鲁博顿、〔德〕鲁道夫·芮切特：《新制度经济学——一个交易费用分析范式》，姜建强、罗长远译，格致出版社、上海三联书店、上海人民出版社 2015 年版，第 30 页。

一、交易成本的提出

"交易成本"（Transaction Costs）是旧制度经济学向新制度经济学演进中产生的一个重要概念。制度经济学家诺斯认为，科斯提出的"交易成本"概念，是新制度经济学产生的重要标志。"因为有了交易成本的概念，制度经济学才称得上是'新'的。"[①]

交易成本的提出是人们对交易行为研究不断深化的结果。尽管"交易"行为及其概念古而有之，且类型划分日益多样，但人们却因长期罔顾交易中成本存在的客观性，致使"交易成本"概念直至20世纪30年代才被明确提出。在科斯以前，早期的经济学家对交易的论述，为科斯提出交易成本概念积累了理论素材，这主要体现在康芒斯的论述中。在康芒斯的制度经济学理论中，他首先剖析了交易与交换两个概念的区别。康芒斯认为："所谓'交换'是一种移交与接收物品的劳动过程，或者移交与接受一种'主观的交换价值'。"[②]进言之，交换与交易的区别在于："一种是实际转移对商品或者金属货币的物质的控制，另一种是依法转移法律上的控制。"[③]前者是交换，后者是交易。在此基础上，康芒斯从尺度性、产权转移性与争端性三方面阐述了交易内涵。交易是人类经济活动的基本尺度，也是制度经济学最小度量刻度。"一次交易，有它的参与者，是制度经济学的最小的单位。"[④]交易不同于现实中的"交货"或"物品交货"，而是一种产权转移关系，即把财产权利作为对象，同时体现人际之间自然物的权利出让关系和取得关系，集中体现为产权的转移。交易"不是实际'交货'那种意义的'物品的交换'，它们是个人与个人之间对物质的东西的未来所有权的让与取得"[⑤]。交易具有相

---

① 张军：《书里书外的经济学》，上海三联书店2002年版，第215页。

② 〔美〕康芒斯：《制度经济学》上册，于树生译，商务印书馆1962年版，第67页。

③ 〔美〕康芒斯：《制度经济学》上册，于树生译，商务印书馆1962年版，第72页。

④ 〔美〕康芒斯：《制度经济学》上册，于树生译，商务印书馆1962年版，第69—70页。

⑤ 〔美〕康芒斯：《制度经济学》上册，于树生译，商务印书馆1962年版，第70页。

互依存、相互冲突与不断往复的秩序性。在交易关系中，买方与卖方、卖方与卖方之间的较量始终是存在的，他们之间既相互依存又相互冲突。

除此之外，康芒斯对交易还进行了分类，提出"买卖的交易"、"管理的交易"与"限额的交易"。其中，"买卖的交易"是指法律上具有平等和自由的社会成员间自愿形成的以所有权转移为核心的、以守法为前提的、包含争端解决法律裁决行为预期的买卖关系。[①] "管理的交易"是一种以法律赋权为依据的、具有上下管理层级关系的、追求财富和生产，并以效率作为一般原则的交易。管理的交易与买卖的交易有一定的区别。在管理的交易中，上级发布命令，下级具有服从命令的义务，如"工头与工人"、"管理者"与"被管理者"；而买卖的交易则是法律上平等、自由的买方与卖方，双方之间不存在法律上的辖属关系，彼此之间平等、自由协商议价，不存在管理交易中的服从义务。管理的交易同买卖的交易一样，都包含一定的谈判，具有一定程度的意志自主性，但两类交易的买卖意志自主性产生的原因各不相同。买卖的交易选择自主性是无辖属关系的市场主体，依照法律上的平等与自由进行买卖，即社会成员之间自愿选择是否与其他社会成员进行产权的转移。管理的交易与买卖的交易目的有一定的区别。具体而言，管理交易的目的，是财富的生产，买卖交易的目的，是财富的分配。[②]

"限额的交易"与"管理的交易"类似，也是具有上下级间关系的交易，但二者的不同在于：在管理的交易中，上级是单独的、具有一定权力的个体或组织；而限额的交易的上下级关系主体是某个集体。相较于买卖的交易，财富和购买力的配给不是通过平等的社会成员间自主协商议定的，而是由法律上高于谈判双方的权威决定。换言之，经济纠纷的解决是诉诸第三方权力机构的司法裁决，具体赔偿金额则按照法律规定的标准，并在法定限度内加以确立。基于以上对交易较为系统的研究，康芒斯认识到，交易不是零成本

---

① 〔美〕康芒斯：《制度经济学》上册，于树生译，商务印书馆 1962 年版，第 72 页。
② 〔美〕康芒斯：《制度经济学》上册，于树生译，商务印书馆 1962 年版，第 77 页。

的，而是蕴含了彼此的冲突与对抗，是具有反复性的过程。康芒斯对交易行为成本性的认识对科斯提出交易成本的概念具有重要促进作用。"交易的过程有谈判，有争执，并区分了三种类型和形式的交易，这是极具意义的划分。康芒斯对交易的论述对科斯提出交易费用范畴显然是有帮助的。"[①]

科斯在前人研究基础上，正式提出了交易成本的概念，开辟了新制度经济学的研究领域。在新制度经济学产生之前，古典经济学存在相当长的时间，形成了较为稳定的分析范式。该理论认为，价格机制能够自发地调节资源配置，在零成本的前提下实现资源的有效配置。但实际情况是，在现实的交易活动中，价格机制的运行是有成本的。古典经济学理论的假设与现实中交易行为大相径庭，不能对现实中新出现的现象提供有效解释，这在客观上要求人们对已有理论作进一步修正与完善，提出用以解释社会经济行为的新经济学理论。科斯对古典经济学理论提出了质疑。在科斯看来，价格机制并非完美无缺，这一机制在运行时蕴含经济代价。"市场的运行是有成本的，通过形成一个组织，并允许某个权威（一个'企业家'）来支配资源，就能节约某些市场运行的成本。"[②]因此，人们在价格机制已经存在的前提下，依然会组建企业，并在资源配置方面更倾向于企业而不是市场。于是，科斯于1937年在《企业的性质》中明确提出交易成本的概念。

二、交易成本的演进

交易成本自科斯提出以来，受到了一些新制度经济学家的响应，交易成本的概念在研讨中不断演进。

科斯通过对企业的本质、企业与市场的有限替代性研究，深化了对交易的认识。他认为企业的本质即一种与市场不同的交易组织和交易方式，这种

---

① 袁庆明：《新制度经济学教程》，中国发展出版社2014年版，第38页。

② 〔美〕罗纳德·科斯：《企业、市场与法律》，盛洪、陈郁译，格致出版社、上海人民出版社2014年版，第33页。

新型市场主体的产生佐证了市场交易成本存在的客观性。企业与市场并存，不能完全替代市场，企业内部的交易也是有成本的，只能在一定程度上、一定限度内降低交易成本。为此，科斯认为，尽管价格机制使得市场更有效率，但使用价格机制是有代价的。也就是说，市场主体之间的交易是有费用的，且是不可避免的。此后，科斯在《社会成本问题》一文中，进一步阐释了交易成本产生的必要性。在他看来，人们为了交易，就要寻找交易伙伴、合作者，然后再通过相互沟通与讨价还价的谈判，缔结契约以及督促对方履约。"这些工作常常是要花费成本的，而任何一定比率的成本都足以使许多在无需成本的价格机制中可以进行的交易化为泡影。"[①]与早期的新制度经济学家康芒斯相比，科斯更加关注对"交易"本身的成本探究，不仅论证了交易成本的客观性，而且将交易与资源配置的效率相关联，从而赋予交易以稀缺性的含义。科斯对庇古的"外部性"问题的补偿原则（政府干预）提出了批评，指出在产权明晰前提下，市场交易即使出现社会成本（即外部性）也同样有效，由之形成了"科斯定理"。科斯定理认为，只要财产权是明确的，并且交易成本为零或者很少，那么，无论在开始时将财产权赋予谁，市场均衡的最终结果都是有效率的，能够实现资源配置的帕累托最优。简言之，"交易成本"就是通过市场交换而产生的各种费用，它是影响经济效率的重要变量因素。科斯提出的"交易成本"概念及其相关论述，为新制度经济学的发展和交易成本概念的演进奠定了理论基础。

美国诺贝尔经济学奖获得者、新制度经济学家奥利弗·威廉姆森（Oliver Williamson），在系统推广科斯定理基础上，"最先把新制度经济学定义为交易成本经济学"[②]。他认为，市场运行及其资源配置的效率，关键取决于交易自由度的大小和交易成本的高低。交易自由度由交易频率和交易不确定性衡量。威廉姆森对"交易成本"不仅进行了狭义与广义的区分，而且将其划分

---

① Coase, "The problem of Social Cost", *Journal of Law and Economics*, vol.3, No.4, Oct. 1960, p.15.

② 〔美〕奥利弗·威廉姆森：《资本主义经济制度——论企业签约与市场签约》，段毅才、王伟译，商务印书馆 2010 年版，译者序 i。

为"事前与事后"两类。企业的成本一般包括生产成本、管理成本和交易成本。狭义的交易成本一般是指企业发布信息、搜寻信息、沟通谈判、签订合同、监督合同执行等产生的一切费用；广义的交易成本是指除了企业的直接交易费用外，还包括企业为促进交易而进行的管理费用、各种社会关系的维系费用等。

在《资本主义经济制度——论企业签约与市场签约》一书中，威廉姆森将"交易成本"区分为合同签订之前和合同签订之后两类。[①]"事前的交易成本"是指起草、谈判、确保合同履行的成本。在交易双方签订契约时，由于交易参与人理性的有限性及其交易的复杂性，买卖双方面对交易中的权利与义务以及对方是否诚信等诸多不确定性问题，往往难于当机立断做出决定，而反复磋商确立彼此的责任和义务、判断对方的诚信度，就会增加交易成本。换言之，"事前"交易成本主要涉及订立合约前期的准备以及保障合约执行的先期制度规划，具体包括草拟合同、合同内容谈判和保障合同被如期履行所耗费的成本。"事后的交易成本"是合同签订后发生的那些成本。在威廉姆斯看来，"事后交易成本"主要包括四个方面：第一，非合作型错位成本。双方在交易中，实际交易行为偏离既定合作方向，导致双方合作不相适应，产生相应成本。第二，价格讨还成本。价格讨还成本是交易中双方出现了非合作型错位成本的情形下，为解决交易中所遇到的不合作问题，双方就偏离合作方向的交易问题商议解决方案，进行讨价还价所产生的成本。第三，非正式司法裁决，设置争端协调机构的运行成本。在交易中，一旦双方出现利益纠纷，除诉诸高昂费用的司法裁决机制外，双方建立市场主体间的利益纠纷与争端的治理机构，并确保其运转，相应产生的机构组建与运转的成本。第四，承诺兑付的保障成本。交易中，双方在履约期间，为使对方相信承诺的可靠性和可信度，由交易的一方向另一方就其自身所做承诺真实可

---

① 〔美〕奥利弗·威廉姆森：《资本主义经济制度——论企业签约与市场签约》，段毅才、王伟译，商务印书馆 2002 年版，第 37 页。

信而做的一系列努力所耗费的成本。此外，其他西方学者对交易成本也进行了相应界定，对推进新制度经济学的发展和交易成本外延性的拓展做出相应的理论贡献。诺斯将交易成本界定为："规定和实施构成交易基础的契约的成本，因而包含了那些经济从贸易中获取的政治和经济组织的所有成本。"①

在交易成本概念问题上，经济学家们是有讨论与争议的。经济学家张五常认为："交易成本包括一切不直接发生在物质生产过程中的成本。"② 针对这一定义，科斯对张五常交易成本概念进行了回应。他认为张五常对交易成本的界定不仅较为模糊，易于引起概念混淆，而且交易成本界定的罗宾逊假设与现实中的交易成本产生背景存在较大出入。"他给出了一个比我（和其他另外的人）定义得更为广义的概念，而忽略了这种不同定义所引起的某种混乱。"③

尽管交易成本概念作为新制度经济学的基本概念之一，是经济学家们共同关注的重要范畴，但存在着概念内涵不统一、外延界限不清晰的问题，但无论是狭义和广义的交易成本概念，还是事前与事后的交易成本类型，都离不开契约成本、监督成本和违约成本。换言之，交易成本是契约成本、交易的转移成本、监督成本和违约成本的总和。

交易的契约成本。现代市场经济是法治经济，"契约"是市场主体之间相互尊重和共处的媒介。"如果说等价交换原则进行的自愿交换就是市场经济，那么，市场经济完全可以理解成所有交易契约的集合。"④ 现代市场经济社会的交易，不同于传统社会的"口头协议"，而是具有法律效力的明文合同或协议。因此，确立彼此的权利与义务是交易的前提。权利与义务的分配与规定，不是口头承诺，而是通过协商订立彼此合意的合同而落在纸上，白

---

① 〔美〕道格拉斯·C.诺斯：《交易成本、制度和经济史》，杜润平译，凌熙华校，《经济译文》1994年第2期。

② 张五常：《经济解释》，商务印书馆2000年版，第32页。

③ 〔美〕科斯、哈特、斯蒂格利茨等：《契约经济学》，李风圣主译，经济科技出版社2003年版，第92页。

④ 马本江：《信用、契约与市场交易机制设计》，中国经济出版社2011年版，第10—11页。

纸黑字为证，不能抵赖。在订立合同的过程中，交易双方需要投入人力、物力、财力与时间进行反复磋商，在相互博弈中斗智斗勇，以保证预期的自身经济利益。合作双方为了避免在交易中受欺骗和损失利益，一份合同常常要经过多个部门或相关人员把关后才能形成契约文本。合同条款的细分与逐一敲定，虽增加了合同的可靠性和严谨性，但却不可避免地增加了交易前的费用。

交易的转移成本。交易中形成的关系是不同市场主体间发生的以交易对象为核心的转移关系。这不仅包括法律意义上市场主体对交易对象依法享有的所有权、支配权与处置权的转移，还包括除法律意义上转移关系以外其他有形存在的时间成本与经济代价，二者相辅相成。以租赁交易为例，房东与租客订立租赁合同前，双方会就租赁的具体事项，特别是租期、押金和租金金额及其核算周期等事宜进行商讨，达成共识性协议。订立租赁合同后，租户按照租约按期支付租金，相应获得租用该房屋的权利，同时兼有保护房屋原状的义务；租期期满后，房东有权根据市场行情上调租金，并有义务告知租户；租户亦有权选择是否续租，并在合约规定的时间节点前告知交易意愿。续租则订立新租约，执行新的租金标准；反之则自行搬离，房东在核验租户对房屋保护现状的基础上，按照协议退还押金以及其他费用。

交易的监督成本。契约订立后，关键在于执行，实现纸质契约的实然转化。交易一方需要依合同约定监督交货的时间地点、检验产品的质量和数量，避免对方拖延交货时间或产品有质量问题而影响再生产和销售；交易另一方需要按照合同约定收取货款。契约的法律效力虽然在很大程度上制约了交易双方的机会主义行径，但违约获利的诱惑或履约能力的变故都会影响合同的实际执行。"至于欺骗以及极其恶劣的欺骗行为，自有法庭裁决予以震慑。按照这种情况，我们可以把合同描绘成一个物竞天择的世界。"[1]因此，

---

① 〔美〕奥利弗·威廉姆森：《资本主义经济制度——论企业签约与市场签约》，段毅才、王伟译，商务印书馆 2002 年版，第 50 页。

监督是完成交易活动不可或缺的重要环节。

交易的违约成本。市场主体的自利趋向、经济活动利益最大化取向以及买卖行为互相分离所置空的间隔，常会诱致市场主体的机会主义行径。一旦违约的收益远远大于实际履约的收益或者违约的损失小于履约的利益，都会诱致一方实施违约行为而追求可期待的更大利益。如果交易中的一方违约，对方无疑就会受到经济上的额外损失。为了解决违约后的责任归属及其经济补偿等事宜，双方不得不花费很长时间详细磋商违约后的善后事宜，如果协商未果，还要诉求法律救济。虽然通过法律渠道，权益受损方会获得相应的补偿，但因为需要投入额外的时间、精力、金钱等，实际上也增加了交易成本。

三、交易成本的成因

关于交易成本的形成因素，学界有不同观点，归纳而论，主要包括市场的不确定性、不完备的制度、失信违法成本过低、人的有限理性、委托代理问题等。

市场经济的不确定性诱发交易成本。市场蕴含不确定性，为了实现交易，市场主体需要耗费时间成本与经济成本，对市场中的信息进行搜集、筛选，尽可能多地降低不确定性和交易风险，增加交易达成的可行性，从而导致交易成本的产生。交易遵循自主自愿原则，即市场主体自主选择交易的对象、交易物、交易价格与交易方式，并根据市场行情波动自主达成交易。马克思指出："商品价值从商品体跳到金体上，像我在别处说过的，是商品的惊险的跳跃。这个跳跃如果不成功，摔坏的不是商品，但一定是商品的占有者。"[①] 经济学理论虽然能通过数据建模的方式大致预估某项交易的预期收益与预期成本，但这两个名义值（nominal value）与对应的实际值（real

---

① 《马克思恩格斯选集》第 2 卷，人民出版社 1995 年版，第 150 页。

value）依然存在较大的差异性，其中蕴含了不确定性与市场交易风险。因此，为了获取、筛查、检测所获重要信息资源的真实性，交易主体不得不投入大量的人力与财力进行信息搜集与检测，以确保交易选择与决策最大限度地贴近实际情况，尽可能多地降低非人为不确定性与交易风险。"交易成本内生起源于经济活动的'不确定性'，其本质上是为获得交易收益而耗费的不可追加的社会资源。"[①] 契约的不完备性增加市场主体行为的不确定性，也会诱发交易成本的产生。虽然契约以纸质合同的形式对缔约双方的权利与义务关系进行了规定，但由于契约本身是由人去协商并制定的，而人具有的是有限理性、有限认知能力、有限执行力。因此，契约并不能囊括未来执行契约期间的所有情形，并对缔约人的行为进行规范。加之社会生活的复杂性和多变性，因此，订立法定合同后，交易主体的机会主义行为依然会导致交易成本的产生。"由于交易极其复杂，交易的参与者很多，信息不完全或不对称，欺诈、违约、偷窃等行为不可避免，又会使市场的交易费用增加。"[②]

制度的不完备性导致交易成本的产生。制度确立市场交易行为规则，同时也制约、影响交易的效率和交易成本。"交易成本既包括因企业契约而形成的契约性交易成本；又包括因公共制度运行而为企业带来的制度性交易成本。"[③] 交易是在社会制度框架下发生的，制度的不完备性也可能导致交易成本的产生。行政制度规定的办事流程过于复杂、办事效率低、审批周期长，易于导致交易成本的产生。"制度性交易成本通常是企业自身努力无法降低的成本，属于政府制度性安排的成本范畴，主要有赖于政府转变职能，简政放权，实施公共制度的改革与创新。"[④]

失信违法成本过低会使市场主体对规则缺乏敬畏，恶行复犯，增加交易成本。市场交易中蕴含了大量的失信违法机会主义行为。尽管法律、规定

---

① 徐传谌、廖红伟：《交易成本新探：起源与本质》，《吉林大学社会科学学报》2009 年第 2 期。

② 袁庆明：《新制度经济学教程》，中国发展出版社 2014 年版，第 50 页。

③ 彭向刚、周雪峰：《企业制度性交易成本：概念谱系的分析》，《学术研究》2017 年第 8 期。

④ 彭向刚、周雪峰：《企业制度性交易成本：概念谱系的分析》，《学术研究》2017 年第 8 期。

会对相应违法违规行为予以处罚，但如果处罚力度小，罚不到痛处，不仅难于遏制失信牟利行为，反而会助长失信违法行为的泛滥。这类违法成本处罚低有两种情形：一是法律条文的模糊性。法律中虽然给出了入罪条件与量刑的规定，但量刑多以范围刑为主，且缺乏具体犯罪情节的认定标准与罚金标准，加之相应司法解释的空缺，就会导致失信主体能够通过不正当手段获得从轻处罚的法内特权，使之能够继续失信牟利，导致交易成本的产生。法条中一旦无具体量刑标准的明文规定，主要依靠法官依法行使的自由裁量权，极易导致司法领域的权力寻租或腐败，使失信者不会必然受到应有的法律制裁。二是法律本身量刑标准的低处罚性也不利于诚实守信交易秩序的形成。机会主义行为者往往是指，人们在参与交易过程中，为了实现个人利益的最大化，以违背伦理准则甚至违法的手段谋取不正当利益的行为。与遵守规则、具有契约精神的其他交易参与者不同，实施机会主义行为的人将私人不正当利益最大化置于价值排序的首要地位，私利优于对法律、伦理准则的遵守。只要有谋求不正当个人利益的机会，就不遗余力、有策略地实施投机，即使已经做出承诺或订立契约，也不惜爽约、背信弃义追求私人不正当利益的最大化。机会主义行为表现形式多种多样，主要体现为，"随机应变、投机取巧、有目的和有策略地提供不确定信息，利用别人的不利出境施加压力，等等"[1]。威廉姆斯将机会主义行为的欺骗按照不同的依据进行分类。"我说的投机指的是损人利己；包括那种典型的损人利己，如撒谎、偷窃和欺骗，但往往还包括其他形式。在多数情况下，投机都是一种机敏的欺骗，既包括主动去骗人，也包括不得已去骗人，还有事前及事后骗人。"[2] 正是由于机会主义行为的存在，导致合约履行问题，使交易成本增加。

　　有限理性与机会主义行为使得交易的参与者认识能力不足与投机钻营，导致交易成本的产生。威廉姆森对古典经济学的"经济人"提出了质疑，剖

---

① 袁庆明：《新制度经济学教程》，中国发展出版社 2014 年版，第 49 页。

② 〔美〕奥利弗·威廉姆森：《资本主义经济制度——论企业签约与市场签约》，段毅才、王伟译，商务印书馆 2002 年版，第 71—72 页。

析有限理性和投机，借以阐释交易成本的成因。在他看来，参与现实经济生活的人在进行选择和实施行为时并不像古典经济理论的"经济人"所假定的那样具有理性，而是呈现出"契约人"的特质，即有限理性和机会主义行为。"前一个概念讲的是领悟能力（cognitive competence），后一个则用机敏（subtle）对自身利益赤裸裸的追求。"① 有限理性在概念上是指，社会成员在参与社会经济生活和交易中，虽然主观上积极追求理性行为方式，但受制于客观条件的限制，不能完全发挥理性，而是有限地理性选择。有限理性对交易成本的产生体现为两个方面：一方面，主观理性部分形成交易成本最小化的动机，交易的参与者尽最大可能地进行理性选择，意图最大限度地降低交易成本，实现"帕累托最优"；另一方面，有限认知不足产生未来交易行为预测的不充分性，合约不能完全发挥约束交易行为的作用，导致成本增加。由于人具有有限理性，所以，人们在进行实际交易过程中，不能预知未来交易过程中可能发生的全部情形，并把相应情形以条款的形式全部写入合约，并对出现相关情形的解决方案提前做出谋划与安排，导致经双方协商议定的合约本身具有不完备性。此种情况下，一旦出现了双方合约规定之外的情形，产生了利益纠纷与矛盾，则交易的参与者不得不诉诸其他方式的仲裁，以期实现交易纠纷的解决。这一过程中，无疑会消耗资源、财富与时间，导致额外费用的增加，进而诱发交易成本的产生。

委托代理问题诱发交易成本上升。不同交易主体间合约的订立存在多级委托，委托—代理（agency problem）蕴含信息盲点，交易执行过程中权益纠纷不断，导致交易成本产生。以实体经济体的交易为例，厂商委托经销商或商场销售其商品，无论是厂商直接委派的销售人员还是商场的营业员，为了销售提成、增加销量，会存在夸大产品功能或过度承诺的误导性推销现象，结果导致消费者索赔，厂商利益受损，增加交易成本。而在线交易中的

---

① 〔美〕奥利弗·威廉姆森：《资本主义经济制度——论企业签约与市场签约》，段毅才、王伟译，商务印书馆 2002 年版，第 72—73 页。

委托—代理问题更为突出。在线交易往往以在平台展示产品图片的方式进行销售，商品图片提供的相关信息需要真实，一旦电商平台疏于对供应商产品质量的把控，就会导致大量劣质产品进入流通领域，最终借助消费者对电商平台的信任而销售劣质产品。消费者与电商平台和供应商之间的利益链条，会因消费者的退货、索赔、投诉与追责等，增加交易成本。

第二节　交易成本与道德的负相关性

交易成本是研究经济伦理学的核心概念。在某种意义上可以说，正是由于交易是有成本的，而且成本的大小与道德发生很强的相关性，才有经济伦理建设的必要性。交易成本与道德的关系主要研究交易行为的道德性何以增加或降低交易成本问题。交易成本与道德是两个相关性的变量元素，道德是自变量，交易成本是因变量，用数学公式表达则是：$y=f(x)$。其中，y 是因变量，在此代表交易成本；x 是自变量，在此代表道德。毋庸置疑，市场主体的道德行为影响交易成本的高低，交易成本与道德呈负相关性。负相关性是因变量值随自变量值的增大或减小而减小或增大的现象。在交易成本与道德的相关性中，表现为道德增量而交易成本减量，或者道德减量而交易成本增量的情况。

一、道德增量与交易成本减量的负相关性

交易成本与道德之间的负相关性类型是有条件的，需要因道德境况而定。在影响交易的其他条件不变的情况下，市场主体在交易过程中都遵守道德，交易成本会随着道德的增量而减少。交易主体越有道德、交易成本越低的负相关性关系，是合乎经济伦理交易关系的存在样态。具体而言，在社会

制度较为完备、利益获取的道德性得到社会保障的境况下，利益与道德一致，交易成本与道德呈负相关性。即市场主体在交易活动中越遵守道德，诚实守信、公平竞争，交易双方之间信任度越高，交易费用就会越低。

诚信交易降低交易成本。市场经济既是信用经济又是风险经济。任何交易，都是一种以让渡某种价值为前提而实现产权转移的经济活动。由于交易双方的给付行为在信用经济时代不是同步实现的，存在着长短不一的时间差及其兑现承诺的不确定性，以致增加了投机、欺骗的道德风险和经济风险。如果交易双方都能够诚实守信，自觉按照合同约定履行义务，交易成本自然会降低。即如果市场主体具有道德自律精神，具有诚信信念，即使人的有限理性订立的合同不能面面俱到而存在着漏洞，也不会发生违约成本。"交易双方都能够像合同总则要求的那样'信守承诺'，即各自只需要在签约前做出履约的保证（以追求共同利益最大化），并且在合同到期、需要续签合同以前，只收取公平合理的回报，那么，双边关系也不会弄僵；因此也就无需采取什么韬略了。这样一来，只要最初的谈判不破裂，合同双方就能获得其财产权利中的一切利益。由于双方都没有投机思想，再加上前面所说的严格自律、言而有信的做法，就保证了合同的有效履行。"[1]诚信的交易不仅会减少当下的交易成本，而且具有连锁性效应，即减少他们之间未来的交易成本。交易双方的诚实守信会形成良好的互信关系，为未来的合作奠定基础，从而减少下次合作的信用信息的搜集成本、订立契约磋商的成本乃至监督成本。交易双方恪守约定，使双方都获益，是帕累托改进[2]，而且交易双方能够

---

[1] 〔美〕奥利弗·威廉姆森：《资本主义经济制度——论企业签约与市场签约》，段毅才、王伟译，商务印书馆2002年版，第50页。

[2] 所谓"帕累托改进"，是以意大利经济学家帕累托命名的概念。基于帕累托改进，利用帕累托最优状态标准，可以对资源配置状态的任意变化做出"好"与"坏"的判断：如果既定的资源配置状态的改变使得至少有一个人的状况变好，而没有使任何人状况变坏，则认为这种资源配置状态的变化是"好"的；否则认为是"坏"的。这种以帕累托标准来衡量为"好"的状态改变成为帕累托改进。参阅高鸿业主编：《西方经济学》（微观部分），中国人民大学出版社2007年版，第330页。

达到长期的互惠互利。事实上，任何市场主体，不管其自身道德如何，都愿意与那些具有良好信誉的市场主体合作做生意。

　　诚信交易能够避免"过分挑剔"的边际成本的发生。经济学家在研究交易类型过程中，曾把那种由不信任而导致的"过分挑剔"（the over-choosing）的交易类型，概括为草莓博弈模型。在草莓的买卖过程中，卖主不会给每个草莓标上价格，而是根据草莓的总体质量、新鲜度和季节差价以及是否是绿色的有机果品等因素平均标价，而人们在购买草莓过程中，如果对卖主的诚信缺乏信心，无法确信是不是卖主所说的绿色果品，买主常常会小心购买或精挑细选。由于草莓易破、易烂，买主在挑选草莓的过程中不可避免地会损伤草莓，从而增加边际成本。结果买主通过筛选、挑剔以草莓平均质量的价钱买到了较高质量的草莓，那些破损的草莓因卖不出去而无形中就增加卖主的交易成本。草莓交易博弈模型说明，买主对卖主信任度越低，就越会发生"过分挑剔"行为，增加交易费用；相反，买主对卖主信任度高，就会减少或避免"过分挑剔"的行为所附带的成本。因此，市场主体的诚信所累积的良好信誉，是避免"过分挑剔"的边际成本发生的重要因素。

　　诚信交易增加资质。市场主体的诚信交易，不仅影响直接的交易伙伴即利益相关者，也对非交易伙伴的旁观者发生间接影响，因为非交易伙伴的旁观者，在一定条件下可以转化为交易伙伴。市场主体的交易活动不是孤立的，诚信的市场交易行为的信息会在人们的交往中口耳相传，商业圈中市场主体诚信信息的传播与流传，往往会使生意找上门来，即一些旁观者的市场主体，出于对诚信主体的信任逐步由旁观者向利益相关者转变，直至最终成为合作伙伴。这种基于对方良好信誉而发展的合作关系，在很大程度上，无疑会减少双方合作初期的磨合、摩擦和博弈成本，进而降低契约费用、监督费用和违约费用。显然，市场主体的诚信交易，会形成一种"免检"的道德标识，成为交易的通行证。这种道德标识经过多次积淀后所形成的信誉，就具有了资质性，使诚实守信的市场主体具有较强的社会资源的支配能力。

二、道德减量与交易成本升高的负相关性

道德减量与交易成本升高的负相关性，是交易双方无德或一方守德而另一方违德，伴随不道德的增量所导致的交易成本增加。在普遍的意义上，这种关系常常发生在市场主体获取利益的道德性难以保障、道德与利益处于二律背反的经济环境中，一旦欺骗失信者比诚实守信者更能获利、机会主义者更有生存发展空间，那些诚实守信的具有契约精神的市场主体就会因遭遇对方毁约失信而增加交易成本。具体有两种交易行为类型：一种情况是交易双方都缺乏商业道德精神所导致的交易成本增加，即违法失德的交易双方都受到法律惩罚和社会道德舆论谴责，交易双方都增加了交易成本；另一种是违约失信方投机钻营获利未受到法律和道德制裁，经济与信誉未受到损伤，只有守约方交易成本增加。按照经济与伦理的内在逻辑关系，合乎道德的经济活动应该是尊德获益、违德亏利，而不是越有道德的市场主体付出的经济成本越高。毋庸置疑，交易方因失德而牟利的状态或者交易方因守德而失利的状态，不是经济伦理的正常关系样态，它破坏市场经济秩序、降低经济效率，是急需社会治理的一种扭曲的不良经济关系。

经济学以资源的稀缺性和理性经济人假设为前提，认为市场主体会在利益权衡中追逐利益的最大化。但事实上，市场主体理性的有限性，加之在眼前利益与长远利益的权衡中，未来利益的不确定性，常会使交易双方趋于付出较少成本的选择，在社会管理制度和法律不健全、诚信道德和信誉难于发挥资本增值作用情况下，一些市场主体就易于选择投机钻营的机会主义行径。无德获利、有德受骗，无疑增加了坚守道德市场主体的交易费用。失德、失信、失诚的交易行为一旦泛滥，交易双方之间就会增加不信任感，而人们为避免被欺骗的利益受损行为再次发生，在交易过程中不得不殚精竭虑、谨慎决定，这无疑会延长契约达成的时间、消耗更多精力和金钱在契约的订立与监督上，最终增加交易费用。为此，美国思想家弗兰西斯·福山认为，如果人们生活在缺乏基本信任的社会中，企业的运行全部依靠正式的制

度以及强制性的手段，那么，必然会增加企业的交易费用。"彼此不信任的人群最终只能通过正式的规则和规范进行合作，……法律装备不过是信任的替代品，而经济学家称之为'交易成本'。换句话说，一个社会中的普遍不信任给各种经济行为横加了另一种税，而高度信任的社会则无须支付这个税款。"① 在福山看来，虚假失信泛滥所形成的怀疑与不信任额外增加的交易费用，就是一种非国家行为的税负。

威廉姆森认为，交易成本增加与否，与人的投机倾向（opportunism）、资产使用的专一性（asset specificity）和氛围（atmosphere）密切相关。在他看来，人们在经济活动中，不仅追求自身利益最大化，而且常常不惜损人利己，只有法律对损人利己行为作出严惩，才会让人们有所节制和收敛。因此，"经济人"具有一有机会就谋利甚至损人利己的倾向，即机会主义。"投机是人类无处不在而又难于把握的本性。"② 无论是一方的机会主义还是双方的机会主义，都会增加交易成本，表现为参与交易的各方，以自我利益为中心而伺机牟利，即常常采取虚假欺诈的手法蒙蔽对方，以至于市场上交易双方为防止上当受骗、保护自己的利益，不得不随时提防对方的机会主义行为。交易各方都心生疑虑，不确信对方是否能够诚实守信，彼此不信任与怀疑的增加，无疑会加大交易信息搜集、议价、监督以及法律救助等费用。资产使用的专一性是分工精细化的产物。资产的专用性有三种：一是资产本身的专用性；二是资产选址的专用性；三是人力资本的专用性。资产的专用性，使人们过于精打细算，易于诱使人们的机会主义冲动和行径。总而言之，无论是哪一种资产的专用性，都会面临被交易伙伴的机会主义行径所损害的危险，并引起交易费用的攀升。正是在这个意义上，威廉姆森认为，交

---

① 〔美〕弗朗西斯·福山：《信任——社会美德与创造经济繁荣》，郭华译，广西师范大学出版社 2016 年版，第 30 页。

② 〔美〕奥利弗·威廉姆森：《资本主义经济制度》，段毅才、王伟译，商务印书馆 2002 年版，绪论第 15 页。

易成本是"人的机会主义行为倾向和资产专用性而引起的成本"①。另外，信息的不对称性、市场主体的道德倾向、交易的复杂性和不确定性等，都加剧了交易融洽商谈的困难，因而，交易谈判的气氛（atmosphere）非常重要。如果交易双方缺乏基本了解和信任，无法形成一个友善的信任氛围，无疑会增加不必要的交易困难及成本。

上述分析表明，机会主义是消解道德、增加交易成本的重要影响因素。要减少交易成本，关键在于建立双边的法律和道德风险机制，形成对不德者的恶行给予惩治的法律和道德机制。学者慈继伟在《正义的两面》中指出："如果社会上一部分人的非正义行为没有受到有效的制止或制裁，其他本来具有正义愿望的人就会在不同程度上仿效这种行为，乃至造成非正义行为的泛滥。"② 由此推之，一个社会要避免或减少虚假失信败德行为引发交易成本的上升，需要社会建立对破坏诚信规则行为的严惩机制。事实上，对虚假失信恶行的法律惩治和道德鞭笞所实现的"矫正性"社会公正，对遏制非诚信行为的泛滥、减少交易成本与道德的正相关性具有重要作用。

第三节 交易伦理缺失主要类型与危害

在伦理意义上，交易是市场主体在尊重交易规则前提下的一种互惠互利的经济行为，因而，交易主体彼此利益的实现又蕴含了某种伦理道德规约。交易主体唯有遵守诚实守信等道德规则，才能实现交易的互利要求。交易主体违背交易伦理原则的道德缺失行为，不仅种类繁多，而且会产生严重的破坏性。

---

① 〔美〕奥利弗·威廉姆森：《资本主义经济制度——论企业签约与市场签约》，段毅才、王伟译，商务印书馆 2002 年版，第 12 页。
② 慈继伟：《正义的两面》，生活·读书·新知三联书店 2001 年版，第 1 页。

一、交易伦理缺失的主要类型

交易伦理缺失的现象纷繁复杂，但归类而论，主要有以下五种交易伦理缺失类型。

第一，制假贩假。制假贩假是生产领域和销售领域存在的较为普遍的交易伦理缺失行为类型，表现为市场主体违规、违法生产和销售假冒伪劣产品的行为。制假贩假具体可划分为原材料制假贩假、商标制假贩假、原产地制假贩假、非特许经营销售制假贩假等等。原材料制假贩假是交易主体通过人工合成的方式以人造产品替代自然产品的经济行为，如塑料大米、人造鸡蛋等。商标制假贩假则是指交易主体看到某款产品或某类大品牌的商品销量好，有社会知名度，仿造商标，以假乱真，非法收益。如一些无良商家，专门生产或购买"白牌商品"，然后贴上名牌标志，在市场按照名牌商品的价格进行销售。原产地制假贩假是因为消费者对特定商品的原产地具有需求偏好而衍生出的制假贩假问题。如挂东北大米标签的非东北产的大米、贴阳澄湖大闸蟹商标的是普通河蟹。非特许经营销售类制假贩假则是指部分电商平台或实体店在未真正获得品牌厂商特许授权的前提下，从非特许供应点进货，并冠以特许经销之名，而无特许经销之实，进行虚假宣传、进货、销售。

第二，价格欺诈。由于商品的价格与交易主体的可支付能力密切相关，所以，价格往往是市场交易中消费者关注的主要问题之一。"价格欺诈行为是指经营者利用虚假的或者使人误解的标价形式或者价格手段，欺骗、诱导消费者或者其他经营者与其进行交易的行为。"[①] 价格欺诈形式多样，如私自加价与变相涨价。私自加价往往是在一些专营类商品的交易中，部分销售网点的经营者在有关部门或企业规定价格基础上，私自加价，利用消费者对行情缺乏了解与信息的不对称性，以远高于正常价格水平的价钱销售商品，从

---

① 《国家发展改革委关于〈禁止价格欺诈行为的规定〉有关条款解释的通知》（发改价监〔2015〕1382 号）。

中牟取暴利。其中一种情况是，销售商对于那些本地人、熟悉行情的老主顾，他们通常会按照真实市场价进行交易；而对于外地游客、不熟悉行情的人，就会高价销售。变相涨价是一些商家伦理缺失的问题之一。在每年购物节到来之前，一些商家打着优惠降价的幌子，大肆进行广告宣传，招揽顾客，实则他们会先行上调商品价格，然后在购物节到来时再小幅降价，导致商品的价格名义上优惠降价，实际价格反而比购物节前的价格还高或持平。我国《价格法》明确规定："经营者定价，应当遵循公平、合法和诚实信用的原则。"

第三，恶性竞争。竞争是市场经济的基本特征，是企业在增值谋利驱动下，为获得更大经济效益，在市场资源方面进行的竞争。市场通过企业间的竞争，使生产要素及其市场资源进行优化配置，实现优胜劣汰。从某种意义上可以说，市场经济就是通过公平竞争而实现经济效益最大化的。为了防止交易中的不正当竞争行为，许多国家都会颁布《反不正当竞争法》。这表明，交易的竞争需要遵循合法性原则，那种为了压垮竞争对手，采取不正当手段，以远低于市场交易平均价格甚至是成本价的水平销售产品等行为，都是恶性竞争。我国在《反不正当竞争法》中，列举了许多不正当竞争行为类型。《中华人民共和国反不正当竞争法》（2018年1月1日施行）第八条规定："经营者不得对其商品的性能、功能、质量、销售状况、用户评价、曾获荣誉等作虚假或者引人误解的商业宣传，欺骗、误导消费者。"不正当竞争表现形式多样，如恶性资源竞争、恶性广告竞争、恶性价格竞争与恶意造谣、诋毁和污蔑竞争对手等。恶性资源竞争往往是那些靠自然资源生产的某些企业之间，靠不正当手段而进行的竞争。如一些企业已不适宜继续参与某类资源的生产与交易活动，但出于不让竞争对手占领市场的动机，个别企业或哄抬稀缺资源价格或低价销售产品，导致原本在这类资源交易中具有比较优势的企业不得不增加额外的资金投入，导致具有竞争优势的企业产销条件的维护成本增加，生产经营受到挑战。在现代市场经济中，广告已成为许多厂商宣传自己产品和树立品牌的一项重要的营销手段，是一种不同于产品与策划的第三类竞争方式。恶性广告竞争，是一些厂商不把主要资金和精力投入产品研发中，提高产品的更新换代能力，而是把大量的资金和精力投入广告中，进行虚假宣传，即在对自身产品和企业信誉进行宣传过程中，往往夸大本企业产品的质量或功能等现象。《反不正当竞争法》第十一条规定："经营者不得编造、传播虚假信息或者误导性信息，损害竞争对手的商业信誉、商品声誉。"恶意夸大攻击对手的行为也是一种不正当竞争的行为类型。一些企业在发现竞争对手产品或服务质量出现纰漏或瑕疵的情况下，故意夸大竞争对手的商品或服务存在的问题，使问题的消极影响扩大，使竞争对手在交易中遭受排挤。恶意诋毁竞争是商业诋毁行为的重要存在方式之一，是具有恶意诽谤性质的行为。具体而论，它是指市场交易主体通过自身或他人通过凭空捏造的手段，人为散布与事实严重不符的信息，从而达到对竞争对手商业信誉与商品声誉贬损的目的，在交易中获得不正当利益。恶意诋毁竞争的主要实施手段包括：恶性散发虚假信息或公开诋毁竞争对手商誉；使用说明书上过度吹嘘自家商品的质量和功能，恶意贬损其他同类企业的产品质量；唆使他人造谣、散布、传播竞争对手非真实的不良产品质量信息；组织人员，以消费者或顾客的名义向国家有关部门进行不实举报，恶性诋毁其他交易主体的商誉。商业交易中恶意诋毁他人的行为可根据《中华人民共和国反不正当竞争法》追究民事责任；情节严重的可根据我国《刑法》以"损害商业信誉、商品声誉罪"和"扰乱市场秩序罪的处罚规定"，对恶意诋毁的交易主体依法追究刑事责任。

第四，恶意拖欠。恶意拖欠是指一些企业违反相关法律或合同，没有按时履行合约规定的兑现条款，拖欠其他商家的货款或工人的工资等。恶意拖欠的主要表现形式是恶意欠薪、恶意欠费、恶意扣押押金等。拖欠货款是生产和销售链条的一种断链行为，表现为，一些生产商不按时给供货商结款，或销售商如超市不按时给生产商结款等。企业间的货款拖欠行为，严重地扰乱了市场经济秩序。欠薪是企业与员工间在薪酬支付时效性方面产生的突出社会问题。从发生频率来看，非正式无雇佣劳动合同或逐级分层包工是恶意欠薪的易发、多发领域，集中表现为拖欠农民工工资。一些农民工由于没有签订用工劳动合同，所以劳动报酬或福利缺乏保障，致使在司法裁决或劳动仲裁中，存在证据空缺或证据不足的问题。分层包工制是一种委托代理的权责不清问题，由于对包工的各级负责人缺乏必要的监管，加之信息登记不准等，难以对存在问题的包工头进行有效的追溯，使不守信的包工头可以卷款跑路。恶意欠费是部分交易主体在享用公共服务或后付交易中，在合约规定的时间期限内，拒不履行到期还款或还贷义务的行为。恶意扣押押金，表现在用工中，一些不良企业主在工人辞职过程中，找各种理由扣押工人的押金，也表现在具有共享性资源的市场交易行为中，消费者在使用前支付押金，但使用后提供商却拒绝退还押金，如共享单车的押金难退问题。

第五，权钱交易。权力寻租是经济学中一个解释特定腐败现象的重要概念，主要是指政府人员利用手中握有的权力，与商人勾结，牟取不正当经济利益的一种非生产性活动。权力寻租是把权力商品化，如权物交易、权钱交易、权权交易、权色交易，等等。一般而言，政府在市场交易中具有双重角色，一方面，政府的正常运行以及公共设施建设等需要向企业购买一定的商品或劳务进行必要的支出，即政府购买（Government Purchases），这是政府支出的一部分；另一方面，政府同时又是监管者，承担对市场的监管责任，即担当运用行政与宏观调控等手段，构建公平的市场交易秩序，抑制市场经济固有的自发性、盲目性与滞后性等先天不足的重要职责。《反不正当竞争法》第七条规定："经营者不得采用财物或者其他手段贿赂下列单位或者个人，以谋取交易机会或者竞争优势。"[①]公职人员收受了企业的贿赂或接受其他形式的利益让渡，在构建公平的交易秩序时，受贿者则会在法定职权的范围外或违反法定职权行使的正当程序，渎职谋财、贪赃枉法、以权谋私、中饱私囊。权力寻租的交易伦理缺失主要体现为以下三个方面：其一，泄密底

---

① 我国《反不正当竞争法》规定不得贿赂的单位或个人有："（一）交易相对方的工作人员；（二）受交易相对方委托办理相关事务的单位或者个人；（三）利用职权或者影响力影响交易的单位或者个人。"

价的权力寻租。负责项目审批的官员收受企业的巨额贿赂，违反保密规定，将某一资源的政府采购内部底价泄露给行贿企业，使该企业在交易中占据有利的信息资源优势而中标，谋取不正当利益，破坏公平竞争。其二，偏袒关照的权力寻租。负责项目审批的个别公职人员，对市场竞争的企业不能一视同仁，对存在利益输送关系的企业在交易中遇到的问题亲力亲为，主动协调各种关系，促进问题的快速解决；而对未行贿企业在交易中遇到的问题则敷衍搪塞、推诿扯皮。另一种情况是，个别政府公职人员虽然不直接负责项目审批，但会利用行政级别较高带来的权力优势，对负责审批的下级面授机宜，或在日常谈话中进行暗示，间接影响项目审批的公平性与程序性。如果项目审批涉及多个部门，则是不同部门间权力与利益的多重博弈。其三，串通数据虚报的权力寻租。决策的科学性在很大程度上依赖统计数据的真实性。但统计数据由于与地方政府负责人的政绩考核相关，部分统计数据则直接作为政绩考核的指标，与主要负责人任免、升迁、降职息息相关。因此，为了保住自己的职位，并在适当机会获得升迁，部分地方政府公职人员在数据方面大肆造假。权力寻租的本质是"待人处事、人际交往是利益先行下的'关系网'，交易先行中的'熟人圈'，市场要素与权力因子进一步相结合"①。

二、交易伦理缺失的危害性

交易是链接生产与消费的关键环节，是影响社会秩序和人们生活品质的重要经济活动。交易伦理缺失，不仅会引发市场经济秩序混乱，而且也会瓦解社会成员的道德信念及其社会信任关系，破坏国家在世界舞台上的大国形象。

交易伦理缺失扰乱市场秩序。市场经济（Market Economy）是通过市场

---

① 贺培育、黄海：《"人情面子"下的权力寻租及其矫治》，《湖南师范大学学报》2009年第3期。

配置社会资源的经济形式，是市场主体从事各种交易活动的场所。由于市场通过价值规律的作用，具有资源配置的灵敏性，所以，市场经济在公平竞争驱动下，往往更有效率效益。可以说，市场秩序是市场经济效率的前提和基础。对于交易经济活动而言，狭义的市场秩序是各类市场主体依法合德进行交易与违法背德进行交易所形成的市场环境。由此看来，市场秩序有以下三大要素。一是市场主体的行为性。无论是生产商还是销售商，他们是市场的生产经营主体，如果没有生产销售商的买卖经营活动，就不会有真正充满活力的市场。二是合乎道德法律的规范性。市场主体之间的生产与销售活动，是一种逐利行为，所以，企业的资本、人力、资源等方面的投入，需要有收益，诚如《史记》中所言："天下熙熙皆为利来，天下攘攘皆为利往。"① 市场主体的逐利行为本身无可厚非，但他们的逐利行为不能损人利己，不能以损害他人或社会利益为前提，需要在遵守商业道德和法律规范前提下谋取利益，因此市场秩序的好与坏，与生产经营商是否遵法守德经营密切相关。只有市场主体在交易中诚实守信、公平竞争，才会形成良好的市场秩序，相反，市场主体唯利是图、抗蒙拐骗、虚假失信等，市场就会混乱。三是客观的后果性。市场主体交易活动都有后果，在微观上，具体的交易活动结果有好有坏，如在房屋买卖中，卖家、买家和中介公司都遵守合同规定，按照交易规则做事，三者利益才会得到满足；相反，如果在房屋买卖中，买受人或出卖人为了减少中介佣金费用，出现的"跳单"② 行为，就是一种破坏市场秩序的行为。在宏观上，如果大部分市场主体的交易活动都是遵规守德的，交易各方双赢，那么，市场就会有序和繁荣；相反，如果大部分市场主体都出现了虚假违约的行为，无疑，市场秩序就会混乱。上述分析表明，交易伦理

---

① 〔汉〕司马迁：《史记·货殖列传》，盛冬铃注译，天津古籍出版社 1997 年版，第 3321 页。

② "跳单"亦称为"跳中介"，是指买受人或出卖人与中介（公司）签署了预售确认书、委托求购协议或出卖协议，中介公司按照协议履行了提供独家资源信息并促使买卖双方见面洽谈等促进交易的义务，买卖一方或双方为了规避或减少按照协议约定履行向中介交付中介费的义务，跳过中介而私自签订买卖合同的行为。

严重缺失，必会扰乱市场秩序，降低经济效益。当前我国经济活动领域大量的违约失信等交易伦理缺失行为，不仅引发了社会利益冲突与矛盾，而且造成了严重的经济损失。众所周知，我国在失信"黑名单"制度实施之前，欠债不还、恶意拖欠的问题十分严重。有关数据显示，每年我国企业因失信造成的经济损失高达 6000 亿元人民币，失信损失在 GDP 的占比居于 6% ~ 10% 的较高区间，直接经济损失严重。

交易伦理缺失增加行政维序成本。市场秩序在广义上，包括市场管理主体对市场秩序的维护。政府作为市场管理的重要主体，除了要制定和出台维护市场交易秩序的条例、法律及其具体的管理制度外，还要惩治那些违规的交易者。因此，从相关性来看，市场主体能够遵守市场制度和道德要求，交易引发的矛盾就会少，政府的市场维序成本就会低；相反，如果一些市场主体追逐利益不择手段，坑蒙拐骗、制假贩假等，由交易引发的矛盾多，政府的市场维序成本就会升高。显然，交易伦理缺失所引发的利益冲突和矛盾，不仅会占用大量的司法资源，而且也会耗费很多协调纠纷的行政资源。一个国家市场秩序的维护，需要一定的行政执法、监督检查等相关人员。行政执法和监督检查等人员的数量，受多种因素影响，其中一个直接的影响因素就是市场秩序的状况。如果市场交易纠纷多、利益冲突大、消费者投诉多，为了维持良好的市场秩序和社会的稳定、制裁违法背德的交易者，国家就要增加行政执法和监督检查等相关人员。

交易伦理缺失瓦解交易信任关系。信任是交易得以实现的前提。交易信任包括守信、互信、授信、惠信四个主要环节。交易主体在经济活动中一贯的诚实守信行为会得到其他市场主体认可，具有人格信用。博人信任，就会产生互信关系。信任是维持可持续交往关系、延续交往意愿的道德纽带。只有交易主体都认同彼此的置信水平，才会形成交易意愿，订立契约，实施交易。通常情况下，交易主体在信任的前提下易于授信他人，双方在交易过程中守信，积极践履约定，最终实现守信互惠。"交易双方相互的信任构成了交易的前提，也是信用行为发生的伦理道德基础。"① 但需要指出的是，信任虽然具有简化交易程序的积极效用，但它具有脆弱性，表现为交易失信的易发性、维护的长期性、失信的溃败性与修复的困难性。信用交易的非即付性产生了交易的时间差，易于产生投机行为。如马克思所说："信用又使买和卖的行为可以互相分离较长的时间，因而成为投机的基础。"② 在法律处罚过轻或法律风险较低的社会环境中，一旦交易主体利用兑付时间差趁机不择手段牟取远高于守信的正当收益，人们极有可能为了更大的利益铤而走险。良信是人们长期履约守信的道德结晶，而不是偶发的守信行为。无论交易主体在以往交易活动中何等诚实守信，只要在一次交易中存在虚假失信的行为，就会瓦解信任关系，导致信任溃败。显然，交易主体为了一己私利，掺假作伪、毁约失信等伦理道德丧失行为，使人们产生不敢信、不知道信谁、什么能信、什么都怀疑的心理危机。"因为机会主义行为使他人的行为越来越不可预见，对未来的不确定性越来越不可把握，对未来的不确定性进而使人们越来越感到不安全和不确定，而不安全和不确定的感觉恰恰要求拒绝给予信任。"③ 显而易见，践踏商业道德的行为，必会加剧市场主体之间的怀疑、提防与防范，瓦解人们之间的信任关系。

交易伦理缺失降低大国公信。伴随通信、交通等高科技发展为世界各国商业交往提供的便利，经济全球化已成为现实。经济全球化使得各国的商品、资金、人员、技术、信息、服务、管理经验等生产要素，在不同国家和地区之间广泛而频繁地流动，产生了许多国际合作的产业链和贸易市场。"国际贸易在全球范围内推进了规模经济和专业化，并且允许国家集中精力生产它们具有相对优势的商品和服务，这些商品和服务可以与其他国家生产的商品和服务进行交换。"④ 我国改革开放后，在推进社会主义市场经济体制

① 李新庚：《信用产生的经济、伦理和制度基础》，《湖南经济管理干部学院学报》2004 年第 2 期。
② 《马克思恩格斯文集》第 7 卷，人民出版社 2009 年版，第 494 页。
③ 廖小平：《面向道德之思——论制度与德性》，湖南师范大学出版社 2007 年版，第 8 页。
④ 〔英〕约翰·米德克罗夫特：《市场的伦理》，王首贞等译，复旦大学出版社 2012 年版，第 19 页。

过程中，不仅繁荣了国内市场，而且国际贸易往来频繁，加之我国提出的
"五大发展理念"强调"开放"发展理念以及"一带一路"的国际合作倡议，
不仅要求我国要积极参与全球化的经济发展，而且要发挥好我国作为第二大
经济体，在世界经济发展中的重要作用，突出新兴大国的国际担当，实现民
族的伟大复兴。联合国贸发会议发布的相关研究报告指出："在过去的 20 年
里，中国在全球经济中的重要性日益上升，这不仅与中国作为主要消费品制
造商和出口国地位相关，也与中国已成为海外制造企业中间投入品主要供应
国相关。"① 显然，伴随中国在国际经济地位的提升，中国企业无论是在产品
质量上还是流通服务方面，都要体现中国制造的品质和服务至上的理念，增
强国家的实力和信誉。一旦某些企业在国际合作与贸易中，有任何掺假作
为、以次充好、违约失信、拖欠货款等交易伦理缺失行为，都会影响国家形
象，降低国家公信力。

---

① 《中国制造业对全球价值链至关重要》，《经济日报》2020 年 3 月 20 日第 7 版。

第四章　交易伦理原则

马克思主义伦理学认为，利益是道德的基础。恩格斯指出："人们自觉地或不自觉地，归根到底总是从他们阶级地位所依据的实际关系中——从他们进行生产和交换的经济关系中，获得自己的伦理观念。"[①]交易作为人们在互利基础上的有价产权互换的利益行为，是道德协调的对象。"社会交易秩序的'规范安排'及其创新，实际上是在某种'规范伦理'的指导下进行的。"[②]交易经济活动的规律、秩序以及不同民族和国家的制度、文化传统等，蕴含了市场主体需要遵循的伦理原则。总而言之，市场交易伦理的主要原则包括自由责任、诚实信用、平等公平、合法合规与公序良俗。

第一节　自由责任

古往今来的思想家对人的特性有不同的凝练概括，形成了不同的思想观点。德国古典哲学家康德把"自由"视为理性存在者的固有特性，说："自由必须被设定为一切有理性的东西的意志所固有的性质。"[③]马克思认为，人

---

① 《马克思恩格斯文集》第 9 卷，人民出版社 2009 年版，第 99 页。
② 万俊人：《道德之维——现代经济伦理导论》，广东人民出版社 2011 年版，第 148 页。
③ 〔德〕伊曼努尔·康德：《道德形而上学原理》，苗力田译，上海人民出版社 2005 年版，第 71 页。

与动物活动的重要区别是人的活动的自主自由性。"动物和自己的生命活动是直接同一的。……人则使自己的生命活动本身变成自己的意志和自己意识的对象。……有意识的生命活动把人同动物的生命活动直接区别开来。正是由于这一点，人才是类存在物。或者说，正因为人是类存在物，他才是有意识的存在物，就是说，他自己的生活对他来说是对象。仅仅由于这一点，他的活动才是自由的活动。"[1] 马克思在《1844年经济学哲学手稿》中指出："一个种的整体特性、种的类特性就在于生命活动的性质，而自由的有意识的活动恰恰就是人的类特性。"[2] 人的行为按照一定的目的进行自由选择的特性，决定了人对自己行为的责任性，即自由意志是责任的前提。为此，恩格斯指出，"如果不谈所谓自由意志、人的责任能力、必然和自由的关系等问题，就不能很好地议论道德和法的问题"[3]。市场经济资源配置的市场化以及产权的明晰，内蕴了市场交易经济活动在自主原则支配下的自由与责任的统一。

一、自由

"自由"是现代人较为熟知的概念。它的基本内涵是社会个体具有独立人格，可以自我决定和支配行为，表明人们在思想、意志和行动方面，不受外在强制或胁迫，能够按照自己的意志去行动。诺贝尔经济学奖得主哈耶克认为："自由意味着始终存在着一个人按自己的决定和计划行事的可能性；此一状态与一人必须屈从于另一人的意志的状态（他凭借专断决定可以强制他人以某种具体方式作或不作）形成对照。"[4] 可见，自由是与强制性约束相对应的，强调社会个体的自决权。新制度经济学家张五常将自由界定

---

① 《马克思恩格斯全集》第3卷，人民出版社2002年版，第273页。
② 马克思：《1844年经济学哲学手稿》，人民出版社2000年版，第57页。
③ 《马克思恩格斯文集》第9卷，人民出版社2009年版，第119页。
④ 〔英〕哈耶克：《自由秩序原理》上卷，邓正来译，生活·读书·新知三联书店1997年版，第4页。

为："个人在约束条件下作出选择，在约束条件下允许的范围内，自由做出决定。"① 显而易见，自由不是无拘无束，而是在约束条件下的自主决定和选择。

经济学中的"自由"，需要借助政治学和法学的"自由"概念进行全面理解。由于政治自由是经济自由的基础和前提，所以，要谈交易"自由"原则，需要首先明确政治生活中的"自由"概念。政治生活中的"自由"一般是指人挣脱某种束缚或摆脱某种被奴役的枷锁。在古希腊、古罗马社会，一个人与他人不存在主奴依附关系或通过其他合法手段与他人解除原有的主奴关系的"自由人"，才具有人身自由。在我国封建社会，一些人与他人存在一定的人身依附关系或隶属关系，如卖身契等形成的主仆关系。处于各种人身依附关系的人，个人没有人身自由。没有人身自由的人，难于实现意志自决。近代社会以来，打破等级制和人身依附关系是社会进步的重要标志。现代社会中，法治取代封建专制成为国家治理与社会治理的新模式，使得封建等级制对社会成员的政治、经济等束缚逐渐被打破，现实政治生活的自由转变为守法前提下社会成员自主选择、自主交往、自主担责的法权自由与法权责任。在法学意义上，自由体现为社会成员依照宪法和法律享有的公民自由。因此，从某种意义上可以说，市场主体因为有政治上人身自由、独立自主性与合法权益的保障性才会有真正的经济自由。

自由是市场经济的秉性。市场经济是以市场机制作为配置社会资源的基本手段，市场主体能够通过市场的供求关系和价格机制进行资源的自主配置。可以说，交易是遵循市场经济供求规律的经济活动。供求规律是商品的价格由价值决定，并受供求关系影响。当供大于求时，价格低于价值；当供小于求时，价格高于价值。在利益驱动下，市场主体为谋求自身利益最大化，会根据市场供求关系的变化自主配置资源和进行买卖活动。生产什么、生产多少由自己做主，与谁交易以及价格高低也是自己说了算，不受他人或

① 张五常：《经济解释：张五常经济论文选》，商务印书馆 2000 年版，第 380 页。

任何组织的干预。在现代市场经济发展中，在发挥市场调节作用的同时，为规避市场调节的自发性、盲目性和滞后性等缺陷，政府会进行一定的宏观调控。但政府运用"看得见的手"与市场的"看不见的手"的协同，是通过制定各种经济政策、建立经济参数等进行间接引导与调控，而不是采用直接的计划指令，因此，即使在政府宏观调控的情形下，市场主体仍然可以基于自己的经济实力以及技术优势，根据市场的需要自主投资与经营。市场主体行为的自由选择性，表明市场主体可以在市场体系规制和法律体系框架下自由交易，自主决定在一定价格水平上购买或销售商品。

市场交易的自由性，不仅表现为经济活动的自主性，也包括法权自由。法权自由包括守法自由与赋权自由，前者是市场主体参与交易行为的合法性限度；后者是指参与交易的市场主体依法享有法律赋予的权利，一旦他人或组织侵害其合法权益，可以通过法律救济，挽回损失。《中华人民共和国民法典》确立了对民事主体"人身权利、财产权利与其他合法权益"的保护原则。[1] 也就是说，法人依法享有民事权利，在市场交易中自由买卖，不受他人意志左右。消费者根据厂商或电商平台提供的产品信息、售后评价、品牌定位、性价比等因素选择意向卖方，并根据所掌握的市场行情信息、价格变化趋势与个体需求、偏好、支付能力等因素自主决定交易行为。

市场交易的自由，除了市场主体自我决定的自主性外，还有合意性。合意是人际交往行为的重要概念，一般指不同当事人（两个及以上）围绕同一议题进行商议所达成的表意共识。对于交易而言，它是合同、协议、契约等约定合法性的重要要件。"契约云者，两个以上当事人意思表达合致，而以设定、变更、保护或消灭某种法律关系的目的者也。"[2] 合意是行为当事人自由意志与理性慎思的一种体现，包含表意一致、权利与义务对等关系的认同，以及对自我责任的认可。"合意作为意思自治的体现，是缔约当事人对

---

[1] 《中华人民共和国民法典》，中国法制出版社 2020 年版，第 4 页。

[2] 陈朝壁：《罗马法原理》，商务印书馆 1937 年版，第 125 页。

自己利益和义务的衡量和肯定。"① 总之，合意是确立契约有效性的共识性法定要件。合意内涵较为丰富，有五层意思。其一，主体的平等性。合意是行为主体平等协商的结果，而不是由少数人单方拟定的。市场交易中的契约，是平等的市场主体之间基于相互尊重而自愿达成的。其二，主体的共同参与性。合意所达成的表意一致性是不同行为主体共同参与制定的，对于存在歧义或分歧的内容，需要不同行为主体共同参与审定，达成具有广泛包容性的共识。所以，市场交易的协议是买卖双方围绕交易价格、支付途径、配送方式、售后保障等达成的共识性合约或协议。其三，主体意志独立性。针对其他行为主体提出的主张，参与合意达成的行为主体能够发挥主观能动性，并基于主体意愿，自愿而非受到强迫地参与合意的商议。其四，主体的自主选择性。合意所达成的内容，行为主体能够自主选择接受或拒绝。如果协约为单方事先拟定，则须向承约方明示其内容，阐释协约中条款的内涵，以确保承约人是在完全知晓并清楚协约内容的前提下订立协约的。其五，主体权利与义务的对等性。行为主体所达成的合意是要约人与承约人间的共识，不同行为主体不仅认同协议的内容，而且自觉遵循合意达成的共识，在享受权利的同时履行应尽的义务。

作为交易伦理原则的自由，要求市场主体尊重市场交易的规则，按规律办事；尊重他人的合法经济权利，不能强买强卖；在利益追求中，主动节制唯利是图的心理与冲动，考虑他人和社会的合理利益诉求；具有自身反省的自律性，及时遏制不道德行为的发生。首先，市场交易的自由原则，要求市场主体尊重市场经济规律的客观要求，行为有度。交易的自由性赋予市场主体的选择性和自决性，但绝不是恣意妄为，唯利是图，投机钻营。无论是线上交易还是线下交易，交易主体都要遵循市场经济活动的规则要求，任何破坏市场交易规则的经济活动，都是对交易的自由伦理原则的背离。概言之，市场交易的自由原则体现的是自然律与道德律的统一。其次，市场交易的自

---

① 冉克平：《论私法上的合意及其判定》，《现代法学》2014 年第 5 期。

由原则，要求市场主体尊重交易对象的意志自决，反对凭借自身的经济、人力资源与社会地位等方面的优势，对潜在的交易竞争对手威逼利诱，迫使其违背主体选择意愿，单方面非自愿退出交易活动；或诱逼交易对象按照仅对己方利益最大化的方式，变更交易合约条款的相关事项，违背市场交易的自愿自主原则。再次，市场交易的自由原则要求市场主体以义谋利。市场经济是利益经济，市场主体是出于自身利益的追求从事交易活动。正如英国经济学家亚当·斯密描述的："请给我以我所要的东西吧，同时，你也可以获得你所要的东西：这句话是交易的通义。我们所需要的相互帮忙，大部分是依照这个方法取得的。我们每天所需的食料和饮料，不是出自屠户、酿酒家或烙面师的恩惠，而是出于他们自利的打算。"[①] 展言之，正常的商品交易是经营者以商品的使用价值为基础获得价值，以至于交易经济活动是一种动机利己而行为结果利人的人我两利的双赢行为。马克思指出："要生产商品，他不仅要生产使用价值，而且要为别人生产使用价值，即生产社会的使用价值。"[②] 商品的使用价值是价值实现的基础和前提，撇开商品的使用价值，单纯追求价值的交易活动，就会出现以次充好、欺诈等为己损人的行为，这是与商品二重性的道德要求相背离的。为此，市场主体在追求自身利益最大化的过程中，要考虑他人和社会利益，即要考虑消费者的合法权益以及自然资源使用的社会规定等，要互惠双赢，不能为一己私利而不择手段。最后，市场交易的自由原则，要求市场主体要具有道德的自律性。市场主体不是纯粹的"经济人"，而是"社会人"。作为社会成员的市场主体，应该具有理性反思能力和反身自省能力。信息不对称是市场交易中存在的客观事实，也是滋生违法背德行为的温床。作为掌握商品信息多的交易者，不能利用信息不对称蒙骗和坑害对方，要具有良心。明知产品有缺陷，还要投放市场进行销售，是缺乏道德良知的表现。如果交易主体实施了某种违背社会公共道德、

---

① 〔英〕亚当·斯密：《国民财富的行政和原因研究》上卷，郭大力、王亚南译，商务印书馆 2013 年版，第 14 页。

② 《马克思恩格斯文集》第 5 卷，人民出版社 2009 年版，第 54 页。

交易道德准则的行为，需要及时反思自身行为存在的不当之处和违背道德的行为表现与成因，积极主动地纠正和修正行为，减少或规避对他人和社会的损害。

二、责任

责任是与自由相对应的一个概念。如同"自由"是人的重要特征一样，"责任"也是唯有人才具有的特性。"自由不仅意味着个人拥有选择的机会并承认选择的重负，而且还意味着他必须承担其行为的后果，接受对其行动的赞扬或谴责。自由与责任实不可分。"①

人为什么具有责任？人具备承担责任的主客观条件：一是人的存在方式的社会性，这是人具有责任的客观条件。马克思指出："人是最名副其实的政治动物，不仅是一种合群的动物，而且是只有在社会中才能独立的动物。"②人作为生命有机体，具有需要的多样性以及个体力量的单一性，人们只有以一定形式结合起来共同活动才能满足人的多方面的需要。为此，马克思指出："由于他们的需要即他们的本性，以及他们求得满足的方式，把他们联系起来（两性关系、交往、分工），所以，他们必然要发生相互关系。"③由于人们的物质生产是在一定生产关系下进行的社会劳动，所以，人不是孤立的存在者。正因为如此，马克思指出："人的本质不是单个人所固有的抽象物，在其现实性上，它是一切社会关系的总和。"④在社会生活中的任何人，"不管个人在主观上怎样超脱各种关系，他在社会意义上总是这些关系的产物。"⑤也就是说，在社会生活中，没有脱离社会关系存在的孤立的

---

① 〔英〕弗里德利希·冯·哈耶克：《自由秩序原理》，邓正来译，生活·读书·新知三联书店1997年版，第83页。

② 《马克思恩格斯选集》第2卷，人民出版社2012年版，第684页。

③ 《马克思恩格斯全集》第3卷，人民出版社1960年版，第514页。

④ 《马克思恩格斯文集》第1卷，人民出版社2009年版，第505页。

⑤ 《马克思恩格斯文集》第5卷，人民出版社2009年版，第10页。

个人，只有承担一定社会职责的社会人。作为社会存在的人，就会因形成的社会关系内蕴相应的职责要求。基于此，马克思指出："作为确定的人，现实的人，你就有规定，就有使命，就有任务。……这个任务是由于你的需要及其与现存世界的联系而产生的。"[①] 具体而言，人们的社会性存在方式，使得任何社会个体都与其他人或社会组织发生一定的关系，人们在社会关系中所具有的社会角色和身份，就形成了每个人的义务和责任。古希腊哲学家柏拉图在《理想国》中，提出了城邦公民的身份责任思想，认为担当不同角色的城邦公民做好各自的事情，各安其位、各司其职，就实现了社会正义。二是人具有理性，这是人承担责任的主观条件。人不仅具有感性，而且具有理性，能够意识到社会角色赋予的职责，加之人的理智能够控制自己的行为按照一定的意志去行动，所以，人具有承担责任的可能性。人不是一般的生命有机体，而是具有自我意识、可以做出判断和决定的行动体。马克思指出："人是一个特殊的个体，并且正是他的特殊性使他成为一个个体，成为一个现实的、单个的社会存在物，同样，他也是总体，观念的总体，被思考和被感知的社会的自为的主体存在。"[②] 人的理性能力、意志自决，使人能够对自主选择的行为负责。在德国哲学家康德看来，人对自己的行为负责，是人之为人的表现。"人，每一个在道德上有价值的人，都要有所承担，没有任何承担、不负任何责任的东西，不是人而是物件。"[③]

　　上述分析，解决的是"人为什么要承担责任"的问题，或者说，"人为什么有责任"的问题。接下来，我们还需要阐明"责任"的内涵，明确什么是"责任"。责任是人们该做的事情以及因未完成或没有完成好理应受到的惩罚。在一般的意义上，责任是一定的社会个体或组织，履行与其社会角色相匹配、职责和使命所要求的事情，并承担未做好职责之事所受到的惩罚。责任的主体既可以是社会个体也可以是社会组织，社会组织有大有小。交易

---

① 《马克思恩格斯全集》第 3 卷，人民出版社 1960 年版，第 328—329 页。
② 马克思：《1844 年经济学哲学手稿》，人民出版社 2000 年版，第 84 页。
③ 〔德〕伊曼努尔·康德：《道德形而上学原理》，苗力田译，上海世纪出版集团 1986 年版，第 6 页。

活动中的责任主体，是那些从事商品生产和经营的个体商户以及各类企业。企业规模有大有小，除了大型企业外，还有中型、小型和微型企业。根据我国工信部等部门发布的《中小企业划型标准规定》，我国除了大型企业外，还有结合行业特点，以企业从业人员、营业收入、资产总额等为指标而划分的中小微型企业。①无论是个体工商户还是不同规模的企业，都是经营性交易主体，消费者作为购买方，也是交易主体。本书的交易主体，特指经营性交易主体。

参与交易的市场主体，无论规模大小、实力强弱，既是权利主体，也是责任主体。"交易必须是自由的。因此，交易的双方既是权利主体，也是责任主体。因为自由不仅意味着权利，也意味着责任（责任界限）。"②交易主体的责任是多维的，既有经济责任，也有法律责任和道德责任。市场经济中交易主体的自主经营和自负盈亏，决定了企业担负的经济、法律和道德责任。无论是企业还是个体工商户的交易行为，都是追求投资成本以外的利润，所以，企业组织的目的是赚钱盈利。由于保本盈利是企业存在与发展的前提和基础，因此，经济责任是企业的内在责任。企业的交易活动涉及利益关系，为了维护市场交易秩序，国家会出台相关的法律规范企业的经营行为，无疑，企业的盈利赚钱行为是有边界和要求的，一旦企业在交易中越界破坏法律规定，就要受到法律的处罚，承担法律责任。自不待言，企业守法经营是企业的社会责任。企业除了经济责任和法律责任外，还有道德责任。美国的汉娜·安德鲁森公司秉持三条主要价值观：尊敬、诚实和责任感。③一

---

① 2011 年 7 月，工业和信息化部、国家统计局、国家发改委和财政部四部门研究制定了《中小企业划型标准规定的通知》（工信部联企业〔2011〕300 号），把中小企业划分为中型、小型、微型三种类型。

② 万俊人：《道德之维——现代经济伦理导论》，广东人民出版社 2011 年版，第 149 页。

③ Patrick E. Murphy, *Eighty Exemplary Ethics Statements*, Notredame: University of Notre Dame Press, 1988, pp.106-107.

且公司面临困境，这三条价值观将引领它走出困境。[①]

由于交易行为是市场主体自主选择的，合乎行为主体意愿、意志的行为，因此，市场主体理所当然对交易行为负有道德责任。交易的责任原则要求交易主体对自身负责、对其他市场主体负责、对生态环境负责。交易主体坚持责任的伦理原则，对企业的可持续发展负责。企业的生命力源于企业交易行为对企业信誉的维护。交易行为是一种体现企业商品和服务品质的谋利行为，所以，代表企业形象与信誉的任何交易活动，不仅体现了交易的自主自愿的自决性以及经济收益的状况，而且体现了企业的经营理念与经营特色。企业只有通过交易活动，才能让其消费者了解与体验其产品与服务质量，消费者的满意度在很大程度上，影响其市场份额的占有。消费者的货币投票取决于企业在交易过程中为消费者提供的性价比以及售后服务的保障等。因此，任何交易不仅是完成了一单生意，更是在交易中如何展示企业的实力与特色，博得消费者信赖，培育忠诚用户和长期合作伙伴。交易主体除了对自己负责外，还要对与之进行交易的对象负责。对交易对象负责，体现的是责任伦理的"他者道德思维"。"责任伦理是以他者为逻辑起点的。"[②]传统的道德思维强调的是由己及人的方式，而责任伦理强调对他者的尊重与回应。"'我—你'的关系是人际关系，这种关系是主体间的关系，是一种彼此平等、相互回应的关系。这种相互回应的主体间关系是最本原的伦理关系，处理这种关系的方法和原则取决于自己如何回应他人的要求。"[③]交易是一种双方合意的经济活动，用自己的东西换回自己需要的他人东西，各取所需，而且在价格、样式、材料等方面双方满意。交易双方合意是交易得以进行的前提，所以，交易主体站在对方的角度考虑问题，以解决对方的困难、满足对方的需要为己任，才能更好地促成交易的完成。在某种意义上，对交

---

① 〔美〕帕特里克·墨菲、吉恩·R.兰兹尼柯、诺曼·E.鲍维等：《市场伦理学》，江才、叶小兰译，北京大学出版社 2009 年版，第 4 页。

② 曹刚：《责任伦理：一种新的道德思维》，《中国人民大学学报》2013 年第 2 期。

③ 曹刚：《责任伦理：一种新的道德思维》，《中国人民大学学报》2013 年第 2 期。

易者负责，就是对自己负责。企业具有道德责任意识，就会把责任融入产品研发、设计、制造、交易、使用、售后等环节中，体现为一种人文关怀。道德责任分为愿望的道德和义务的道德。愿望的道德属于一种期许的道德责任，市场主体自主决定是否履行愿望的道德责任以及具体履行的程度，即使不履行也无可厚非，但义务的道德责任属于市场主体在交易中应该承担的基本道德责任，如果未履行或没有履行好，就要受到谴责。以家具买卖为例。厂商与商场应确保所销售的家具无瑕疵，产品自身环保参数检测达到国家标准，不存在环保方面的问题，使消费者能够正常、安全、放心地使用，不产生对消费者身体健康的隐性危害或潜在消极影响（如甲醛、苯有害物质超标导致消费者身体不适或引发其他病症）。如果家具出库配送前检测环保质量未达标，应予以封存、终止配送等，不应为了盈利置消费者的生命健康于不顾，将不合格的家具卖给消费者。在注重生态文明建设的当代社会，企业的交易行为还涉及对生态环境的影响。企业肩负对生态环境保护的道德责任，不仅销售的产品符合国家环保标准，而且产品产生的垃圾不能破坏生态环境。

第二节　诚实信用

诚实与信用原则简称为诚信。诚实信用是人类的普遍道德要求，无论是何种文化的民族都推崇诚实信用道德原则。对于人类为何倡导诚信道德原则，有本体论和价值论两种最常见的解释。在诚信的本体论意义上，强调诚信源于天道义理。"人之所以为人者，言也，人而不能言，何以为人？言之所以为言者，信也。言而不信，何以为言？言之所以为信者，道也，信不从道，何以为信？"[1] 用语言表达意思、想法，是人的重要功能，也是人的特性之一。人们之间的交流、交往需要彼此表达内心想法、思想观点等，但人们说话要合乎道，要真实，不能说谎，否则，怎么为人呢？在诚信的价值论意义上，强调诚信对人类合作的重要作用。英国著名法理学家哈特认为，如果社会性存在方式是人类存续的前提，那么，诚实信用道德原则就是人类合作的基础。"如果集体成员间最低限度的合作与容忍是任何人类群体得以生存的必要条件，那么，诚实信用的概念从这一必然性得以产生便似乎不可避免了。"[2]

诚实信用不仅是不同民族与国家共同倡导的道德原则，同时，它也普存于社会生活的各个领域，尤其是经济活动中。"无论是作为个人美德还是作为社会规范，诚信都与人类的交易活动存在着一种互动关系：一方面，经济诚信是伴随着人类交易（换）活动的产生而产生的，也是随着人类交易活动的发展而不断被赋予新的内容的；另一方面，交易主体的诚信品质及其外在表现的诚信行为又能维护良好的交易秩序，促进社会经济的健康发展。"[3] 在经济活动中，"诚信原则主要适用于权利行使和债务履行中"[4]。

诚实信用是市场经济活动的基本法则。发挥好市场机制对社会资源配置的决定作用，可以提高市场资源配置效率。市场资源配置的效率不是最终目的，效率要具有社会效益，即市场的资源配置要对社会经济发展产生积极的促进作用。显然，市场资源配置的有效性，不单是效率问题，更是社会价值问题。市场资源配置有效性的表现之一，是市场交易行为要合乎商品二重性的使用价值与价值相统一的要求，即作为追求商品价值实现的经营者的利润与作为追求使用价值的消费者利益，双方各得其所，实现共赢。以商品使用

---

[1] 白本松译注：《春秋穀梁传全译》，贵州人民出版社 1998 年版，第 221 页。

[2] 郑强：《合同法诚实信用原则研究——帝王条款的法理阐释》，法律出版社 2000 年版，第 38—39 页。

[3] 卢德之：《交易伦理论》，商务印书馆 2007 年版，第 149 页。

[4] 王利明：《论公序良俗原则与诚实信用原则的界分》，《江汉论坛》2019 年第 3 期。

价值为基础谋求价值的交易行为，是一种以利人为基础和前提的自利行为方式。这就预示着，正常商品交易是一种人我两利的经济行为，最终目的是实现双方的互惠互利。交易行为的这种人我两利的特性，就内蕴了交易者诚实守信的道德要求。"只要给定充分的自由竞争和市场秩序的自然成长空间，市场诚信体制就会随着交易的扩大而慢慢产生出来。"① 因为人们一旦在交易中有虚假欺诈、毁约失信等行为，就无法达到互惠互利交易的目的。也就是说，虽然市场经济的利益驱动是分散的市场主体，具有个体性，但资本增值的方式和界限是有道德边界和要求的，即交易行为的目的性价值对交易行为在客观上具有禁则性要求。企业基于资本增值性而进行的经营活动，唯有遵循市场经济规律内蕴的诚信法则，才能在实现自身利益中增益其他社会个体或组织，有利于社会经济的发展。"从社会的高度来看，社会的经济体系通过市场营销行为得以存在和规范，因此，市场营销伦理无论是对于社会秩序还是对于社会公正而言，都起着关键的作用。诚信（trust）是公平及高效的市场营销体系中不可缺少的重要组成部分。"② 正是由于诚信是市场经济活动的基本道德原则，所以，诚信成为民法的帝王条款。我国《民法典》规定："民事主体从事民事活动，应当遵循诚信原则，秉持诚实，恪守承诺。"诚信不仅是人们立身之道，而且也是企业兴盛之本，是企业可持续发展的道德根基。

一、诚实

在中国儒家传统道德文化中，诚实不仅具有规范论和价值论的意义，而且尤为强调诚实的本体论意义。确切地说，诚实是本体论、价值论和规范论的统一。孟子曰："是故诚者，天之道也；思诚者，人之道也。"③ 对于孟

---

① 韦森：《经济理论与市场秩序——探寻良序市场经济运行的道德基础、文化环境与制度条件》，格致出版社、上海人民出版社 2009 年版，第 6—7 页。
② 〔美〕帕特里克·墨菲、吉恩·R. 兰兹尼柯、诺曼·E. 鲍维等：《市场伦理学》，江才、叶小兰译，北京大学出版社 2009 年版，第 5—6 页。
③ 杨伯峻译注：《孟子译注》，中华书局 2008 年版，第 130 页。

子"诚"的解析，后人虽有许多版本，但唯有宋明理学集大成者朱熹在《四书集注》中的解释最为经典。朱熹认为："诚者，理之在我者，皆实而无伪，天道之本然也。思诚者，欲此理之在我者，皆实而无伪，人道之当然也。"[①]一方面，"诚"是自然万物的本然，是天之道。客观实在性是事物规律蕴含的必然性；另一方面，"诚"也是人遵循规律做事的应然，是人尊重自然万物的规律性要求，按照事理做事。所以，"诚"既是天道也是人道。诚实的基本道德要求是"真实无妄"[②]和"不自欺"[③]。可见，诚实的道德要求在根本上是源于事物之理，是理所当然，而非单纯的后果论的功利价值。"现实社会诚信规范的正当性源于本体世界与意义世界的'天道义理'，而不是后果论意义上的利益得失。质言之，诚信是人们必须遵从的天经地义的法则，而不是受利益宰制的相对主义价值原则。离开天道义理规制的诚信，就会滑向纯粹的工具论和功利论。"[④]在本体论意义上阐释诚实道德的需要，是中国儒家道义论伦理思想的重要特征。道义论伦理思想倡导人们在行为选择时，要以义理为重，而不能仅仅出于利益得失的考量。这也是中国传统儒家文化在义利关系上，推崇"义以为上""以义导利"价值取向的理论根源。

对于诚实道德原则正当性的论证，除了儒家的本体论道德思维方式外，也有价值论的道德思维方式的阐释，强调诚实是信任、信用的基础。台湾学者林火旺教授认为："基于人的一些自然本性，人们必须和其他人分工合作，才能过较好的生活，而人们要能真正的分工合作，必须彼此互相信任，否则一旦互信不存在，彼此尔诈我虞，合作的基础就会丧失，因此'诚实'是人类社会合作互信所必须的。"英国著名的古典经济学家和伦理学家亚当·斯密在《关于法律、警察、岁入及军备的演讲》中引用坦普尔的名言论述诚实的重要性："商人依赖诚实公道，不下于战争依赖纪律。缺乏诚实风气，商

---

① 〔宋〕朱熹：《四书章句集注》，商务印书馆 2011 年版，第 257 页。

② 〔宋〕朱熹：《四书章句集注》，商务印书馆 2011 年版，第 32 页。

③ 〔宋〕黎靖德编：《朱子语类》卷七，王星贤点校，中华书局 1986 年版，第 2878 页。

④ 王淑芹：《诚信文化与社会信用体系相倚互济》，《光明日报》2017 年 2 月 15 日。

业就要完结，大商家就会沦为小商贩。"① 在市场交易中，唯有市场主体普遍遵循诚实道德原则，市场经济的秩序和效率才具有保障。换言之，诚实道德原则及其市场主体具有诚实道德品质，是市场经济有序发展的根本保障。市场主体在参与交易过程中，只有不坑骗交易伙伴，遵循互利互惠原则，才能保障交易双方正当利益的满足，从而形成各得其所的合理利益格局。事实上，市场主体所参与的交易行为往往是在资源稀缺情形下进行的，因此，市场主体通过交易所取得的实际收益通常达不到他们欲求利益最大化的状态。在这种情况下，易于产生利益矛盾和利益诱惑。尽管法律能够在一定程度上抑制不诚实的交易行为，但受制于法律行为类型的专属性与行为善恶底线性的限制，并非所有不诚实交易行为都能成为法律调节和制裁的对象，会出现法律鞭长莫及的"法律盲点"，而道德调节社会利益关系的广泛性，就会从"义利关系"的角度对行为的道德属性进行定性判定，诚实所具有的更为宽广与纵深的道德约束性，可以有效弥补法律对不诚实交易行为规制的不足。市场交易的长期性与反复性，会进一步凸显诚实道德原则的重要性。交易中的卖方只有不断将所生产出的商品售卖给消费者，完成链式交易，才能实现对资本的累积与扩大再生产，因此，市场主体单纯出于赚钱目的的毁约失信行为，不具有长久性，唯有一以贯之的诚实行为才能真正维系长久的交易关系。为此，亚当·斯密指出："一个人如果常常和别人作生意上的往来，他就不盼望从一件交易契约来图非分的利得，而宁可在各次交易中诚实守约。一个懂得自己真正利益所在的商人，宁愿牺牲点应得的权利，而不愿使人产生疑窦……在大部分人民都是商人的时候，他们总会使诚实和守时成为风尚。"② 如果人们不想把生意做成一锤子买卖，如果人们想把生意做大，就必须坚持诚实道德原则。

---

① 〔英〕坎南编：《亚当·斯密关于法律、警察、岁入及军备的演讲》，陈福生、陈振骅译，商务印书馆 2009 年版，第 265 页。

② 〔英〕坎南编：《亚当·斯密关于法律、警察、岁入及军备的演讲》，陈福生、陈振骅译，商务印书馆 2009 年版，第 266 页。

诚实道德原则在市场交易中，具有三方面的基本要求。第一，真实不欺。信息不对称是市场交易无法改变的客观事实。那些涉及企业商业秘密、特殊产品的制作工艺和配方、具有知识产权的发明创造等，是企业的合法利益。交易主体遵守诚实道德原则，不是将商品的所有信息完全提供给消费者，而是将那些涉及产品质量方面的信息，要如实提供给消费者。也就是说，产品要素构成以及产品性能等，要符合产品本身标识的品质，既不能夸大产品功能，也不能随意捏造产品构成成分。不能为了好卖而哄骗消费者，做出不诚实的市场营销行为。第二，真实不隐。任何产品都不是完美无缺的，对于产品的缺陷，商家往往是心知肚明的。诚实推销产品，就要求企业人员对消费者的推销言行要实事求是，讲清楚产品自身的情状，因为消费者有知情权。尤其是不能有意隐瞒产品的安全隐患，如汽车存在的某些安全隐患，一经发现，就需要马上召回相关款型的车辆，及时进行维修或更换相关部件。对于那些涉及食品和药品安全方面的信息，更要真实透明，不能故意隐瞒，影响消费者的生命安全。第三，真实量力。交易主体在销售产品过程中，要按照国家规定和企业自身力量进行各种承诺，不能为了拉拢消费者，不顾自身能力与力量随口承诺，最终导致不能履行诺言的失信局面。交易主体根据自身实力等条件谨慎做出承诺，是诚实经商的道德要求。既"不要冲动地做出承诺"，也"不要做太多的承诺。因为这样注定会失败。……当你对自己做出某项承诺时，要记住你是以你的诚实做抵押的。"[①] 无论是冲动性的承诺还是超出自身实力的过多承诺，都是一种非诚实的、不负责任的营销行为。

人们在交易中坚持诚实道德原则的动机，虽然可以是多层次的，既可以是"出于道德"，即出于对商业活动理应如此的道德本身的尊重与认同而为，也可以是"合乎道德"，即仅仅是对商业道德规则的遵守，以规避法律和道

---

① 〔美〕史蒂芬·M.R.柯维、丽贝卡·R.梅里尔：《信任的速度：一个可以改变一切的力量》，王新鸿译，中国青年出版社 2008 年版，第 94 页。

德的惩罚。但要从根本上建设商业道德，形成良好的交易秩序，就要倡导本体论的天道义理的本然性和内在性道德要求。在市场环境下，许多交易主体能够坚持诚实道德原则，但如果对他们的行为动机进行细分就可以看出，一些人是出于后果论的功利价值，把坚持诚实道德作为一种谋利的明智选择。一些商人，虽然未形成诚实的道德信念和品质，但伴随市场体系的完善、相关法律体系的完备、社会舆论对不诚实经商行为的贬斥等，为了有生意可做以及做好生意，不得不在交易中遵守诚实道德原则。因为不坚持诚实道德原则，就没有市场和生意。对此种行为类型，马克思有过深刻的分析："现代政治经济学的规律之一就是：资本主义生产与发展，它就愈不能采取作为它早期阶段特征的那些琐细的哄骗和欺诈手段……的确，那些狡猾的手腕在大市场上已经不合算了，那里时间就是金钱，那里商业道德就必然发展到一定的水平，其所以如此，并不是出于对伦理的狂热，而纯粹是为了不白费时间和劳动。"[①] 可以说，在市场经济活动中，一些人的诚实经商并不是对某种美德的热忱或对正确道德法则的信奉，而主要是为了避免不诚实的交易行为对有限时间资源与效率的消极影响。一些商人认识到，实施不诚实的交易行为是非理性的、不明智的，只有诚实的交易行为才能在有效的时间里产生效益，创造价值，促进资本的快速运转。上述分析表明，当不诚实的经济行为无利可图时，会在客观上驱动市场主体诚实经营。其实，在现实生活中，对于那些市场经济体制不完备的国家，诚实经营常会受到挑战。也就是说，在未构成对非诚信行为进行有效筛查和严厉制裁的市场环境中，"合乎道德"的诚实经营，就会受到挑战。一旦投机钻营、坑蒙拐骗、虚伪欺骗等不诚信商业活动也能够获利甚至能够牟取更大的利润，诚实道德原则就会受到践踏。这也是为什么我们要倡导市场主体要"出于道德"奉行诚实道德原则的原因之一。另外一个原因就是道德自由自律的重要特征。在道德层面，诚实经营应该是市场主体的自觉行为和一贯做法。人们在市场交易中，不是出于

---

① 《马克思恩格斯文集》第 1 卷，人民出版社 2009 年版，第 366 页。

利益得失而坚持诚实道德原则，完全是出于对市场道德要求的认同与服膺，出于理应如此的道德要求，在任何交易中都坚持诚实经商。我国的一些百年老店如同仁堂、瑞福祥①等，还有一些现代企业如家电行业的格力、海尔等。众所周知，海尔企业在发展初期，发现产品质量问题后，宁愿砸掉质量不合格的产品，损失利润，也不愿将不合格的产品上市，昧着良心赚取黑心钱②。显然，无论是国内知名企业还是国际有影响力的企业，诚实已成为企业的经营之道。企业坚守诚实道德原则，成就了企业的辉煌。

二、信用

"信用"是中西道德文化中都非常推崇的道德准则。"信"在中国传统儒家文化中，有多重含义。除了交友之道、做人的基本原则、治国方略外，还有与"诚"相通的信实。从中西文化比较的视域来看，中国传统儒家思想不仅把"信"视为是一种行为规范，而且上升到人性的高度，认为"人而无信，不知其可也"③。即为人处世讲信用，是人之为人的重要表征。不守信的人，有人形但无人性。西方文化的"信"，多侧重于契约基础上的守诺以及守诺的好处。

信用是人们社会生活中的重要行为准则，尤其是近代社会后，伴随市场经济的发展，信用德目更加凸显。因为在市场经济环境下，完全打破了自然经济的自给自足，商品交换成为人们生活的必需。为了提高交易速度，一手钱一手货的交易形式逐渐减少，交易形式呈现多样化的态势。随着预付款、

---

① 同仁堂产品以"配方独特、选料上乘、工艺严格、疗效显著"而享誉海内外，产品行销40多个国家和地区，秉持"炮制虽繁必不敢省人工，品味虽贵必不敢减物力"的古训，树立"修合无人见，存心有天知"的自律意识。获得"中华老字号""中国丝绸第一品牌""非物质文化遗产""中国消费者信赖的著名品牌"等多项殊荣的瑞福祥，始终坚持"至诚至上、货真价实、言不二价、童叟无欺"的经营宗旨，"良心尺"成就了企业的辉煌。

② 家电行业富有国际影响力的海尔集团，最初是从砸掉劣质电器而成就当今辉煌的。

③ 杨伯峻译注：《论语译注》，中华书局2006年版，第22页。

赊销等交易形式的普遍化，不仅债权债务关系复杂化，而且产权转移的过程化，持续时间长短不一，使得买和卖不能同步进行，需要订立合同、协议等进行约定。在法国哲学家笛卡儿看来，为"防止优柔寡断的人们的反复无常，在所要求作的事情是正当的时候，允许人们发誓缔约，借以束缚双方坚守契约，甚至为了商业安全起见，批准类似的契约"①。因此，交易双方信守承诺、履行合同则成为交易顺利完结和经济秩序的重要保障。马克斯·韦伯认为："交换伙伴合法性的保证，最终是建立在双方一般都正确假定的这样的前提之上的，即双方的任何一方都对将来继续这种交换关系感兴趣，不管是与现在这位交换伙伴的关系也好，也不管是与其他交换伙伴的关系也好，因此会信守业已做出的承诺的，至少不会粗暴违反忠实和信誉。"②在市场经济社会，双方达成的合同、协议、契约等，是一种双方权利与义务的明确划分与规定，具有法律效力和道德约束。任何一方违背契约、协议的相关规定，未能按照约定履行义务，就是毁约失信。

在经济领域，"信用"是人们在经济交往中，以信任为基础、以偿还为条件的价值运动的特殊形式。在借贷以及预付款等交易活动中，交易一方出于对对方的信任而给予一定的授信，即交易一方在不用交付所有货款或只支付一定定金的情况下，就可以购买所要的商品或服务等。"当我们信任他人时，我们是在期望他们能够实现自己的承诺。"③交易一方给予交易伙伴的授信额度，往往与交易伙伴的实力、长期的合作关系以及良好的信誉相关。在信用经济社会中，正是由于各种融资以及赊销交易的普遍性，使得承诺、合同的履行对于经济秩序和效益具有至关重要的意义。

在现代陌生人社会中，交易伙伴往往不是过去的老相识，常常是不知底细的陌生人。交易双方往往互不知底，也不清楚对方的做事风格与人品，尤

---

① 周辅成编：《西方伦理学名著选辑》上卷，商务印书馆 1987 年版，第 589 页。

② 〔德〕马克斯·韦伯：《经济与社会》上卷，林荣远译，商务印书馆 1997 年版，第 708 页。

③ 〔美〕埃里克·尤斯拉纳：《信任的道德基础》，张敦敏译，中国社会科学出版社 2006 年版，第 2 页。

其是现代线上的网络交易，借助的是平台，销售商品的企业为了打开销路，往往会做出许多承诺。在这种情况下，消费者利益的根本保障，在很大程度上依赖商家信守约定和诺言。换言之，市场秩序和效益如何，取决于交易双方对契约和承诺的尊重与履行。应该说，在现代市场经济社会，交易者信守合同、契约、承诺的道德要求，既是市场经济秩序和社会经济高效发展的内在要求，也是商家累积商业信誉的客观要求。

信用原则在市场交易中的道德要求，在抽象的一般意义上，是尊重客观事实，忠实于本心，坚守合同、契约、协议等一切具有承诺意义的约定。

第一，量力允诺。交易中的合同、协议等，都是双方相互沟通与讨价还价博弈的结果。因此，交易双方在订立合同细则时，在权利与义务的分配与确定过程中，交易双方要量力许诺，对于一方提出的某些特殊要求，在企业实力难于满足的情况下，出于对交易方负责的态度以及对自身企业声誉的维护，不能为了拿单随意应承明知做不到的事情。在实际生活中，有些企业为了拿下合同，不管对方提出何种要求，都一口答应。这种不自量力签署的合同或协议，一开始就潜伏了失约的危险。当然，各个企业对不能履行合同的风险都是有所预知的，情况是复杂的。有的企业，可能是出于企业战略发展的考虑，为了企业未来的更大利益而暂时损失眼前利益，企业即使亏本也履约；还有一种情况，有些企业明知自身不具有满足对方要求的实力，仍然签订合同，以签下合同为目的，没有做好履行合同的预案，或者压根就没有想履行好合同，这种情形就存在一定的欺骗性。所以，在中国儒家传统文化中，强调"信"要以"诚"为基础，"信"与"诚"不能分离。为此，许慎在《说文解字》中，把"诚"和"信"互训："诚：信也，从言成声。""信：诚也，从人从言。"[①]"诚"是"信"之本，"信"是"诚"之用，推崇"内诚外信"的行为方式。缺乏诚实而签订的合同、协议等，践约守信往往是低概率的。为此，美国学者柯维等指出：如果对诚实与信用的关系用一棵树

---

① 〔汉〕许慎：《说文解字》，〔宋〕徐铉校定，中华书局1963年版，第52页。

来比喻，那就是"'诚实'是在地表以下的基础，是信用之树赖以生长的树根"①。"多数破坏信任的行为都是不诚实的行为。"②

第二，合义应诺。在交易中，信守合同和约定，不仅需要以诚实为基础和前提，尊重客观实情，忠于本心，而且也需要考量合同、约定的义理规制性。具体是指，不是什么合约都能签的，也不是什么合同都要遵守的。在任何社会，合同、协议内容的合法性，是基本的要求，否则，无法律效力。在我国社会主义国家，双方签订的契约和协议，也要合乎中国特色社会主义法律要求，合乎社会主义核心价值观的要求，合乎我国公序良俗的要求，否则，即便双方同意的合同，也不能签订。在这个意义上，信用的道德要求绝不只是守约践诺的问题，"信"要以"义"为依归，信德载道。这表明，信用道德既要求交易者要遵守约定，"一言九鼎""一诺千金"，不随意变诺，更不要单方面毁约，也要注重约定的正当性、合法性、合义性。真正的守信行为，不单是对承诺的兑现，也是对合法合规合德承诺的践行。"讲信循义"是信德的本质要求。那种把信用单纯理解为只是对合同遵守的观点，是片面的，需要纠正。由此，在对交易者的信德评价中，要看根本，不能浮于表面。

第三，全力践诺。交易者最终能否信守合同，不仅与签约的量力承诺以及合同本身的合义性相关，也与在履行合同过程中，交易主体的信用信念以及坚定性有关。合同签订后，在合同存续期间，市场信息、商品价格、市场规定以及企业自身等，都可能会出现变化。一旦市场环境发生了巨大变化，比如，在原材料涨价情况下，在以合同价卖给对方会亏本时，合同是否要履行？或企业内部出现股东变更或管理层变动等，合同是否照常履行？或者由于产品热销，订货量大，难于如期交货等。在市场环境发生各种变化的情况

① 〔美〕史蒂芬·M.R.柯维、丽贝卡·R.梅里尔：《信任的速度：一个可以改变一切的力量》，王新鸿译，中国青年出版社2008年版，第81页。

② 〔美〕史蒂芬·M.R.柯维、丽贝卡·R.梅里尔：《信任的速度：一个可以改变一切的力量》，王新鸿译，中国青年出版社2008年版，第79页。

下，交易者面临守信与失信的考验。在伦理学的视域下，具有道义论、美德论和义务论信念与品德的交易者，视守信践约为义不容辞的责任，会克服各种困难，积极履约。在这种情况下，道德意志、道德信念与道德人格发挥了重要作用。如果是奉行功利主义价值观的交易者，会寻找机会和借口毁约逐利。众所周知，在法律层面，如果一个合同不能如期履行，违约方只要承担合同规定的违约责任即可免除法律追究。为此，一些具有机会主义情怀的交易者，如若发现履约成本高于违约成本，往往会投机钻营，即便有能力履约也会做出失信的行为。显然，在对交易者的信用行为进行评价时，要避免单纯的效果论评价方式，要坚持动机与效果、目的与手段相结合的原则，进行全面而具体的评价。交易者具有有诺必践的信念，不把信用视为功利的手段，就会竭尽全力履行合同，遇到困难，想方设法克服困难去解决，不找借口推卸失信责任，逃避责任，更不耍赖毁约。在利益和诱惑面前，最考验交易者的道德操守。经受住利益诱惑的交易者，良好的信誉会增强资本的增值功能。

第三节　平等公平

市场经济具有平等性、竞争性、法治性与开放性等特征。"在要素获取、准入许可、经营运行、政府采购和招投标等方面对各类所有制企业平等对待，破除制约市场竞争的各类障碍和隐性壁垒，营造各种所有制主体依法平等使用资源要素、公开公平公正参与竞争、同等受到法律保护的市场环境。"[①] 交易伦理原则是市场经济规律内蕴之理的凝结。平等与公平是市场经济秩序的客观要求，是市场经济活动的主要道德原则之一。

---

① 《中共中央 国务院关于新时代加快完善社会主义市场经济体制的意见》（2020 年）。

一、平等

在不同学科视域下，平等的内涵指向有别。在物理学中，它表示天平中指针为零时托盘中物体的重量与另一个托盘中的砝码等重；在政治学中，平等代表着公权力行使与监督的匹配性，对于社会成员个体而言，表现为人们具有平等参与政治活动的权利，而且社会的职位向所有人开放；在法学中，平等是指公民间地位、宪法与法律保障的基本权利与民事权利的平等性。在经济学中，平等主要是指市场主体在参与市场活动中具有同等地位，享有同等权利，具有均等的发展机会。可以说，无论是在政治生活中还是经济生活中，平等在人们的社会交往和个体身份识别中都具有重要作用。平等作为交易活动的伦理原则，是由市场经济的开放性、价值规律的客观性与正当利益的法律保障性决定的。

市场经济的开放性内蕴了交易机会的均等性。市场经济由开放的市场、多元市场主体与众多品类和数目的交易对象共同构成。在市场经济活动中，价格在资源配置中起重要作用，各要素在不同领域、不同消费者或生产者之间自由流动，有限的资源不是任何特定市场主体的专属品，人们可以根据价格机制中的供求关系变化，自行选择是否实施交易事宜，即进出市场交易的时机、交易价格与交易的数量都由市场主体决定，无疑，市场经济内蕴了各类市场主体平等参与经济活动的权利与机会。任何市场主体只要未被依法剥夺参与交易的资质，就能够在开放的市场中参与任何交易活动，并通过公平、公正、公开的程序，完成实质交易行为。对于具有较高稀缺性的有价物，只要属于法律允许的交易范围，所有市场主体都有权参与交易，即使经济实力雄厚的市场主体，也不能额外获得法外特权。

市场经济的"价值规律"内蕴了交易主体地位的平等性。价值规律是市场经济资源配置遵循的经济规律。这一规律是指：商品的价值受生产这种商品的社会必要劳动时间决定；价值决定价格；价格受供求关系影响，围绕价值上下波动。正是由于价值规律的存在，商品的交易价格不由个别市场主体的需求与供给决定，而是由全部市场主体对该交易对象的总需求和总供给共同决定。"商品价格的最终确定，并不取决于买卖的任何一方，而是取决于市场中商品的供求关系。如果某商品供者多而求者少，则价格下降；反之，如果商品的供者少而求者多，则价格上升。"[1] 由于市场主体的活动受价值规律的制约与约束，所以说，市场主体经济活动的自由是有限度的。它表明，任何市场主体都要遵循"价值规律"进行交换，商品的价格不以市场主体的意志为转移，受供求关系的影响。价值规律的客观要求对所有市场主体一视同仁，没有厚此薄彼之分。"交易必须是平等的。……即交易双方都具有独立的人格尊严和经济权利，在经济交易活动中，既不受任何非经济因素的控制和影响，也不能以任何非经济的力量（如政治权力和权威、宗教信仰、意识形态、个人情感偏好，等等）去控制和影响对方（社会政治界限）。"[2]

市场经济的法治性内蕴了交易主体权益的平等性。市场经济的开放性，决定了市场主体交易机会的均等；同样，市场经济的法治性，使得市场主体具有法权的平等性。法权的平等性由法权内容的平等性、合法权利的保障性与违法权利的剥夺性共同构成。法权内容的平等性即任何市场主体，在交易活动中，都要遵循法律法规、法定标准与程序。法权的平等保障性是指，法律依法保障市场主体的交易参与权，即只要市场主体具备法定交易参与的资格，且相关权利未因违法而被剥夺，就能与其他市场主体共同参与市场经济活动，进行交易。换言之，任何市场主体，只要具备参与交易的法定要件，具备相应资质，就具有参与交易的权利，这种权利为市场主体依法平等享有。法律不仅依法保障市场主体的民事权利，而且也会对违法市场主体遵循法定程序剥夺其权利，这种法律的剥夺性对一切违法的交易主体概无例外。因此，市场主体依法平等地享有交易的民事权利，但在触犯法律时，也会依

---

[1]　甘绍平：《市场自由的伦理限度》，《中州学刊》2020 年第 1 期。

[2]　万俊人：《道德之维——现代经济伦理导论》，广东人民出版社 2011 年版，第 149 页。

法被剥夺相应权利，追究民事责任；构成刑事犯罪的，依法追究刑事责任，且同罪同责。归类而论，违法交易权利的剥夺性具有三层含义：其一，合法是权利获得法律保障的前提，违法就意味着权利的丧失。权利可生亦可失，取决于交易主体的行为正当性。其二，市场主体违法利益的平等剥夺性。市场主体参与交易的权利依法受到法律的保护，任何个人、组织与公权机关在未经法定程序审判的情况下都不能随意剥夺市场主体的交易参与资质与法赋权利。同样，任何市场主体，不论他们的经济实力与社会地位如何，只要违反法律，都会被依法剥夺参与交易的相应权利，从而体现法律对市场主体交易参与权的矫正性公正。其三，交易的法律约束性与处罚性。市场主体对交易对象的购买，要以合法为前提，一旦交易对象本身不合法，如毒品，就会失去交易的正当性。如秦岭地区违法建造别墅，尽管经营者和购买者都耗费了大量资金，别墅也具有居住环境的较高使用价值，但它却因破坏生态环境，违反国家相关法规，被认定为违法建筑予以拆除，不因建筑公司和别墅购买者的经济实力、社会地位而享有法律的豁免权。法权的平等性是现代法治社会市场交易的重要特征之一。它表明，所有市场主体既是法律的保护对象，也是法律约束和违法惩戒的对象，即交易主体正当利益受到法律保护，不正当利益受到法律惩处，交易主体的这些权利具有同质性和对等性。违法权利的剥夺性凸显了现代法治社会公平与正义精神，它与合法权利的法律保障性相互补充。

交易主体在经济活动中，需要坚持平等的伦理原则，平等待人。马克思指出："平等是人在实践领域中对自身的意识，也就是人意识到别人是和自己平等的人，人把别人当作和自己平等的人来对待。它表明人的本质的统一，人类的意识和类行为、人和人的实际的统一，也就是说，它表明人对人的社会关系或人的关系。"① 人们无论是在社会交往中还是在经济交往中，都要具有平等待人的意识，尊重对方的人格和尊严，把对方看成和自己一样的

---

① 《马克思恩格斯全集》第 2 卷，人民出版社 1957 年版，第 48 页。

具有平等权的人。交易的平等伦理原则要求市场主体，要遵循市场经济的开放性和法权的平等性，在交易中尊重其他市场主体的人格权和平等交易权，不能因自身经济实力或社会地位的优势而践踏他人的平等交易权或人格。反对那种为了抢占市场份额、牟取更大的利益，使用不当的言论丑化或中伤对方的做法。我国《宪法》明确规定："中华人民共和国公民的人格尊严不受侵犯。禁止用任何方法对公民进行侮辱、诽谤和诬告陷害。"交易主体之间人格是平等的，没有高下贵贱之分，所以，交易主体要平等地对待与之发生经济关系所有社会个体和组织，以平等和相互尊重的态度与交易伙伴相处。为此，需要市场主体具有协商精神。任何交易都是买卖双方乃至多方在沟通、博弈的过程中最终达成合意的结果，因此，交易主体要具有民主协商的精神，不能把自己的意志强加于对方。既要尊重对方的交易意愿，认真对待对方对交易物的品质要求和价格诉求，也要尊重对方终止交易的合理诉求。也就是说，在缔结契约过程中，始终都要尊重对方的意志，契约的产生、变更或取消，都必须平等协商，不能蛮横不讲理，不能欺行霸市。市场主体都是具有民事经济行为能力和责任的市场主体，具有平等的权利，所以，交易主体平等待人，也包括不搞经济特权。平等无论是在政治生活中还是经济生活中，意味着任何社会成员既不能享有特权，也不能搞特权。市场经济的交易活动，是以商品使用价值为基础的价格竞争，只有为消费者提供质优价廉的商品，才有销路。离开商品本身的价值和使用价值，通过权钱交易的方式搞经济特权，是行不通的。它表明，在交易中，不因购买者的富有而增加价格，亦不因购买者的贫困而减少价格；同样，商品的价格不因购买者的富有而降价，产生交易攀附，亦不因购买者的贫困而加价，产生交易歧视。

二、公平

公平是一个多学科的概念，但其核心思想是不偏不倚。公平相对于偏私而言，要求公平对待，公正合理，得其所应得，既包括荣誉、社会地位、经济利益等，也包括应受到的惩罚。公平是市场经济秩序内蕴的道德法则。为此，我国《民法典》第六条规定："民事主体从事民事活动，应当遵循公平原则，合理确定各方的权利和义务。"

市场经济活动遵循等价交换原则，要求价格公道。市场经济具有鲜明的产权性，而产权的转移过程内蕴交易对象使用价值与价值间的"让渡"，而等价交换原则是商品经营者与消费者进行交易时遵循的行为原则。等价交换即交易对象的价值与使用价值间价值量的对等性。尽管市场行情瞬息万变，交易对象的价格此消彼长，同种等额的货币的支付水平与购买力跌宕起伏，但在同一个交易对象的执行价格区间里，市场主体就要按照交易对象的执行价格即标价，支付等额的货币，获得对相应交易对象产权的占有，公平交易。"所谓公平交易，最通俗地说就是买卖公平，等价交换。……直观地看，买卖公平即是一种市场的经济公平，并不涉及其他非经济因素，只需遵循市场的价格标准即可。"[①] 显然，交易主体要按照市场经济的等价交换原则进行买卖，不仅要买卖自由，尊重消费者的购买意愿，而且要价格合理，既不能哄抬物价，也不能倾销扰乱市场价格。

市场经济的竞争性，要求公开公平竞争。"竞争是市场经济的灵魂。"[②] 市场经济具有众多的市场主体，且不同市场主体间相互独立、平等，交易主体的行为选择不受其他主体的干预或左右。因此，任何交易主体都不能阻碍其他市场主体参与经济活动，只能提高自身竞争力，通过公平有序的竞争，实现企业的发展。为此，我国政府要求"建立违反公平竞争问题反映和举报绿色通道。加强和改进反垄断和反不正当竞争执法，加大执法力度，提高违法成本。培育和弘扬公平竞争文化，进一步营造公平竞争的社会环境"[③]。众所周知，市场经济依靠价格机制调节资源配置，而资源是有限的，只有通

---

① 万俊人：《道德之维——现代经济伦理导论》，广东人民出版社 2011 年版，第 147 页。

② 单飞跃、徐开元：《"社会主义市场经济"的宪法内涵与法秩序意义》，《东南学术》2020 年第 2 期。

③ 《中共中央 国务院关于新时代加快完善社会主义市场经济体制的意见》（2020 年）。

过公开的竞争，实现优胜劣汰，才能使社会资源获得最有效的配置，并使市场主体获得相应利润。所以，经济活动作为一种利益互换的交易行为，交易主体经济利益的获得，既不是靠赠予也不是靠恩赐，而是凭借自身实力通过竞争获得的。在市场中，交易机遇瞬息万变，交易主体不仅要把握好市场机遇，而且还要提高竞争力。在产品研发、核心技术创新等方面，唯有率先占领市场的制高点，才能具有市场交易的优势。企业之间的公开竞争，为每一个具有法定参与资质的市场主体提供了同等的平台、机遇与风险，如果企业不能抓住机遇，创造出与顾客需求相吻合的产品，就会被竞争对手淘汰。显然，市场利润的获取与风险共担并存，单次、偶然的竞争胜出并不意味着永远能成为行业内的竞争强者。如果产品的技术更新不及时，具有核心竞争力的技术不能及时更新换代，就易于被市场抛弃，所以，企业只有始终保持竞争意识、危机意识、风险意识，保持砥砺奋进韧劲，才能保住在市场中的竞争优势。也就是说，企业只有善于经营管理，提升综合竞争力，掌握核心技术，才可能在市场中拔得头筹、占领先机。企业在后续技术推广过程中，只有不断提升产品的设计理念，突破功能短板，才能在市场经济的浪潮中岿然不动，屹立于不败之地。毋庸置疑，市场竞争靠的是企业实力和产品优势，既不是强买强卖，也不是暴力垄断，是一种公平的实力竞争。"经济学家用竞争市场（competitive market）这个术语来描述有许多买者与卖者，以至于每一个人对市场价格的影响都微乎其微的市场。"[1]换言之，众多市场主体平等而自由地参与竞争，不存在"有人拥有（可影响竞争结构的）'市场力量'（market power）"[2]。

交易主体在经济活动中，需要坚持公平的伦理原则。第一，交易机会公平。市场经济活动包含众多的卖方与买方以及具有不同价格水平的商品，为

---

① 〔美〕曼昆：《经济学原理》（微观经济分册），梁小民、梁砾译，北京大学出版社 2009 年版，第72 页。

② 〔美〕保罗·海恩、彼得·勃特克、大卫·普雷契特科：《经济学的思维方式——经济学导论》，史晨主译，世界图书出版公司 2012 年版，第 179 页。

不同偏好的消费者提供了众多可供选择的交易对象。市场主体不仅数量众多，而且可供选择的交易对象种类丰富，数量规模庞大，因此，市场主体间的交易不是一对多或多对一的寡头主导博弈，而是多对多的多元映射。加之市场主体间相互平等、自由、独立，彼此不存在人身依附关系，市场主体能够根据个人的需要与偏好，自主选择，不受其他市场主体的左右与钳制。也就是说，任何市场主体都能够根据自身需要，自主选择是否参与交易对象的竞争，以及参与交易竞争的时机。为此，任何经营者在商品买卖中都要遵守交易公平的道德原则，既要尊重同行经营者的交易权利，也要尊重消费者的交易权利，交易机会是均等的。

第二，交易过程公平。交易是由许多环节构成的。交易过程中的询价、讨价还价以及签订契约等，无不是消费者对商家产品质地、服务水平、价格以及售后服务、商家信誉等反复比较与权衡的结果，也是经营者对购买者所提要求以及价格等方面的一种全面考量。所以，在某种程度上可以说，交易过程也就是竞争过程，无论是商家之间抢占市场份额的竞争还是经营者与消费者之间利益让渡的竞争，都是要通过竞争才能获得利益。马克思指出："使独立的商品生产者相互对立，他们不承认任何别的权威，只承认竞争的权威，只承认他们互相利益的压力加在他们身上的强制。"[1]伴随着科技的发展，不仅交易对象的同质性引发的竞争加剧，渠道的多元性也加剧了竞争的激烈性。社会分工与机械化的生产方式使得各类产品的制作方式及其质地大致相当，具有同质性；而网络技术兴起、发展及其与市场交易的有机结合则丰富了市场交易的渠道，拓展了市场交易开放性的延展面。因此，消费者实施交易的途径更加多元，同质性产品能够通过不同渠道进行交易。一方面，科技进步不仅提高了生产效率，而且使同一类别的商品愈益同质化。具有相同使用价值的商品或服务产量大，供应丰富，致使同行业的产品和服务竞争激烈。另一方面，科技进步尤其是互联网的迅猛发展，除具有同质特征

---

[1] 马克思：《资本论》第 1 卷，人民出版社 1975 年版，第 394—395 页。

外，交易对象还兼有渠道的多元性。渠道的多元性引发的竞争，不仅包括同质渠道的竞争，也包括异质渠道的竞争。异质渠道的竞争是不同销售渠道之间的竞争。对消费者而言，在网络发达的现代社会，购买商品既可以选择非实体店的线上交易，也可以选择实体店的线下交易。线下实体店交易与线上非实体店交易，都在争夺顾客群，存在着纵向层级的互斥性竞争，即消费者购买同一产品的活动，只能在线上交易与实体店交易中择一而为，选择线上交易就同时意味着对实体店交易的舍弃。竞争不仅存在于异质市场交易行为中，而且在同质市场交易中亦有体现。实体店之间的竞争主要集中体现在产品价格、质量、性价比、种类丰富程度、购物环境优劣等方面；在线上交易中，存在同质电商平台的内部竞争以及电商之间的竞争。同质电商平台的竞争是同一电商平台内部不同产品与供货渠道间顾客选择的竞争。如顾客在京东上购物，是选择自营商品还是非自营商品、厂商官方旗舰店还是非官方旗舰店；在淘宝上购物，是选择天猫网店还是非天猫网店。同质网店的外部竞争属于宏观层面消费者交易平台选择的竞争。以线上图书交易为例，消费者购买同一本书的交易行为，有多种电商平台可供选择，如京东、淘宝、当当网、亚马逊等，但消费者的终极选择（final decision）究竟"花落谁家"则是性质相同的不同电商平台与消费者的多元博弈的结果，而消费者的个人偏好、消费习惯、对特定电商平台的信任程度等因素都会影响购买行为的选择。因此，无论是在经营者与消费者之间的差异性互补需求的多元博弈中，还是在经营者之间的实力较量中，经营者都要遵守公平竞争原则，靠产品和服务质量取胜，而不是耍手段，坑害消费者或损害同行竞争对手的合法利益。一些电商平台通过向部分消费者或"网络水军"的利益输送，获得不真实的好评，并以此招揽顾客的做法，是违背公平竞争原则的。

第三，交易结果公平。市场经济是利益经济。经营者投资、生产和销售，自愿承担投资与经营的较大风险，目的是获得投资与经营的回报，获得更多利益，因此，追求利润最大化是经营者的价值目标，也是商业活动正当利益所得。"归根结底，人们是为了更好地维护自己的利益而缔结契约的，因此契约的公平应该最终体现为受益的公平。"[①] 但追求利润最大化是有限度的，需要在最优化的前提下实现利益最大化。利益实现的限度或最优化，表明经营者如何获得利益，不仅涉及获利方式的正当与否问题，而且也关涉所获利益是否应得的问题。众所周知，交易主体活动的经济目的与价值的实现是通过与同行业竞争者和消费者的多元博弈而实现的，因此，经营者不仅要通过正当竞争谋利，而且获利的程度要合乎"应得"的公平道德要求。经营者通过自主研发新产品、具有专利产品、通过引进先进技术缩短社会必要劳动时间等，都应该得到较高的利润回报，反对那种通过偷工减料降低产品质量，以次充好牟取利润的行为。在一定程度上也可以说，经营者在交易中的竞争不仅是经济实力和技术水平的竞争，而且也是经营者之间法律素养、道德人格与理性决策能力水平的竞争。因此，当企业的生产经营决策者不能通过提高产品的生产效率或降低生产成本等正当途径获取与其他市场主体公平竞争的资质时，应当保持理性的道德自觉，遏制投机取巧的欲望和行为。

第四节　合法合规与公序良俗

　　市场交易的伦理原则，可以归类为内在道德和外在道德。市场交易的内在道德是市场经济规律与秩序内蕴的一种客观的道德要求，亦称普遍伦理原则；市场交易的外在道德是在国家和民族的意义上，由于不同的国家和民族会根据自己的文化和社会制度等特性而提出相关道德要求，亦称特殊伦理原则。前述的自由责任伦理原则、诚实信用伦理原则、平等公平伦理原则是市场交易的内在道德，而合法合规与公序良俗伦理原则是市场交易的外在道

---

① 姚大志：《公平与契约主义》，《哲学动态》2017 年第 5 期。

德。我国《民法典》第八条规定："民事主体从事民事活动，不得违反法律，不得违背公序良俗。"

一、合法合规

合法合规是市场经济法治性对参与交易的市场主体确立的道德原则。法律作为一种重要的社会行为规范是伴随社会生产力的发展而不断演进、发展、完善的，进入市场经济社会，交易的法治化特征进一步凸显。虽然法律作为维护社会秩序的普遍行为规则，在自然经济社会和计划经济时代都有，但只有市场经济在本质上要求法治化。"社会主义市场经济本质上是法治经济。使市场在资源配置中起决定性作用和更好发挥政府作用，必须以保护产权、维护契约、统一市场、平等交换、公平竞争、有效监管为基本导向，完善社会主义市场经济法律制度。"[①]

市场主体的平等地位需要法律确认和保障。企业自主经营、自负盈亏是市场经济自主性的体现，但市场经济自主性的前提条件，是市场主体要获得自主经营的合法性，即法律承认生产资料归不同的经济主体所有，且各个经济主体拥有对其合法财富的支配权、使用权和处置权，可以按照市场经济规律进行生产与经营，不受任何权力或其他势力的左右。法律对所有市场主体地位的独立性和平等性的确认和保障，是市场机制发挥作用的前提。我国《民法典》第四条规定："民事主体在民事活动中的法律地位一律平等。"

市场主体的利益需要法律规范与保障。在市场经济社会，商品交换具有普遍性、频繁性和快捷性等，市场交换形成的利益关系以及引发的利益冲突或矛盾，不仅类型多样，而且更加复杂与尖锐，需要在原有的风俗习惯、道德、政府权力等协调的同时，发挥好法律规范的调节作用。也就是说，市场经济的自由性和利益性，需要法律对交易行为进行规范，减少或避免市场主

---

① 《中共中央关于全面推进依法治国若干重大问题的决定》（2014年）。

体不择手段的牟利行为，并保护市场主体的合法利益不受侵犯，以维护市场经济的合理秩序。《中共中央关于全面深化改革若干重大问题的决定》指出："公有制经济财产权不可侵犯，非公有制经济财产权同样不可侵犯。"一方面，企业在生产经营过程中，不能损害国家和社会利益，具有公益精神；另一方面，企业通过正当手段获得的利益，同样不容侵犯。我国《民法典》规定："民事主体的人身权利、财产权利以及其他合法权益受法律保护，任何组织或者个人不得侵犯。"《中共中央关于全面推进依法治国若干重大问题的决定》进一步明确提出："健全以公平为核心原则的产权保护制度，加强对各种所有制经济组织和自然人财产权的保护，清理有违公平的法律法规条款。……国家保护企业以法人财产权依法自主经营、自负盈亏，企业有权拒绝任何组织和个人无法律依据的要求。"

政府与市场关系的边界需要法律厘清。市场经济不同于计划经济的显著特征，是在社会资源配置中发挥市场的决定性作用，与此同时发挥好政府的宏观调控作用。在市场经济条件下，政府的权力受到法律规范与约束，政府对市场主要是通过建立经济参数、运用法治等手段进行宏观调控以及监管。因此，政府与市场的边界需要法律厘清，以避免权钱交易。

合法合规伦理原则要求市场主体在参与或实施交易行为中，要遵守国家相关法律、法规、行规以及企业内部的相关行为规范。市场主体在交易过程中，要具有法治观念，遵守法律，不触碰底线，守法经营。企业有经营自主权，但企业自主经营是有规制的，需要遵守相关法律进行交易。企业守法既包括遵守《中华人民共和国宪法》，也包括遵守相关的具体法律，如《刑法》《民法典》《公司法》《反不正当竞争法》《消费者权益保护法》《食品安全法》等。我国实行的是社会主义市场经济，合法合规作为从事生产、经营活动的企业在参与市场交易中所遵循的伦理原则，尤其强调对我国《宪法》基本原则与精神的遵循。《宪法》作为国家的根本法，是治国安邦的总章程，适用于所有社会组织和公民。不仅政府在管理社会事务中要率先遵守《宪法》规定，而且企业在经营活动中也要遵守《宪法》。《中华人民共和国宪法》规定："各企业事业组织，都必须以宪法为根本的活动准则，并且负有维护宪法尊严、保证宪法实施的职责。"这表明，任何企业的经营活动都不能违背我国的《宪法》要求。我国《宪法》明确规定："禁止任何组织或者个人用任何手段侵占或者破坏国家的和集体的财产。"企业按时向国家足额缴费，不偷税漏税则成为企业基本的法律义务。也就是说，企业向税务部门如实上报企业的营业性收入，不做假账；企业在享受国家出台的税收优惠政策时，如实填报进出口交易对象的名称、品类、价格与数量，不通过弄虚作假手段骗取税收优惠，少缴纳关税，损失公共财产；企业在与政府部门打交道时，不行贿获取非正当利益；企业生产按照国家环保标准，不污染和破坏环境。企业要"把追求企业经济效益与实现社会效益结合起来，诚实经营、公平竞争，走敬业、诚信、守法的发展道路"[①]。

守法经营不仅是对本国法律法规的遵守，也包括对一些重要的国际交易规则的遵守。伴随经济的全球化，我国对外贸易蓬勃发展，许多企业的产品不仅在国内销售，而且也在世界上其他国家和地区进行销售。对于那些具有国际营销能力的企业，在交易中既要遵守我国的相关法律，同时也要遵守贸易伙伴国的相关法律以及国际贸易通行的规定等。由于法律往往是根据本国历史传统、文化习俗、利益关系等特有国情因素所制定的，所以，世界各国交易方面的法律法规既有共性也有个性。习近平指出："在涉外交往中，要尊重其他国家和地区的法律法规及生活习俗，恪守信约，履行诺言，使诚信成为我们走向世界的'通行证'。"[②]

守法经营的道德要求，如果从交易主体的道德境界或觉悟程度来看，还可以分为底线的或基本的合法道德原则与较高层面的合法道德原则。法律法规的规范要求是明确具体的，有守法与违法两种不同的结果，但如果从道德要求来看，在守法中，还可以区分为被动守法与主动守法。交易主体都想追

---

① 习近平：《抓住机遇 乘势而上 推动我省民营经济发展实现新飞跃》，《浙江日报》2004年2月23日。

② 习近平：《与时俱进的浙江精神》，《哲学研究》2006年第4期。

求利益最大化，但在行为方式的选择中，会有多种动机的存在。在法律健全、违法必究的法律逻辑在现实生活中通行的情况下，一些交易主体虽受利益驱动，但在法律风险与收益的权衡中，"理性"会使他们做出"明智"的守法选择。这种只是出于利益得失考虑的守法行为，是交易主体为利益所迫的不得已选择。这种交易行为只是从行为结果上合乎法律法规。另一种守法交易行为，是一种出于道德的自愿自觉合法合规行为。交易主体内心具有法律意识和法治精神，在交易活动中能够自觉按照法律法规的要求去做，即使在巨大的利益诱惑面前，也能够坚守法律法规的要求，不僭越法律牟取不义之财。质言之，一些企业具有与市场交易的法治理念、法治精神、法治思维相匹配的道德情操、道德品行。

企业在自主经营中不仅要遵守法律，而且也要遵守行规。任何企业都是某一行业的经营者，他们除了遵守国家层面的法律法规外，也要遵守所在行业明文制定的规则、规定、条例以及确定的行业标准。社会化大分工形成了不同的行业类型，不同的行业其产品或服务有不同的规定要求以及标准。因此，任何企业在遵守法律的同时，也必须遵守所在行业的相关规定要求以及产品质量标准。尤其是在产品说明书中，不仅要实事求是地标明产品成分，不能弄虚作假，而且还要明示合乎产品的质量标准等级，不能误导消费者。许多行业协会推崇"义利统一"的获利观，并将其体现在行业协会章程中。以浙商总会为例，该协会确立了"义利并举，商行天下"的核心理念，会员企业在参与市场交易中，以义谋利。浙商总会会长马云提出了著名的"四不"规则，即"不行贿、不欠薪、不逃税、不侵权"，为浙商会员企业确定了行为规范。

二、公序良俗

除法律法规外，在社会经济活动中，公共秩序和良善习俗也会潜移默化地影响市场主体的交易行为，为此，市场交易主体在经济活动中，除了要遵守合法合规伦理原则外，也要遵守公序良俗的伦理原则。

公序良俗由公序和良俗构成。"公序良俗即公共秩序与善良风俗的简称，是现代民法至高无上的基本原则。"[①]通俗地讲，"公序"即公共秩序，它的重要特征是基于国家、社会的一般利益而形成的良好秩序；"良俗"即善良习俗，既非个人的道德观念，也非某一阶级或阶层的道德观念，而是指社会成员公认的一般道德观念，是一种具有普遍共识性的道德观念和行为规范。"善良风俗，应就整个民族之意志决定之，初不能囿于某一特殊情形也。"[②]上述分析表明，"公序良俗原则主要适用于维护国家和公共利益的情形"[③]。

按照性质和成因的不同，公序可以具体划分为强制约束性公共秩序与软约束性公共秩序。前者是通过法律、行政力量等硬约束形成的公共秩序，破坏这类公序就会受到相应的处罚。软约束的公共秩序则是指由一个国家的历史文化、伦理纲常、风俗习惯等形成的具有自律性质的社会公共秩序。良俗是习俗的一个子类别。相较于恶俗，良俗具有两个重要特征，即合乎人类社会发展进步的一般规律、有助于促进社会文明进步和良好秩序的形成。

公序良俗作为民法的重要原则是近代社会新出现的产物。"1804 年法国在制定民法典时，首次使用了公共秩序和善良风俗的概念。公共秩序和善良风俗，简称为公序良俗，是近代以来世界各国民法中的一项重要原则。"[④]在近代社会以前，我国虽无现代意义上的公序良俗，但在我国传统社会"德主刑辅"的治理模式中，伦理纲常与礼俗发挥着重要作用，律法通过刑罚对违反社会伦理准则的行为进行严厉惩罚，在很大程度上维护了公共秩序和良善道德。"公序良俗是人类基于自然理性而产生的一种法律原则，清末制定《大清民律草案》时，中国首次引入了公序良俗的概念。"[⑤]中华人民共和国

---

① 杨德群、欧福永：《"公序良俗"概念解析》，《求索》2013 年第 11 期。

② 梅仲协：《民法要义》，中国政法大学出版社 2004 年版，第 119 页。

③ 王利明：《论公序良俗原则与诚实信用原则的界分》，《江汉论坛》2019 年第 3 期。

④ 郑显文：《公序良俗原则在中国近代民法转型中的价值》，《法学》2017 年第 11 期。

⑤ 郑显文：《公序良俗原则在中国近代民法转型中的价值》，《法学》2017 年第 11 期。

成立后，公序良俗先后被引入《民法总则》和《民法典》中。

公序良俗是社会经济运行的重要调节器，它"作为私法自治的界限，承担着维护社会公共利益和基本道德的重要功能"[①]。市场经济的利益关系及其矛盾主要靠法律进行规范与协调，但法律的协调力是有局限性的。一方面，法律对市场经济利益关系的规范与调节，主要是那些具有普遍性且重要的利益关系行为，以至某些利益关系无法成为法律调节的对象。另一方面，法律制定和修改都具有滞后性。法律是对现实利益关系的规范与调节，常常是利益矛盾已形成并危害社会经济发展秩序，法律才通过相关程序进行立法，同样，法律的修改也需要通过一定的法律程序才能完成。因此，法律调节具有一定的局限性，即一些利益矛盾无法通过法律进行协调，只能靠长期形成的公序良俗进行规范与调节。为此，我国《民法典》第十条规定："处理民事纠纷，应当依照法律；法律没有规定的，可以适用习惯，但是不得违背公序良俗。"可以说，公序良俗原则在一定程度上，弥补了法律在民事纠纷方面的"空缺结构"。"公序良俗原则在交易关系中，主要起到的是防止交易损害国家和公共利益的把关作用。"[②]

公序良俗是契约有效性的重要依据之一。市场交易具有鲜明的契约特征。市场主体通过订立包含双方对等权利与义务及其形成的产权关系、权利关系、责任关系完成交易。这一过程中，一旦契约中包含了与公序良俗相抵触的条款，契约往往缺乏合法性。"法律行为的原因、内容、条件、负担以及当事人的动机等因素违反公序良俗时，不仅各自的表现样态存在区别，对法律行为无效性的影响也不相同。法律行为的原因或内容违反公序良俗的，法律行为全部或部分无效。停止条件违反公序良俗的，法律行为全部无效；解除条件违反公序良俗的，原则上仅解除条件无效。慷慨行为中的负担违反公序良俗的，仅负担本身无效。多方法律行为当事人的共同动机或者单方法

① 杨华：《马克思主义视域下的"公序良俗"及其时代性》，《现代法学》2018 年第 4 期。
② 王利明：《论公序良俗原则与诚实信用原则的界分》，《江汉论坛》2019 年第 3 期。

律行为当事人的动机违反公序良俗的，法律行为全部无效。"[1] 就是说，市场交易的契约、合同、协议等，既要合乎现有法律规定，也不能与公序良俗相背离，否则就会失去契约的法律效力。

总之，公序良俗原则维护的是人类社会生活的底线道德，是对交易行为最基本的道德要求。"在民法诸原则中，公序良俗的特殊性在于：它针对的是社会的底线道德，即维系社会的最低行为要求，也是任何人基于其生活经验都具有的对他人行为的最低期待。"[2] 另外，公序良俗对市场交易行为的规范与调节，超越了法律规范的"构成要件＋法律效果"的模式。在一定程度上，它具有弥补法律规定不全、限制私法自治的功能。事实上，唯有交易活动既合法合规，不损害公共利益和他人利益，又合乎公序良俗，不挑战人类的道德底线，交易才具有合法性和道德性，进而才会形成良好的市场经济秩序。

---

[1] 戴梦勇：《法律行为与公序良俗》，《法学家》2020 年第 1 期。

[2] 谢鸿飞：《公序良俗原则的功能及其展开》，《探索与争鸣》2020 年第 5 期。

第五章 增强个体、企业和政府的道德责任

新制度经济学的制度变迁理论认为，影响经济增长、促进经济发展的因素，不只是技术革新，而且也有制度创新和制度变迁。他们的著名命题是：制度是影响经济秩序与效益的重要因素。"制度对经济绩效的影响是不可置疑的。不同经济的长期绩效差异从根本上受制度演化方式的影响。"[1] 在制度经济学理论中，制度不仅包括法律等正式制度，也包括道德、惯例等非正式制度。"制度是一个社会的博弈规则，或者更规范地说，它们是一些人为设计的、型塑人们互动关系的约束。"[2] 这表明，交易伦理的建设需要强化交易活动多元主体的道德责任，培养他们的道德自律精神，提升他们的道德素养。

第一节 强化交易个体的道德责任

交易的主体是多元的，既有作为消费者的个体和社会组织（包括政府），

---

① 〔美〕道格拉斯·C.诺思：《制度、制度变迁与经济绩效》，杭行译，韦森译审，格致出版社、上海三联书店、上海人民出版社 2014 年版，第 3 页。

② 〔美〕道格拉斯·C.诺思：《制度、制度变迁与经济绩效》，杭行译，韦森译审，格致出版社、上海三联书店、上海人民出版社 2014 年版，第 3 页。

也有作为生产和销售的经济组织企业。交易主体无论是社会组织还是企业，交易活动都是由具体的人操作的。所以，在一定意义上可以说，个体的道德责任对于交易伦理建设是基础和内在保障。"道德又要内化为个体德性，通过个体的价值内化，从个体主体的角度，以自律的方式要求个体本身做出与别人期望相一致的行动，抑制机会主义、'搭便车'等现象的产生，降低交易费用。"①

一、提升公民的契约精神：契约伦理的视域

诺贝尔经济学奖得主奥利弗·哈特（Oliver Hart）等人创立的"不完备契约理论"认为，由于人的有限理性和信息的不完全性，以及交易事项的不确定性，使得拟定权责明晰的完全契约是不可能的，而不完全契约反而是社会实际生活的常态。也就是说，参与交易的立约人不能事先预想到全部实际交易运行过程中的所有情形，也不可能囊括所有责任要求，并对所有违约情形都形成有效的制约机制，所以，现实生活中的实际交易活动更多是通过不完全契约完成的。交易中的不完全契约表明，对于那些没有事前约定的利益分配或责任分担等诸问题的顺利解决，在很大程度上，还需要依靠交易双方的契约精神和具有一定共识的彼此共守的道德价值观念和准则。"对于人们的'机会主义行为'，单靠正式约束也不能有效防止。"②

强化交易个体道德责任是一项系统工程，需要打好道德基础，使人们具有最基本的道德意识和行为，所以，在契约论视域下，提升人们的契约精神至关重要。

契约（contract）源于拉丁文 contractus。拉丁文的 contractu 本义是交易，指不同交易主体间立约的自由性、合意性，即人们具有"选择缔约方的

---

① 卢德之：《交易伦理论》，商务印书馆 2007 年版，第 89 页。
② 卢德之：《交易伦理论》，商务印书馆 2007 年版，第 33 页。

自由、决定缔约内容的自由和选择缔约方式的自由"①。契约的自由特性内蕴
了交易双方自我立法、自我守约的契约精神。在经济领域，契约精神是尊重
交易中缔结的口头或明文的约定条件及其规则要求，是一种自由、平等、守
信、救济的精神。

契约的自由精神是指，人们在缔结契约中，要具有自由权。契约精神所
体现的自由是建立在具有经济支配性和独立性基础上的，是对缔约方主体性
的肯定和自我价值的认可，而不是一种伪善性的、形式上的自由。它表明，
交易双方都具有自主的决策权，能够在协议过程中表达自由意志，自我做主
进行判断和决定，体现交易主体的独立性与自主性。也就是说，交易主体独
立地决定是否缔约，决定具体缔约的事宜（缔约方、缔约标的、缔约方式），
且主体的选择与决定只要处于社会制度的合理行为框架内，缔约主体的行为
能够独立完成，而无须受到其他个人或社会组织的偏好或内部运行机制与组
织关系的影响。因此，契约所规定的权利—义务关系是交易主体自主、自
愿、自由订立的，而不受任何外在因素的胁迫。

契约的平等精神是指人们在缔结契约中具有平等权。契约是具有交易意
向的主体之间的一种双方或多方的协商约定，它不是单方面强加或胁迫的霸
王条款，而是各方在自主基础上的一种平等协商的结果。它表明，订立契约
的主体是相互独立且平等的主体间的自主选择行为，主体之间不存在辖属关
系或隶属关系。契约的平等精神具体包括四层含义：一是契约主体的法权平
等性。缔约主体在法律面前具有平等性，彼此之间权利与义务对等且互补，
因此，任何一方都不具有超出契约规定权利的特权，不能只享受权利而不履
行义务。二是缔约主体的违约同罚性。不论缔约方在经济收入和社会地位方
面存在何种差异，缔约方的权利同等地受到法律保护，任何一方违背契约，
都会受到相应的制裁，概无例外。三是缔约主体经济实力的非干扰性。市场
交易中，不同缔约主体在未被法定程序依法剥夺权利的情况下，只要具备法

---

① 党秀云：《公民社会的精神与时代意义》，《中国人民大学学报》2008 年第 2 期。

律所规定的缔约主体资质认证要件都有权平等地参与市场交易行为，且这种平等权利与缔约主体的经济实力无关。因此，市场交易的法治性要求，依法保障全体合法缔约者的缔约权利，反对少数缔约主体凭借自身经济支配的实力人为扰乱公平有序的市场竞争秩序。四是缔约主体的人格互尊性。缔约主体彼此相互尊重，不因经济实力、社会地位、雇佣关系而存在迥异。以企业与员工间的劳动契约为例，雇主与雇员在订立劳动合同前的面试沟通中、订立劳动合同的过程中以及履约过程中，都要相互尊重，不能以强欺弱。

契约的守信精神是指交易双方立约后，具有遵守信约的义务。守信是契约精神的核心，因为只有交易双方积极践履契约的相关规定，契约的目的才能达到，违约失信就是对契约精神的践踏。守信精神要求立约人不仅要具有法治精神，而且还要具有道德自律精神。一方面，契约、合同一经签订，就具有法律效力，立约人要遵法守法，不能违约失信，否则就要受到法律的制裁；另一方面，立约人要具有道德责任感，即使在履约中面临困难，也要排除万难守约，更不能因违约成本低而毁约牟利，见利忘义。它表明，不论在社会交往中是否存在利益的互惠性，人们只要做出承诺，答应了他人的应求，且不违反社会相关法律和制度，都应当竭尽全力确保承诺的践履，善始善终。守信的坚定性和一贯性是良好信任关系形成的关键。

契约的救济精神是指立约一方利益受损后，具有法律救济权利和意识。交易双方在履行契约过程中，如果一方没有遵守契约的协定，或不按时按质交货，或不按规定兑付货款、服务费等，利益受损的缔约人就可以通过法律程序进行起诉，索赔受损的利益，追回应得的收益，同时，也可以运用社会舆论，对违约失信方进行道德谴责，避免其他社会成员和组织上当受骗。

社会成员的契约精神不是先天就有的，是后天社会教化以及人们自我修养的结果，为此，需要加强家庭、学校以及社会的契约精神的协同培育。

第一，发挥好家长和长辈的信约道德示范作用。社会成员的契约精神，需要从小培养。瑞士儿童心理学家皮亚杰认为，儿童的道德发展分为道德他律和道德自律两个阶段。在道德他律阶段，表现为儿童尊重父母和成人的权威以及尊重父母权威所给出的规则；在道德自律阶段，他们就会认识到，行为规则是由人们基于交往的合作需要而创造出来的，这些规则也是会变化的，并且这些规则不是人们自身之外被强加的东西，而是大家交往需要自觉遵守的。美国心理学家柯尔伯格（Kohlberg）把人的道德发展划分为三个水平、六个阶段。[①] 道德心理学研究成果表明，社会成员的道德发展是一个由他律到自律的过程。对于少年儿童的道德发展而言，他们最初接受的道德规范往往是其父母及其师长向他们提出的道德要求，并深受其父母和他们身边长辈道德行为示范的影响。可以说，家庭的道德熏染对于少年儿童的道德认知及其行为的影响至关重要。因为少年儿童思维的特征是感性和形象，因此，少年儿童最初对道德的理解，往往是看和模仿他们身边人的行为。父母是孩子的第一任老师。父母对孩子提出的道德要求以及自身的行为，对少年儿童的道德成长的作用不言而喻。为此，对于培养少年儿童的契约精神，需要注重家庭伦理教育。

父母对孩子的承诺要适度。由于少年儿童易受感性欲望的驱动，会向家长提出各种要求。面对孩子提出的各项要求，家长不要随意许诺，需要从树立孩子正确社会价值观的角度进行考虑，并顾及家庭客观条件的允许范围，只有对那些合理的要求才给予承诺，切忌那种只养不教的是非不分、善恶不辨、美丑不论的惯纵性承诺。父母对子女所做出的允诺，应当遵循理性合理的原则。就是说，父母对孩子的要求不能做出能力限度之外的允诺。父母一旦经常说谎或说话不算数，就会使孩子从小蔑视信约的权威性，产生信约可以随意践踏的错误认识。所以，家长对孩子的要求，是有选择性的承诺，使孩子们在生活中感受到行为的禁止线，体会到承诺的谨慎性。

[①] 1. 前道德水平：第一阶段是服从与惩罚的道德定向阶段；第二阶段是朴素的工具快乐主义道德定向阶段。2. 服从习俗角色的道德水平：第三阶段是维持良好关系、受他人赞扬的好孩子的道德定向阶段；第四阶段是遵从权威与维护社会秩序的道德定向阶段。3. 自我认可的道德原则的道德水平：第五阶段是契约的、个人权利的和民主地接受法律的道德定向阶段；第六阶段是个人良心原则的道德定向阶段。

父母对孩子的承诺要积极践行。父母对孩子的要求一旦量力承诺后，就是一种"绝对命令"，无论如何都要及时给予满足，不能把承诺当成哄孩子的手段，更不能找理由毁诺，最好也不要在对少年儿童提出他们应该做的正当要求中，附加一定的经济奖励，即以经济利益为诱饵向孩子提出本该他们应该做的事情。一些家长在向孩子提出正当行为要求时，往往会附加某种经济奖励的允诺，如果他们完成了相应的任务就给予一定的物质奖励。这里需要注意两方面的问题：一是如果是孩子本该做的事情，是不应该以经济奖励为条件的，否则，孩子们的价值观会出现混乱，产生以利益索取为指向的行为类型；二是如果孩子没有完成当初他的承诺，相关的奖励就要取消，以便让他体会承诺的严肃性。不能因孩子吵闹或长辈的宠溺而破坏承诺规则，要从小树立他们对信约精神的敬畏，锻炼有诺必行的行为意志和品质。可见，承诺的谨慎性与践行性是统一的，谨慎承诺往往在力所能及范围内，易于实现诺言。父母对孩子承诺的信守，有利于培养孩子的契约精神。

父母要言行一致。家庭生活是孩子道德体验的第一场域。父母之间通过商议确定的事情或原则，父母要率先遵守，对孩子提出的道德要求，父母需要以身作则。唯有如此，家庭生活中散发的契约精神，才会对孩子的道德发展产生正向熏染作用，达到道德润物细无声的效果。另外，父母不能实行双层道德标准，一方面要求孩子对自己诚实信用，另一方面允许孩子对外面的人，为了某种利益或其他需求而说谎失信。所以，父母在日常生活中的为人处世所表现出的契约精神，为孩子树立的道德榜样，会强化少年儿童对"言而有信"契约精神的理解、认同和践行。

家长信用消费及时缴费。父母信约精神的垂范性，也体现在私人生活中的公共服务费用及其信用卡消费等方面的按时缴费、不拖欠的良好行为习惯。公共服务主要涉及水、电、燃气、供暖等方面的费用，它们是维系家庭生活的基本物质保障，所以，父母要在规定的时间内足额兑付规定的相关费用。家长日常的信用消费及其及时缴费行为，是少年儿童感受和认知社会契约精神的重要窗口。

第二，加强大中小一体化的诚信道德教育。社会成员从自然人到社会人的发展，需要"道德社会化"。"道德伦理的社会化是人接受社会通行的道德伦理规范，并将其内化为个人价值评判准则和行为准则的过程。"① 社会成员"道德社会化"的实现，除了家庭伦理教育外，就是学校的不同阶段的系统道德教育。"如果说人的生命是通过生命信息传递、遗传基因控制、代代接育过来……那么，人的社会行为、思想意识、知识技能却不是遗传获得的"，而是"通过教育这样一种信息传递和控制反馈的过程，即通过后天的传授和学习形成的"②。体现契约精神的诚信道德教育，贯穿于我国大中小学不同阶段的课程及其相关的管理制度中。培养青少年的契约精神，需要进一步加强大中小学相衔接的一体化的诚信道德教育。总体上，需要针对不同学段学生的思维特点及其道德接受能力，在内容和方式上施以更有针对性的培育。

强化诚信正当性与规范性相统一的诚信教育。目前，在小学和初中的思想品德课程的教材中，都有专门的诚信章节设置。③ 在高中的《思想政治》和大学的《思想道德修养与法律基础》教材中，虽然没有专门的章节设置，但体现契约精神的诚信文化融在了相关章节中。从教材诚信教育内容上看，无论是中小学还是大学，多偏重诚信的规范教育，对于诚信道德正当性的说理性教育不够。人是认理的社会存在者，只有把"理"讲清，人们才易于践行。因为，"人不仅是一种事实性的存在，而且是一种价值性的存在"④。也就是说，人作为有理性、有意识、有思想的生命体，其行为受思想支配，人们的行为选择往往会追问行为的价值理由，即行为的正当性。作为道德行为者而言，人们更会追问道德原则的合法性和遵守道德原则的正当性。"当我们

---

① 阎力：《当代社会心理学》，华东师范大学出版社 2009 年版，第 31 页。

② 李万忍、林启俭：《科学技术与精神文明》，陕西人民教育出版社 1988 年版，第 61—62 页。

③ 小学《思想品德》（五年级上册）第一单元"让诚信伴随着我"；初中《思想品德》（八年级上册）第十课"诚信做人到永远"；在大学的《思想道德修养与法律基础》中，相关章节有所涉及，但没有专门的章节。

④ 吴松：《大学正义》，人民出版社 2006 年版，第 2 页。

说一个行为具有道德价值时，我们意在指出（至少来说），这个行为者在合义务的行动时是出于对他的行为的道德正当性的关切。"① 显然，对青少年学生进行诚信道德教育，不能仅讲诚信的规范要求，告诉他们如何去做，更要讲清诚信道德原则的正当性，告诉他们为什么应该这样去做，即诚信为什么是人们应该遵守的道德原则，为什么诚实守信是人应该做的行为。对于诚信道德原则的价值理由，不要单纯从违背诚信道德原则受到惩罚的功利主义角度讲，这只是人们遵守诚信的外在驱动力，还要从人"应该如此做"的天道义理角度来讲，强化人们遵守诚信的内在驱动力，进而增强学生对诚信道德原则的契约精神的内心认同。

融入学生生活的诚信感知教育。人们的道德观念和品德的形成，始于道德感知。在哲学认识论层面，人们的认识包括感性认识和理性认识。由感觉、知觉、表现、想象等形成的感性认识，是理性认识的基础和前提。"人的道德认识首先起源于人的道德感知。道德感知是人们对所处的道德关系、规范要求、道德实例现象等道德客体的直接感受和印象。"② 其实，无论是对哪个学段的学生而言，都要避免诚信道德教育的抽象性和空洞性，要根据不同年龄阶段学生的道德接受能力，把诚信的价值理由和规范要求融入他们熟知的感性直观事物或行为中，把诚信原则、契约精神融入他们的实际生活中，使他们在生活实践中理解和把握。尤其是对于那些商科的大学生，除了开设相关的专业课程外，需要开设"商业伦理学"必修课，加强商科学生的道德素养。

注重发挥学校诚信管理制度的隐性教育。体现契约精神的学校诚信教育，不能仅局限在课堂上道德认知的"显性教育"，还有注重契约精神涵育

---

① 〔美〕芭芭拉·赫尔曼：《道德判断的实践》，陈虎平译，东方出版社 2006 年版，第 11 页。
② 王淑芹等：《大学生诚信伦理研究》，人民出版社 2012 年版，第 78 页。

的"隐性教育"①。美国心理学家柯尔伯格认为，隐性课程对道德教育具有重要作用。"我们可以通过开发隐性课程所提供的资料最有效地实现道德教育的目的……因为隐性课程乃是一种真正的道德教育课程，是一种比其他任何正规课程都更有影响的课程。"② 就是说，学生契约精神的培育，需要显性教育与隐性教育同向共振，在注重课堂诚信教育的同时，需要把诚信道德规范要求融入大中小学学生守则、选优评优等各项管理制度中，体现在学生日常学习生活中以及学校各项活动中，如考试诚信、学术诚信、信贷诚信等，强化学生的契约精神。

第三，注重契约精神培育的社会教育。家庭、学校、社会诚信教育协同发力，是培育社会成员契约精神的有效方式。社会诚信教育在广义上，泛指一切对社会成员诚信观念、规约精神和守信行为产生影响的各种因素，既包括道德舆论、公序良俗、文化习俗等的道德引导，也包括对各种违约失信进行制裁的惩罚性教育。为此，需要进一步加强诚信宣传教育、社会舆论价值引导以及法律制裁的惩罚性教育。

社会各界要积极组织以诚信为主题的宣传教育活动。由于人们的活动是有意识的，受其思想和价值观念支配，社会各界要以不同形式组织和开展各种诚信宣传教育活动，以增强社会成员的诚信意识和契约精神。社会组织可以举办诚信系列讲座以及相关部门开展以诚信为主题的活动，如组织"共铸诚信"活动，倡导个体和企业"重信誉、守信用、讲信义"；有关行业或部门开展"百年老店""消费者购物放心店"等活动。社会的宣传教育活动，受众面广，正向引导力强。

运用社会舆论的褒善抑恶作用，弘扬契约精神。社会舆论作为一种群

---

① 作为一个专门术语，"隐性教育"这个概念发端于1968年美国教育社会学家杰克逊（P. W. Jackson）在其专著《班级生活》（*Life in classrooms*）一书中关于学校"潜在课程"（Hidden curriculum）以及1970年美国学者 N.V. 奥渥勒提出的"隐蔽性课程"（hidden curriculum）的思想。

② 郭本禹：《道德认知发展与道德教育——科尔伯格的理论与实践》，福建教育出版社1999年版，第204页。

体意识，往往具有对是非、美丑判断的赞同与反对的态度倾向性以及善恶评价性。在当今的多媒体时代，社会舆论对人们思想和行为越加发挥着重要作用，因此，运用社会舆论对于那些违背契约的失信行为进行谴责，对于那些具有契约精神的个人和企业进行褒奖，是遏制虚假失信投机行为有效方式之一。在信息时代，无论是企业还是个人，都非常在乎他们的名声。俗话说，"人要脸，树要皮"。为此，一些失信企业可能不在乎罚钱，但害怕恶行被曝光，人人皆知，没有脸面。因为他们的信用记录是良信还是恶信，直接关系着个人和企业的生存发展。无论是失信企业还是个人，一旦失信信息被曝光和传散，不仅会成为众矢之的，而且会产生社会排挤力，影响个人的就业和升迁，影响企业的市场销售和信誉。

社会需要实施失信必治的惩罚性教育。在社会诚信教育中，除了做好诚信宣传教育活动以及发挥好社会舆论的褒贬作用外，还需要强化失信必治的惩罚教育。违法必罚是法律逻辑，也是法治权威的彰显。无疑，失信必治是法律逻辑的体现，也是实现"矫正性公正"的社会要求。诚信认知性教育以及舆论善恶褒贬，在某种程度上，都是一种观念上、精神上的影响，是一种软约束。对于那些没有道德良心或者"不要脸面"的失信者，难于发挥作用。为此，对于那些违法的失信者进行严惩，不仅体现社会正义，而且通过行政的、民事的或刑事的惩罚，对他们具有更为直接的教育意义。如法律对于那些违反合同的失信者的法律处罚以及通过社会信用体系的"失信黑名单"的联合惩戒机制，使失信者寸步难行，对失信交易主体起到较好的震慑作用，有利于全体社会成员，特别是交易主体信约精神的培养。

二、培养公民的道德信念：义务论的视域

公民的道德责任，不仅表现为公民具有契约主体性和守约精神，而且也表现为公民要具有道德信念。在交易经济活动中，人们不仅要受经济价值理念的支配，而且也要受道德价值观念和道德信念的影响，因而，交易主体是

否具有道德信念对交易的合道德性至关重要，尤其是在义利冲突的抉择中，道德信念往往发挥着保驾护航的作用。道德信念是人们对某种道德理想、道德原则和规范在内心的确信，笃信不疑，坚定遵守。通俗地讲，道德信念是人们在社会生活中，通过社会道德教化和自身的道德修养，在对社会道德原则与规范正当性及其要求认知的基础上，认同并内化道德规则，确信并信奉道德规则，成为做事做人的信条，进而产生对道德义务的强烈责任感和荣辱感。道德信念不是一种口头的道德表现，而是根植于人们内心深处的一种忠实的信仰，是人们对一定的道德原则和规范的认同、信赖和服膺，是一种稳定的心理状态和行为倾向。康德的义务论对道德规则的推崇，就是强调道德规则的"绝对命令"性。

培养公民道德信念对于构建交易伦理秩序是十分必要的。众所周知，交易是具有鲜明利益性的经济交换行为，交易主体深陷利益旋涡中，在一些巨大利益的诱惑下，尤其是在法律等其他制度不完备的情况下，易于引发交易主体对不正当高额利益的应激反应，产生违背道德规则的交易行为，进而破坏交易伦理秩序。我国当前社会存在较为严重的社会道德问题，凸显了公民道德信念培养的现实必要性。"一些地方、一些领域不同程度存在道德失范现象，拜金主义、享乐主义、极端个人主义仍然比较突出。"[①]事实上，那些"见利忘义、唯利是图、损人利己、损公肥私、造假欺诈、不讲信用"等行为的发生，与公民道德信念的缺乏密切相关。公民道德信念的内容是广泛的，任何一种良好的道德规则都可以成为人们的道德信念，如不伤人的道德原则、诚实守信的道德原则，等等。对于交易伦理而言，义利统一是多种道德原则要求融为一体的集中体现。

维护交易伦理秩序，需要培养公民义利统一的道德信念。"义与利"是中国儒家伦理思想的一对重要范畴。朱熹说："义利之说，乃儒者第一义。"[②]

---

① 《新时代公民道德建设实施纲要》，人民出版社 2019 年版，第 2—3 页。
② 《朱熹集》，郭齐、尹波点校，四川教育出版社 1996 年版，第 1018 页。

儒家在义利观上，主要有三种典型观点，即重利轻义、以义制利、义利统一观。孔子、孟子、董仲舒、程颢、程颐、朱熹等，基本坚持的是重义轻利观。孔子贬低个人利益。"君子喻于义，小人喻于利。"[①]孟子完全排斥个人利益。孟子对梁惠王说："王何必曰利，亦有仁义而已矣。"[②]董仲舒认为，行为是否道德，在于是否符合"道"和"义"，而不在于是否得到"功"和"利"。即做事情只需考虑是否出于义、是否正当合理，行为评价只需看是否合义而不论利益得失。"夫仁人者，正其谊不谋其利，明其道不计其功。"[③]宋代的朱熹严辨"义利、理欲"。在朱熹看来，义就是按照天理要求去做，节制自己的情欲。正确的行为方针和价值取向是为"义"而为。荀子、张载等人主张"以义制利"。他们都以义为重，但不绝对排斥利，主张先义而后利。陈亮、叶适、颜元等人主张"义利统一"观。他们认为若无功利，道义便是虚语。在市场经济社会，交易就是互惠互利的经济活动，离开利益，则无交易活动可言。因此，在交易经济活动中，无论是在动机或行为后果中，都不能完全排除交易的获利性，问题的关键和实质在于，交易所获之利要以遵法守德为前提，即合乎法律和道德要求。市场经济既是法治经济又是道德经济，它要求市场主体在交易经济活动中，要在法律规定范围内和道德要求框架下追求利益。公民无论是作为企业的经营决策主管人员、一般的营销人员还是作为一般的消费者，都要具有义利统一的道德信念，不能为了一己私利而侵害他人和社会组织的利益。在现实生活中，企业经营者们往往有两种义利观：一种观点认为，任何交易不论其是否合乎道义，只要能够给企业带来高额的收益或给个人带来丰厚的利益，就应以最快捷的结算方式完成一笔交易，而无须顾及经济之外的其他因素；另一种观点认为，任何交易必须首先考虑是否合乎道德规则，一切昧良心的交易，即使交易金额巨大，佣金丰厚，也不能做。持前一种观点的人，因缺乏义利统一的道德信念，往往在交

---

① 杨伯峻译注：《论语译注》，中华书局 2009 年版，第 38 页。

② 杨伯峻译注：《孟子译注》，中华书局 1988 年版，第 1 页。

③ 〔汉〕班固撰：《汉书》第 56 卷，中华书局 1964 年版，第 2524 页。

易中因禁不住利益诱惑而做出违法背德的行为；持后一种观点的人，由于有坚定的道德信念，内心有杆秤，有良心的行为前的审查、行为中的监督和行为后的判断，在利益面前能够秉持公义而不为个人私利所动摇。对于一般的消费者而言，具有义利统一的道德信念也是十分必要的。经营者提供的商品或服务质量不存在问题，消费者就要按价付款，不能找理由拖欠商家货款，或吹毛求疵，无理取闹地要求退货。毋庸多论，道德信念对交易活动的方向和性质具有主导性。

公民义利统一道德信念的培育，是一项长期性、系统性和统筹性的工程。除了前述所言的家庭、学校、社会道德教化外，还需要具有一定的社会支持系统的生活教育。在企业内部的奖罚制度中，要体现义利统一思想，鼓励与奖励取财有道的行为类型，惩罚发财靠乱来的做法；在企业入职培训、绩效考核、岗位升迁中，除对岗位专业素质和工作业务素质的要求和提升外，还要树立正确的义利价值导向，着力提升员工的商业伦理道德价值观。在行业评优中，行业协会要有明确的社会导向，把社会主义核心价值观要求贯彻到企业评价体系中，推崇那些以义导利的企业，表扬和称赞那些具有国家大局意识、民族大义精神的企业，谴责那些不顾民族利益和国家形象，利益至上、发国难财的企业。在国家的法律制裁体系中，要及时并严厉惩治那些践踏法律而牟利的行为类型；同时，对特定工种要建立资格审查制度，对于那些违背国家法律具有不良信用记录的人员，运用不良职业信息的传散性，剥夺其进入相关职业的资格，实行行业排挤。

三、塑造公民的道德人格：美德论的视域

道德人格（moral personality）是道德心理学中的一个重要概念。它关注个体道德心理与道德行为的关系。道德人格是基于道德认同而形成的知行合一的稳定的道德品德。道德人格的显著特征，是把道德要求内化为内心信念并形成了良好的道德习惯，所以，道德表现具有一贯性和稳定性，体现的是

一个人的道德水准和道德素养。

　　道德人格在德性论视域中，亦称德性。美国现代美德伦理学家麦金太尔认为，纵观人类社会的道德发展史，可以归类为三种德性观：第一种是荷马时代的德性，即人们具有承担他的社会角色的良好品行；第二种是亚里士多德和《新约》的德性，即人们具有实现其特有目的的品质；第三种是富兰克林的德性观，即有助于获得尘世和天堂成功方面的品质。①无论是何种德性观，它们都表明，作为社会人，具有道德人格是必要的和重要的，是人们完成社会职责所必需的，甚至是人们达到卓越的前提和基础。有德之人，因具有坚强的道德意志，其能够完成或做到不具有此品德之人的事情而卓尔不群。

　　从古至今，虽然交易形式已发生了重大变化，从物物交换到以货币为媒介的交换乃至今天通行的各种信用交易等，但有一个交换或交易影响条件没有变，那就是人品在交易对象选择中的重要作用。虽说人品在交易对象选择中，在不同的社会以及具体交易情境中的作用程度会有或多或少的变化，但不能否认人品对交易对象选择以及交易秩序的影响。因此，在当代市场经济社会的道德建设中，交易伦理秩序的形成需要重视道德人格的培养。

　　公民道德人格的塑造是新时代构建市场经济交易伦理秩序的需要。多数公民具有良好的道德人格，在交易活动中，就会自觉遵守相关的法律规定和道德要求，在很大程度上就会减少交易中不道德行为的发生。因为道德人格所内蕴的道德自律精神和道德坚守性，是抑制投机钻营牟利欲望和行为的内在控制力，它能够避免人们被不正当利益诱惑而失德。道德人格的形成和培育不是一蹴而就的，是多种因素共同作用的结果。

　　"道德应得"的社会正强化有利于道德人格的形成。人们道德品德的形成既与道德规则本身的正当性相关，也与社会对"道德应得"的正强化相关。只有人们认为道德规则是合理的，是值得遵守的好规则，即被人们认为是"理所当然"正确的道德规则，人们才易于接受认同和践行。"道德应得"

---

① 龚群：《现代伦理学》，中国人民大学出版社 2010 年版，第 326 页。

体现的是社会公正，要求社会对好人善事要给予褒奖，对坏人恶事要给予谴责，善恶分明，社会具有良好的道德风气。社会对好人尊重，并给予相应的物质和精神奖励，形成善有善报、德福一致的道德逻辑，其传播的道德能量对社会成员的道德欲望和追求有正强化作用，既增强了好人继续做好事的行为动力，也激发了其他社会成员追求道德的欲望。同样，社会对坏人及时给予谴责、贬斥，形成众矢之的的舆论氛围，不仅会打击坏人的嚣张气焰，而且会威慑其他社会成员，警示人们不要学坏。"道德应得"在商业活动中，表现为具有道德人格的交易主体不仅因守德获利，还在生意场中得到他人的尊重与青睐。交易前的市场信息搜索，不仅包括所需商品质量、价格等信息，而且也包括交易对象的信用、信誉信息。经济实力是生意成交的基础，但人品好坏也是成交与否的影响因素。人们往往愿意与为人正派、诚实守信的正人君子打交道，而不愿意与投机欺骗的小人打交道。具有道德人格的交易主体，不仅在市场竞争中因其具有道德优势而获利，而且因其德性而配享的社会褒奖所累积的荣誉，会为其带来更长远的更大利益。"德性作为这些人的品质将有其位置：具有德性和德性的实践一般使人在这一进程中走向成功，同样，作为恶的品质使人走向失败。"①

第二节　强化企业社会责任

企业社会责任（Corporate Social Responsibility，简称 CSR）是经济学、法学与伦理学共同关注与研究的社会问题之一。"企业社会责任"这一概念并不是企业一产生就有的，人们最初并未意识到企业也可以作为社会责任的主体。20 世纪 20 年代，克拉克（Clark）在《改变中的经济责任的基础》一

---

① 〔美〕A. 麦金太尔：《德性之后》，龚群、戴扬毅译，中国社会科学出版社 1995 年版，第 181 页。

文中指出："大家对于社会责任的概念已经相当熟悉，不需要到了 1916 年还来重新讨论，但是迄今，大家并没有认识到社会责任中有很大一部分是企业的责任。"[①] 随后，美国学者谢尔顿于 1924 年在《管理哲学》(*The Philosophy Management*) 杂志上发表论文，明确提出了"公司社会责任"(Corporate Social Responsibility) 的概念。20 世纪 30 年代以后，围绕企业是否具有社会责任以及企业应当承担或履行哪些社会责任的问题，学者们展开了激烈的论辩，逐渐形成了企业社会责任的一元论与多元论。

企业社会责任的一元论者主张，赚钱盈利是企业唯一的社会责任。这种观点的主要代表人物有法学家伯利、经济学家弗里德曼和哈耶克等人。伯利认为，公司管理者在企业经营与决策中，要把股东的利益置于至高无上的地位。弗里德曼指出："企业的使命就是在盈利的情况下提供商品和服务，并且通过这样做，企业为社会做的贡献最大，事实上，是在对社会负责。"[②] 在弗里德曼看来，企业积极从事生产与服务活动，积极获取利润，保障股东的权益，就是企业对社会履行社会责任的体现。如果企业承担其经济责任之外的责任，无疑就会增加企业的运营成本，进而影响企业股东权益最大化的实现。在哈耶克（F.A.Hayek）看来，"如果让企业履行股东责任以外的其他社会责任，在客观上就会导致政府对企业干预的强化"[③]。

企业社会责任多元论者认为，企业作为社会经济组织，不仅具有促进股东利益最大化的责任，而且也需要对其他利益相关者承担责任。也就是说，企业除了具有赚钱盈利回报股东的经济责任外，还需要对与之相关的国家、员工、消费者、社区、环境等负有责任。利益相关者理论强调：企业作为一个以盈利为目的的经济组织，需要对与其有直接或间接利益关系的人或周

---

① Clark, Maurice, "The Changing Basis of Economic Responsibility", *Journal of Political Economy*, Vol.24, No.3, Mar. 1916, p.229.

② 〔美〕O.C. 费雷尔、约翰·弗雷德里克、琳达·费雷尔:《商业伦理: 伦理决策与案例》，陈阳群译，清华大学出版社 2005 年版，第 80 页。

③ 沈洪涛、沈艺峰:《公司社会责任思想起源与演变》，世纪出版集团 上海人民出版社 2007 年版，第 44 页。

围环境、社区等负有一定的责任。企业的经济责任不局限于对股东的投资回报，还包括通过劳动为企业创造价值的员工以及保障企业生产的供应商的合理经济利益。因此，企业不能为了降低运营成本，恶意拖欠或人为克扣员工工资或应付货款，应该积极履约，按期支付员工工资和供应商的货款，履行相应的义务。除多元的经济责任外，企业在进行生产、经营、投资决策时，要确保与周围社区、环境的友好相处，不能污染环境，降低居民生活质量或危害居民的生命安全。企业公民理论反对企业将盈利作为企业社会责任的全部，主张企业在积极赚钱盈利的同时也需要兼顾其他社会责任，倡导用"利润最优化"替代企业社会责任一元论的"利润最大化"。企业的负外部性理论认为，企业的生产经营活动除了创造利润外，在生产过程中也会对环境产生消极影响，造成对空气、水和土壤的污染等。因此，企业的生产、经营决策应将负外部性纳入考量范围，在投产创益的同时，应积极加大技术投入，改善生产工艺，最大限度地降低企业的负外部性。

在当代社会，企业社会责任的多元论思想越来越被人们认同，认为企业除了创造利润回报股东外，还有对利益相关者的社会责任。我国经济学家厉以宁认为："由于企业的生产活动包含对社会公共资源的占有与消耗，本着社会资源利用的权利与社会责任履行义务间的对等性，企业在消耗公共资源的同时，也必须履行自己应尽义务，承担社会责任，发挥企业通过社会责任的履行在维护社会稳定方面的关键作用。"[1] 目前，企业社会责任不再是一种理论倡导，已成为推动全球性企业社会责任的运动。世界 500 强企业已把企业社会责任纳入其组织目标中，成为企业目标的基本要素，同时，每年还公开披露公司 CSR 履行情况。

企业社会责任多元论强调了企业除股东经济责任之外的其他责任，这些其他责任都包括哪些内容呢？为此，美国学者阿奇·卡罗尔对企业社会责任类型进行了明晰化，提出了企业社会责任金字塔（Pyramid of Corporate

---

① 厉以宁：《企业的社会责任》，《中国流通经济》2005 年第 7 期。

Social Responsibility）理论。卡罗尔指出："企业社会责任意指某一特定时期社会对组织所寄托的经济、法律、伦理和自由决定（慈善）的期望。"[①] 综之，企业社会责任是企业对利益相关者所应承担的各种责任，包括经济责任、法律责任、道德责任和慈善责任。在新时代新发展阶段，需要通过培育伦理经济人、负责人的企业文化以及激励企业回应等，强化企业社会责任。

一、培育伦理经济人

企业是以盈利为目的的经济组织。在西方经济学理论中，对于经济组织在内的经济活动主体，提出了"经济人"或"有限理性经济人"的假设，认为从事经济活动的市场主体都追求自身利益最大化。无论是作为个体的市场主体还是作为企业组织的市场主体，他们不仅是"经济人"，而且也是"社会人"，因此，他们的经济活动除了具有追求自身利益最大化的"经济人"特性外，还有社会人的道德属性。也就是说，经济人的谋利行为需要在社会法律与道德框架下进行，成为伦理经济人。即使是坚持企业社会责任一元论的经济学家弗里德曼，也强调企业经营的合法性、合道德性。他强调企业不仅具有社会责任，而且是在遵守法律和适当的道德标准的前提下实现其盈利的经济责任，以便最好地服务消费者。显然，培育伦理经济人是企业发展的基础。

企业作为以盈利为目的，运用资本、劳动力、技术、土地、自然资源以及企业家才能等各种生产要素，向市场提供商品或服务的自主经营、自负盈亏、独立核算的社会经济组织，在人力资源的意义上，是由不同部门、不同岗位职责的人员构成的。一般情况下，具有一定规模的企业组织结构往往是由企业决策层、管理层与执行层组成。企业伦理经济人的培养是将企业的实

---

① 〔美〕阿奇·B.卡罗尔、安·K.巴克霍尔茨：《企业与社会：伦理与利益相关者管理》，黄煜平等译，机械工业出版社 2004 年版，第 23 页。

体社会责任内化为企业内部的主体责任，它的主要任务是对企业决策者、执行者进行正确的义利价值观、责任思维方式和行为范式的培养。对企业伦理经济人的培养应坚持企业决策人、企业管理人与企业执行人责任一体化的培养原则，发挥企业决策者的伦理示范性、管理者的伦理引领性与员工的笃行性，形成企业社会责任强化的道德合力。

在企业架构中，决策层是决定企业经营发展的中枢。企业决策层成员因企业性质以及规模程度，其成员构成是不同的。一般企业的决策层，往往包括投资人或董事会、公司总裁、经理等，他们往往规划与决定企业经营方向等，负有舵手的关键责任。一是企业决策层在企业运营管理方面的决定具有宏观的蓝图前瞻性，关系公司发展前途与命运，因此，总裁与董事会成员对伦理与利益关系的认知，往往会影响他们对企业经营方向的决断。企业决策层具有正确的义利观，对法律和道德充满敬畏，与不正当利益保持安全距离，至少能确保企业发展的顶层设计不偏离企业社会责任的正确方向。二是企业决策者在面临多种经营方式选择时，往往需要做出艰难抉择。决策者对一种方案的认可，就意味着对其他经营方案与收益的舍弃，产生了机会成本（opportunity cost），且每种商业决策都蕴含了潜在巨额的公司收益与个人收益。尤其是在面对巨大不正当利益诱惑时，企业的决策人会经常面临坚守道德经营还是为利舍德的考验。三是企业决策层具有对企业运营与管理中不正当行为与方案的终极矫正的职责，具有道德素养的总裁或董事会成员能够运用终极决策与监督的职权，及时纠正、制止公司出现不良行为倾向或趋势。显然，构建对企业决策人员的伦理审查与考核制度，是非常有必要的。企业决策层处于企业组织结构的顶端，他们的权力往往缺乏企业内部有效的监督与制衡，造成企业内部监督的盲点，在不同程度上会增加企业经营方向正确选择的不确定性和企业交易的风险性。为此，企业需要设立法律顾问与伦理决策审查委员会，对决策层成员权力的行使及其决断进行合法性及合道德性的审查。对那些与法律、公司章程与伦理道德相违背的投资方案或营销方式进行制约。建立对企业决策层成员的道德遴选制度，优化企业决策层人员的选任标准，强化企业决策人员的责任感。同时，在社会层面，矫正对企业家唯财富多寡、成败得失的单向度评价标准，形成财富与道德的多元评价体系，推崇取财有道的企业精英。充分发挥主流媒体对企业家评价的主导作用与宣传作用，如主流媒体要大力宣传那些积极履行企业社会责任、个人道德品行良好的企业家，营造良好的商业道德氛围。

　　企业做出决策后，需要管理层落实和执行。企业管理层人员的数量会因企业规模大小而不同。具有一定规模的企业往往设置总裁或总经理以及财务、人事、市场等部门的经理或总监等。企业经理的任务是负责企业内外资源有效配置，实现企业目标或营销方案，所以，企业管理层人员的业务素质和道德素质直接关系着企业的绩效以及企业氛围。管理层作为企业员工的领导，他们的做派对一般员工的品行具有较大影响。道德品行不端的领导往往对企业和其所属员工都会产生不良影响。"不道德领导是组织领导做出的要么违法要么违反道德标准的行为和决策，以及强加给下属的引发其不道德行为的程序和结构。"[1] 显然，企业管理层人员的道德品性尤为重要，不仅关系着企业的发展和声誉，而且关系着企业团队的战斗力。为此，需要对经理人进行经营管理、法律、道德等方面的全面培训，不仅使他们树立先进的经营理念、掌握科学的管理方法，而且使他们了解相关法律知识和制度，了解社会道德要求，了解中国传统的优良儒商文化，了解行业优秀企业家的道德经营方法，从而强化经理人的企业社会责任感，发挥他们在企业内的道德垂范作用。如方太集团总裁茅忠群通过学习儒家经典著作，归纳出"明心重道，以道御术"的企业运营与管理理念，为企业成长中遇到的利益抉择困境寻找到了解决的路径。另外，企业要把社会责任纳入经理人的职责中。对于外聘的各种经理，不仅要设置经济指标，而且要把增益企业信誉、维护企业形象、促进企业可持续发展、履行好企业社会责任纳入考核指标中。为此，在

---

[1]　夏福斌：《道德的悖论：组织中的利他不道德行为研究》，北京大学出版社、黑龙江大学出版社2017年版，第41页。

CEO、CMO 与 CFO 的岗位职责中，明确规定其伦理责任。也就是说，公司高管的职责不仅是创造经济业绩，为公司赚更多的钱，而且要明确规定企业经营的道德要求，即企业高管创造的经济效益不能采取欺骗或违法方式获得，不允许以弄虚作假、偷税、漏税、骗税或以次充好、偷工减料等不道德方式获得短期内的收益。显然，一旦公司高管的个人进项仅与短期内其任职期间对公司业绩增加的实际贡献相挂钩，就会诱发企业经营风险。由于"财务业绩的增长和公司业务的发展壮大不仅意味着个人在行业中的声誉和地位，同时也意味着丰厚的薪酬和股票期权"[1]，因此，"在这种情况下，公司的经营管理往往会铤而走险，而为了掩盖'不光彩'的财物业绩，伙同会计或审计事务所进行信用欺诈的情况也时有发生"[2]。为了避免经理人的不道德行为对企业发展产生破坏性作用，需要不断强化企业高管的社会责任。

夯实员工履行企业社会责任的执行力。企业对社会责任的践履最终通过企业内部的具体职能部门的工作人员予以执行、落实。在企业参与市场交易的过程中，消费者、供应商和经销商往往都是通过与企业具体职能部门的终端员工的对接，进行业务往来，了解企业及其产品的。在某种意义上，企业是通过具体员工的工作展现给社会的，即企业形象是通过员工对消费者的服务态度和行为体现的。同样，个别员工的工作失误或不道德行为，不仅会对企业造成不同程度的经济损失，而且还会影响企业信誉和形象乃至破产。1995 年英国巴林银行的破产，就是起因于一个职员（尼克·里森）伪造文件筹集资金以及私设账号等不道德行为进行未经授权的期货交易导致巨额亏损。[3] 毋庸置疑，员工的行为与企业的发展与形象密切相关。员工的不道德行为往往有两种类型：一种是不道德亲组织行为。"不道德亲组织行为是指个体做出的能促进组织有效运作或其成员有效工作的，同时又违反核心社会

---

① 郭建新等：《财经信用伦理研究》，人民出版社 2009 年版，自序第 3 页。

② 郭建新等：《财经信用伦理研究》，人民出版社 2009 年版，自序第 4 页。

③ 夏福斌：《道德的悖论：组织中的利他不道德行为研究》，北京大学出版社、黑龙江大学出版社 2017 年版，第 1 页。

价值观、道德习俗、法律以及正当行为规范的有意行为。"① 有些员工会为了企业的利益而违法背德。另一种是完全不道德行为。这类行为既违背社会道德，也违反企业相关制度及其企业价值观。一些员工为了一己私利而做出不道德行为。显然，企业社会责任的履行需要具有法律和道德素养的员工。为此，对企业员工的管理与考核不能只看业绩，对于"销售是硬道理"的观念要进行引导。只有合法合德的销售业绩才是值得嘉奖的，那种靠歪门邪道而提高的业绩，是需要制止与惩戒的，尤其要治理员工"吃回扣"的现象。

二、构建优良的企业文化

文化（culture）的内涵较为丰富，这一概念的界定，众说纷纭。社会学家鲍曼指出："文化这个概念所具有的根深蒂固的模糊性已是人所共知。"② 文化形态多样，如经济文化、器物文化、制度文化、行为文化与精神文化等。美国著名国际政治理论家塞缪尔·亨廷顿认为："文化若是无所不包，就什么也说明不了。因此，我们是从纯主观的角度界定文化的含义，指一个社会中的价值观、态度、信念、取向以及人们普遍持有的见解。"③ 通俗地讲，文化是指一个社会或民族、社会组织等，在社会实践中形成的风俗习惯、制度规约、行为方式、价值观念、品德情操等共同构成的综合体。与契约、法律等其他社会制度相比，文化主要是通过生活熏陶、耳濡目染、风俗习惯、教育引导、代际传递等方式，让特定文化内核所体现的价值观、道德观、义利观等成为生活在这一文化中的社会个体接受认同和自觉信奉的行为规则。

企业文化（Corporate Culture）是文化的一种具体表现形式，它在概念

---

① 夏福斌：《道德的悖论：组织中的利他不道德行为研究》，北京大学出版社、黑龙江大学出版社 2017 年版，第 36 页。
② 〔英〕齐格蒙特·鲍曼：《作为实践的文化》，郑莉译，北京大学出版社 2009 年版，第 75 页。
③ 〔美〕塞缪尔·亨廷顿、劳伦斯·哈里森主编：《文化的重要作用——价值观如何影响人类进步》，程克雄译，新华出版社 2013 年版，前言第 9 页。

界定上，有广义与狭义之别。在广义上，企业文化泛指"企业全体人员的文化素质和文化行为，包含企业文化建设中制度、规范、设施等要素"①。在狭义上，企业文化即企业的一种基本精神，含涉员工所共同认同的价值观和行为准则。②无论是广义的企业文化还是狭义的企业文化，其核心要素是企业日常运营所体现的价值观、信念、精神、处事方式等。企业文化是维系企业创业、成长、发展的内在精神基石。

企业文化具有价值共享、行为规范、品德型塑的功能。特伦斯·E.迪尔、艾伦·A.肯尼迪在《新企业文化：重获工作场所的活力》著作中，把企业文化概括为五个要素，即企业环境、价值观、英雄人物、文化仪式和文化网络，其中企业价值观是企业文化的核心。美国强生公司基于"利益相关者"的理念，提出公司企业文化的责任信条，"它强调了公司对消费者、对员工、对社区以及股东的责任"③。具言之，强生公司企业文化的责任信条强调公司对消费者具有提供高质量产品的责任，对公司所有员工具有尊重、平等、公平等责任，对社会、社区、自然环境具有积极促进的责任，对股东具有合法合理盈利的回报责任。"事实表明，对其信条的严格遵守使得公司高度重视经济伦理实践。"④

企业文化价值观具有鲜明的共享性，有利于企业凝聚力的形成。企业文化所体现的价值观会通过企业员工的培训、日常工作的程序要求、企业主管的行为示范、企业文化氛围等传递给所有员工，促进全体员工竭尽所能为企业目标的实现而共同奋斗。企业文化一般是通过员工参与企业内部的实际运行工作、履行具体的岗位职责，使得企业文化所体现的正确行为标准和价

① 刘刚、殷建瓴、刘静：《中国企业文化 70 年：实践发展与理论构建》，《经济管理》2019 年第 10 期。

② 陈春花：《企业文化的改造与创新》，《北京大学学报》1999 年第 3 期。

③ 〔美〕帕特里克·E.墨菲、吉恩·R.兰兹尼柯、诺曼·E.鲍维等：《市场伦理学》，江才、叶小兰译，北京大学出版社 2009 年版，第 9 页。

④ 〔美〕帕特里克·E.墨菲、吉恩·R.兰兹尼柯、诺曼·E.鲍维等：《市场伦理学》，江才、叶小兰译，北京大学出版社 2009 年版，第 10 页。

值取向逐渐渗透到行为者的内心和思想观念中，促进员工形成正确的是非感和善恶感，直至影响企业成员行为选择与评价能力。员工只有接受、认同企业文化所体现的价值观、是非观，并自觉践行公司企业文化所包含的道德规范，才能更好地融入公司，获得事业发展的机会。企业文化对员工的辐射作用是不以员工的个人意志为转移的。在工作过程中，员工之间如果在执行任务中发生个体价值观的冲突与矛盾，以企业文化所确立的统一价值观为标尺，就能判别行为是非对错。员工可以因为不认同企业文化而选择离职，企业也可以因为员工言行与企业文化所体现的价值观格格不入而辞退员工。在企业中，上至企业的决策者、高管，下至企业具体部门的一线员工，在企业文化价值观的引领下，具有企业归属感，并形成向心力和凝聚力。

企业文化具有行为规范性，有利于企业组织行为的协调一致。企业文化包括企业的制度文化与企业的精神文化。企业的制度文化在狭义上是企业管理制度体系，在广义上也包括国家法律及其相关规定。因此，企业制度文化不仅会明确规定员工的权利与义务，而且对违反企业规章制度的行为也会有相应的处罚规定，构成违法犯罪的员工还会被移送司法机关依法追究其责任。通过对违规、违法员工的惩罚，在企业中营造遵纪守法的企业文化。企业的精神文化作为企业的软文化，其倡导的价值观念、传统及其群体意识等会形成隐性的企业内部行为规范。与企业制度文化相比，企业精神文化虽然部分缺乏公司规章附加的强制执行力，但却通过对员工价值观念的影响，促进员工对企业价值观的认同与践行。无论是企业制度文化的硬约束还是企业精神文化的软约束，都有利于企业员工行为规范的强化与固化，使员工在市场交易中能够遵法守德谋利。

企业文化具有品德型塑性，有利于树立企业良好社会形象，节省交易成本。企业形象凝聚董事会、管理者与员工对企业的热爱与心血，是企业经过长期商业操行检测才被社会认可的，它是维系企业生存与发展的内在精神。企业形象是企业的一种社会标识，它是社会公众、政府组织以及企业职工对企业的一种整体性的印象和评价。良好的企业形象往往是企业文化长期建设的结果。因为企业文化所内蕴的经营理念、行为规范要求，经过长期的，有组织、有计划的各种宣传教育活动，然后经过员工对企业价值观的内化与外化，渐进形成良好的行为习惯以及知行合一的品德。广大员工在企业文化熏陶下所具有的合乎企业文化要求的品德，就会展现出良好的产品形象、职工形象，彰显企业精神，助力良好企业形象的树立。在市场竞争中，企业的良好信誉与形象是核心竞争力。相关研究表明①，企业文化有助于引导企业积极履行社会责任，形成正向约束力，避免见利忘义、唯利是图的行为，规避企业经营的失信违法风险，进而增进企业的盈利能力。为此，推进企业社会责任，需要加强企业文化建设。

企业作为盈利性经济组织，需要着力构建义利统一的企业文化。道德与经济的关系问题，即何者优先的问题是企业文化的核心。它关系着企业在日常运营和商业决策中，如何妥善处理好盈利与道德的关系问题。一个企业要想获得长久的发展，就要远离短视盈利观，需要将伦理道德与法律规则融入企业文化中，为企业的盈利行为构建行为规则框架，明确约束限度。"2001年年末，美国第六大公司——安然公司（Enron）——宣布破产。导致安然无力回天的是众多不合伦理的操作、为应对激烈竞争而对不法行为视而不见的企业文化。安然的倒闭还直接导致20世纪最受尊敬的会计师事务所——安达信（Arthar Andersen）破产。"②毋庸置疑，在企业文化的价值排序中，应该将盈利置于守法与诚信之后，形成守法合规文化、诚实守信文化与绩效考核文化的三维共建体系，努力营造企业遵法、诚信、盈利统一的文化氛围，遵循盈利与守法和诚信价值观无冲突对抗原则。

营造守法合规的企业文化，就是要将遵守法律与规则纳入企业经营决策、执行与管理各个环节中，形成守法的投资项目和营销方案畅通无阻、触

---

① 靳小翠：《企业文化会影响企业社会责任吗——来自中国沪市上市公司的经验数据》，《会计研究》2017年第2期。
② 〔美〕帕特里克·E.墨菲、吉恩·R.兰兹尼柯、诺曼·E.鲍维等：《市场伦理学》，江才、叶小兰译，北京大学出版社2009年版，前言第1页。

犯法律的盈利行为处处受阻的企业文化氛围。守法是企业文化的底线，企业只有在守法的前提下创造的利润才是正当的和受到保护的。为此，企业要对全体职工（包括董事会成员、高管、中层主管以及一线工作人员等）进行系列的法治教育，尤其是结合企业经营中的实际案例进行分析，增强员工的法治理念，不能见利违规，要强化员工对法律的敬畏感，使遵守法律成为员工的基本职业素养，矫正一些人交易"潜规则"思维方式和违法牟利的侥幸心理等。企业对于违法员工应该坚持公正原则，不论资历、能力与历史贡献及其"裙带关系"等，一律按照程序解聘并移送司法机关处理。对违反公司内部管理规章的员工，不论其职务与管理级别大小，都要按规章处理，维护规章制度的权威性。唯有守住法律的禁止线，才能为企业创造更多更大的利润。

强化企业诚信文化建设，把诚信经营落到实处。企业追求的是利益，但获利的前提和基础应该是诚实经营，履约守信。企业一旦诚信文化缺失，往往会导致企业决策层、管理层与执行层在义与利关系问题上，形成利益至上的错误价值观，诱发企业的失信行为，这不仅会造成巨额的经济损失，而且还会扰乱市场交易秩序，诱发"权力寻租"行为。"整个亚洲逐渐形成了一种新的看法，认为迅速增长的经济如果同腐败的政府行为和不诚实的企业实践有关，那么这种经济是很容易崩溃的。"[1] 非诚信的交易行为，会破坏人们之间的信任关系。"由于不诚实的交易，一些公司和政府部门不仅丧失了大量钱财，而且也丧失了他们的企业合作者的必要信任。"[2] 比如，"安德菲亚通信公司（Adelphia）、美林公司（Merrill·Lynch）、泰科公司（Tyco）、世界电

---

① 〔美〕帕特里克·E.墨菲、吉恩·R.兰兹尼柯、诺曼·E.鲍维等:《市场伦理学》，江才、叶小兰译，北京大学出版社 2009 年版，导言第 1 页。
② 〔美〕帕特里克·E.墨菲、吉恩·R.兰兹尼柯、诺曼·E.鲍维等:《市场伦理学》，江才、叶小兰译，北京大学出版社 2009 年版，导言第 1 页。

信公司（World Com）相继爆发出伦理问题和法律问题"①。在中国，瑞星咖啡 22 亿元的财务造假丑闻传遍世界。企业虚假失信导致企业破产以及扰乱市场秩序的事例一再警醒人们，只有在经营中诚实守信，不弄虚作假，企业积极履行各种社会责任，才能有生命力。我国百年老字号同仁堂就十分注重企业诚信文化的建设与传承。同仁堂的企业文化主要体现在其匾额文化中。在众多为世人称道的匾额中，有一块匾额鲜明地表现出企业对守住产品质量的初心与使命，即"修合无人见，存心有天知"。"炮制虽繁必不敢省人工，品味虽贵必不敢减物力。"虽然产品制造程序与环节外人难于察觉，但作为制药企业不能因此昧着良心赚黑心钱，偷工减料、以次充好、减少工序，而必须慎终如始，恪守诚实、严谨担当的精神。

加强企业诚信文化建设，就是要将诚信价值要求融入企业决策、管理、执行全过程。为了防止企业决策缺乏伦理制约的利益导向，需要建立企业决策层的诚信决策责任制，实施企业伦理审查委员会制度。"至 20 世纪 90 年代中期，《财富》杂志排名前 500 强企业，90% 以上的企业制定有伦理守则，设置专门机构和伦理主管，保障公司的决策不违背公司和社会伦理规范的要求。"② 在企业管理中，要落实各个层级和部门主管人员的诚信责任制，避免一些管理者为了业绩或所谓"企业荣誉"，蒙骗消费者、交易伙伴以及政府和社会组织的各种造假行为。要建立健全企业内部的监察机制，加强公司的内部审计与外部审计，对审计出现的违规违法的管理者，及时向有关部门报备，适时采取限制离境的措施等。设定企业内部伦理管理岗，已成为许多大公司的通行做法。"在美国制造业和服务业排名前 1000 的企业中，有 20%聘有伦理主管，至 20 世纪 90 年代中期，有 30%~40% 的美国大企业进行了不同形式的伦理培训。"③ 企业决策和管理的诚信文化建设，最终要通过一线

---

① 〔美〕帕特里克·E.墨菲、吉恩·R.兰兹尼柯、诺曼·E.鲍维等:《市场伦理学》，江才、叶小兰译，北京大学出版社 2009 年版，前言第 1 页。
② 张溢木:《企业伦理委员会促使企业履行社会责任》，《学习时报》2016 年 5 月 21 日。
③ 张溢木:《企业伦理委员会促使企业履行社会责任》，《学习时报》2016 年 5 月 21 日。

员工的诚信工作、产品质量和优质服务等体现出来。为此，抓好企业执行层的诚信文化建设至关重要。在企业内部的任务分配时，实行企业部门员工、负责人、高管的岗位基本职责责任清单制度，明晰各级员工的岗位职责。企业在选人用人时，要把诚信品德放在首位，在职务升迁中，要突出以德为先的德才兼备人才标准；注重培养员工的以义谋利的经济伦理观和岗位责任心，在销售中，严禁弄虚作假、缺斤短两等行为，倡导员工敢于制止虚假失信行为，具有维护企业良好形象的勇气。

三、注重企业的社会回应

企业社会责任在本质上就是要求企业打破传统的单一盈利观，在企业经营理念及其行为中，既要遵守国家的法律规定和社会基本的道德要求，也要考虑其行为对相关利益主体产生的影响及他们对公司的社会期待。尤其是一些"血汗工厂"对企业员工权益的侵害、不良企业对消费者权益的侵害以及企业污染环境对民众健康的损害等，不断激发民众对企业的不满与严厉批评。面对民众的社会情绪、态度和期待，企业需要思考自身与社会利益相关者的关系，并在企业决策与经营活动中，重视社会对公司的评价，积极回应社会的要求和期待。企业社会回应（Corporate Social Responsiveness，CSR）就是企业对社会（政府、消费者、合作者等利益相关者）的需求、期待和压力的一种主动的积极行为反应。为此，唐纳·伍德认为："公司社会回应提供了可以执行公司社会责任原则的行动维度。"[①]

企业积极回应社会，具有价值实现、需求动向洞悉与交易改进的必要性。企业的业绩是通过市场交易实现的。企业只有积极回应社会关切，有针对性地进行生产和销售，才能够满足消费者的需要，进而实现商品的价值。

---

① Wood, Donna J., "Social Issues in Management: Theory and Research in Corporate Social Performance", *Journal of Management*, Vol.17, No.2, Jun. 1991, p.385.

众所周知，交易只有在社会制度的规则框架内运行，市场交易活动才会具有合法性。即是说，企业只有遵循国家法律、监管制度对交易者、交易物的要求才能获得进入市场的资质，其产品和服务才可以进入市场进行销售。如为应对汽车尾气污染物排放的问题，国家相继出台并实施了机动车国六（a）与国六（b）的排放标准，因此，汽车制造商只有及时进行产品更新换代，制造出符合国家排放标准的机动车才能顺利上市进行销售；国家实施油品升级工程，以乙醇汽油代替传统汽油，汽油制造商只有积极回应社会对燃油品质提升的关切，及时按照新的需求进行生产，制造出合乎排放标准的汽油，才能进行交易。因此，企业积极回应社会是企业生存的基础。

企业积极回应社会关切，能够提升市场竞争力。市场需求瞬息万变，企业的发展机遇转瞬即逝。企业积极回应社会关切，主动了解、把握国家政策导向、消费者的消费偏好以及同行的产品开发动态等，企业投资、营销决策和实施方案才能切合市场需要，才能研发出具有竞争力的产品。事实上，国家政策和消费者偏好是处于变动和发展中的，这类变化需要企业具有市场敏感性，加强市场调研以及进行统计分析等，科学地进行预测。因此，企业积极回应社会关切有助于在激烈的市场竞争中抢占商机、占领有利地位，提升企业的抗风险与抗压力能力，提升企业市场竞争力。企业利润的实现是通过与其他同类企业的公平竞争、优胜劣汰完成的，因此，企业积极回应社会关切，对清晰的市场定位和科学的商业策略的确定大有裨益。

企业积极回应社会关切，有利于提升企业社会形象。企业针对社会关切，积极履行其社会责任，有助于塑造"重诚信、负责任、勇担当"的企业形象，获得社会的普遍认可和好评。市场交易的实现得益于企业与其他交易主体的信任关系，而信任的构建不仅包括有形的经济实力与资质，而且也包括无形的精神内核。因为在信用经济时代，企业的盈利能力与企业信用条件呈正相关性。企业在授信中，往往要考虑和评价交易对象的可赖账风险，比较流行的方法是"5C模型"，即考虑客户的品质（Character）、能力（Capacity）、资本（Capital）、抵押（Collateral）与条件（Condition）。显然，企业的信誉及其代表企业合作谈判人的品质，是影响交易对象授信的重要因素。企业值得信赖的社会形象不单是通过企业广告宣传就得以形成的，更是通过企业与其他交易主体具体实际的交易活动渐进累积的。企业主动回应社会关切，不仅有助于企业履行对社会的基本责任，而且还有助于引导企业主动实施创新，赢得负责任企业的社会形象。仅以空调企业为例，伴随社会公众环保意识的增强，消费者的需求偏好更多地倾向于环保型产品。为此，空调企业就要积极回应社会关切，研发出环保型空调机，实现盈利的经济责任与环保责任的双赢。

第三节　强化政府的廉洁责任

政府行权履责的廉洁性，不仅关乎市场交易秩序与效率，而且对提升我国政府信誉和公信力具有关键作用。为此，强化我国政府的廉洁责任，需要坚持"亲清"原则，树立"潜绩与显潜"合一的政绩观，发挥先进典型的示范效应与反面事例的警示作用。

一、坚持"亲清原则"

交易伦理秩序的建设，需要"坚持和完善社会主义基本经济制度，充分发挥市场在资源配置中的决定性作用，更好发挥政府作用，推动有效市场和有为政府更好结合"[1]。无疑，维护市场交易秩序和提高市场经济效率，需要处理好政府与市场的关系。

---

[1] 《中共中央关于制定国民经济和社会发展第十四个五年规划和二〇三五年远景目标的建议》（2020 年）。

对于如何处理好政府与市场、国家干部与企业经营者之间的关系，习近平总书记提出了著名的"亲清原则"。"亲清原则"对政府的领导干部与民营企业家都提出了主体的责任要求和行为规范，具有双重的主体责任内涵。习近平指出："新型政商关系应该是什么样子呢？概括起来说，我看就是'亲''清'两个字。"①具体言之，对领导干部而言，"亲"强调领导干部的主动担当与积极作为，要求领导干部将服务的末端前置，积极主动为企业发展中遇到的实际困难出谋划策、真抓实干，践行为人民服务的宗旨。而"清"对领导干部服务企业的非牟利性行为动机与初衷提出了严苛的行为要求，领导干部应秉公用权，守法合规用权，做到清正廉洁，"出淤泥而不染，濯清涟而不妖"。坚决杜绝官商勾结、以权谋私的"权力寻租"行为，锻造忠诚、干净、担当的品德与意志力。对于企业经营者来说，"亲"就是要求民营企业家要主动与地方各级政府积极交流、协商，坦诚相待，坚持实事求是的原则，客观地反映企业发展以及地方经济发展中存在的问题，对地方政府具体政策执行中存在的问题，谏言咨政，在地方政府党委的领导下，携手促进地方经济发展。而"清"则凸显出企业家的守法经营、合规经营、正道经营与廉洁经营的主体责任。"守法经营，这是任何企业都必须遵守的一个大原则。"②也就是说，企业家在经营中要遵守国家各项法律，堂堂正正做人、规规矩矩经营，廉洁自守，拒绝"潜规则"，不主动参与"权力寻租"，坚决不行贿，坚决依法按程序进行交易。"许多民营企业家都是创业的成功人士，是社会公众人物。用一句土话讲，大家都是有头有脸的人物。你们的举手投足、一言一行，对社会有很强的示范效应，要十分珍视和维护好自身社会形象。"③

"亲清原则"体现了责任政府的道德要求。市场经济机制的优势在于，经济活动能够按照价值规律的要求，根据供求关系的变化，通过价值杠杆和

---

① 《习近平谈治国理政》第二卷，外文出版社 2017 年版，第 264 页。

② 《习近平谈治国理政》第二卷，外文出版社 2017 年版，第 264—265 页。

③ 《习近平谈治国理政》第二卷，外文出版社 2017 年版，第 263—264 页。

竞争机制的作用，及时把资源配置到效益较好的环节中去，但由于市场经济的自发性、盲目性和滞后性等缺陷，难于平衡社会经济总量，难于对社会经济结构中存在的不合理之处进行及时调整，易于造成经济失衡、资源浪费以及生态环境恶化等。因此，我国社会主义市场经济，在发挥市场资源配置优势的同时，也要发挥好政府在社会管理中的经济调节和市场监管的作用。政府在市场经济中的宏观调控及其监管，既是政府的职能，也是政府的责任。显然，坚持"亲清原则"，政府做好对企业的服务，是政府责任的应有之义。

我国全面推进依法治国，要求政府在经济社会管理中要依法行政。《中共中央关于全面推进依法治国若干重大问题的决定》指出："各级政府必须坚持在党的领导下、在法治轨道上开展工作，加快建设职能科学、权责法定、执法严明、公开公正、廉洁高效、守法诚信的法治政府。"在党的十九大报告中，不仅坚持了十八届三中全会中关于市场在资源配置中起决定性作用的思想，还进一步深化了对政府职能转变的要求。"转变政府职能，深化简政放权，创新监管方式，增强政府公信力和执行力，建设人民满意的服务型政府。"[①] 这表明，发挥市场资源配置的决定性作用，实行"放管服"改革，并不意味着政府监管责任的缺位。政府在对经济的调节和市场的监管中，需要依法用权、违法追责、侵权赔偿，所以，政府公职人员在监管和服务市场过程中，要坚持"亲清原则"，廉洁公正。

政府不仅是制规者和监管者，还是市场交易的重要参与者。政府在参与市场交易活动中，需要自觉遵循市场交易的基本规则，通过平等竞争、公平买卖的方式完成交易，而不能假借政府的权力优势，违背其他交易主体的意愿强买强卖或垄断。"必须加快形成企业自主经营、公平竞争，消费者自由选择、自主消费，商品和要素自由流动、平等交换的现代市场体系，着力清除市场壁垒，提高资源配置效率和公平性。要建立公平开放透明的市场规

---

① 习近平:《决胜全面建成小康社会　夺取新时代中国特色社会主义伟大胜利》,2017 年 10 月 18 日。

则。"① 就是说，政府的公权力需要受法律、行政制度的约束，除法律赋予政府的公权力外，政府没有超越其他市场主体的交易特权。所以，政府公职人员要坚持"亲清原则"，在市场交易活动中，遵法守规进行公平交易。

"亲清原则"的贯彻落实，需要强化公权为民的政治文化。政治文化的内涵较为丰富，其中比较具有权威性的定义是美国学者阿尔蒙德的概括。"政治文化是一个民族在特定时期流行的一套政治态度、信仰和感情。"② 其实，政治文化是由政治思想、政治心理、政治规范、政治价值观念等要素共同构成的。政治文化具有广义与狭义的区别。广义的政治文化泛指政治物质成果；狭义的政治文化是指政府公职人员所具有的带有普遍性的政治认知、政治态度、政治情感、政治信念、政治价值观等。③ 政治文化对公务员价值观及其品行的影响具有重要的作用。美国行政伦理学家库珀认为，政治文化是政府内部的文化约束，具有保证公职人员的价值观与行为合乎道德规范的保障作用，所以，政治文化是一种"内部控制"④。高斯在《公共行政的责任》一文中，将政治文化命名为"内律"控制，体现为公职人员出于对行政理念的认同与服膺，自觉按照合乎行政理念所形成的伦理规则去做，履行应尽的行政责任。也就是说，政治文化内含的价值信息及其价值取向，会对生活于其中的公职人员的价值观及做事原则产生潜移默化的影响，无疑，政治文化传递价值信息的正确性与错误性至关重要。中国传统社会的"升官发财"的政治文化以及推崇政治权力无所不能的"权治"政治文化，会影响公职人员正确用权。习近平指出："廉洁自律是共产党人为官从政的底线。……要始终严格要求自己，把好权力观、金钱观、美色关，做到清清白白做人、干干

---

① 《中共中央关于全面深化改革若干重大问题的决定》（2013 年 11 月 12 日）。

② 〔美〕加布里埃尔·A. 阿尔蒙德、小 G·宾厄姆·鲍威尔：《比较政治学》，曹沛霖等译，上海译文出版社 1987 年版，第 29 页。

③ 本书使用的是狭义政治文化概念。

④ 〔美〕特里·L. 库珀：《行政伦理学：实现行政责任的途径》，张秀琴译，中国人民大学出版社 2001 年版，第 123 页。

净净做事、坦坦荡荡为官。"①因此，在政府内部，需要加强权力为民的政治文化建设，摒弃"官本位"文化、卖官鬻爵文化、涉贿文化（行、受、索）、以权谋私文化，坚持公共权力责任导向，确立行权履责的公权性与人民性，使公职人员具有"一切权力属于人民"的宪法精神和行政理念，形成对"权力"的权限给予约束的公理性认同以及合理用权的内在约束的自律精神。

加强廉洁立法文化建设，规避"政府俘获"行为。政府俘获理论（State Capture）阐述的是政府与市场关系中的一种不良现象，该理论是由美国经济学家斯蒂格勒提出的。政府为社会、市场提供制度框架和行为评价标准，是其管理职责的体现。政府作为制规者，应该坚持正义理念，使立法或各种规章制度能够最大限度地反映社会各阶层和利益集团的普遍共同利益，使颁布的制度公平合理。但在社会生活中，一些强势的利益集团为了使自己的阶层或集团在社会利益分配中占有优势，通过贿赂制规者使制度向其利益倾斜。概言之，"政府俘获"是社会中少数的特殊利益集团与政府内部规则的制定者进行不正当利益输送，使得所制定的制度背离了公正立场，"从而使政府出台的政策、法规出现利益倾斜，或出现在制度执行过程中的变通现象"②。在本质上，政府俘获是公权私用的一种表现，是立法与执法环节的"权力寻租"行为。相关政府公职人员由于收受了特定少数利益集团的贿赂或好处，在制定法律或政策时势必会有所偏袒，以"回馈"行贿的集团；与特定利益集团存在利益输送关系的执法人员会出现"选择性执法"现象，违反"亲清原则"。具体表现为：对利益集团的违法行为置之不理，不予严惩；执法前给利益集团通风报信或是执法过程中敷衍了事、走过场；对人民群众反映有关特定利益集团的违法问题或侵害人民群众正当权益的行为，漠不关心、视而不见、推诿扯皮，甚至徇私枉法。其结果是，政府内部腐败蔓延以

---

① 《习近平谈治国理政》第二卷，外文出版社 2017 年版，第 146 页。
② 王淑芹：《转型期和谐社会构建的制度伦理分析》，《哲学动态》2006 年第 10 期。

及政府对法律与政策执行力的削弱。① 为此，需要加强政府廉洁立法文化建设，贯彻落实"科学立法、民主立法、依法立法"原则，着力加强对政府内部审批、监察、执法、决策岗位上的廉洁审查，结合公职人员的岗位职责，探索公职人员廉洁价值观的认同规律，形成主动积极作为与忠诚履职的廉洁工作氛围，定期组织相关职能部门公职人员进行廉洁思想经验交流，实现廉洁文化教育常态化。

树立"人民利益至上"的行政伦理观，做到"亲商"而不受贿。政府公职人员亲民、惠民、护民是为人民服务的基本要求。密切联系人民群众，树立人民至上利益观，是政府及其党员干部工作的出发点。习近平总书记指出："要坚持正确的利益原则。我们党除了最广大人民的利益，没有自己特殊的利益。我们共产党人，必须始终把人民的利益放在首位。"② 因此，政府在行使宏观调控和市场监管职权时，要把人民群众利益放在首位，公职人员不能谋一己之私，要把人民群众满不满意作为工作的衡量标准。为此，习近平总书记强调："我们要求领导干部同民营企业家打交道要守住底线、把握好分寸，……要亲商、安商、富商，但不能搞成封建官僚和'红顶商人'之间的那种关系，也不能搞成西方国家大财团和政界的那种关系，更不能搞成吃吃喝喝、酒肉朋友的那种关系。"③ 显然，维护市场交易秩序，形成良好的商业氛围，需要公职人员在履职用权过程中，坚持人民利益至上的原则，做好市场监管和服务工作。

二、树立"显绩"与"潜绩"相统一的政绩观

政绩是政府主体责任履行所取得的成绩，即政府为民服务所做出的贡

---

① 〔美〕乔尔·S.赫尔曼：《转型经济中对抗政府俘获和行政腐败的策略》，《经济社会体制比较》2009 年第 2 期。

② 习近平：《干在实处　走在前列》，中共中央党校出版社 2006 年版，第 374 页。

③ 《习近平谈治国理政》第二卷，外文出版社 2017 年版，第 264 页。

献。习近平总书记指出："政绩，就是为政之绩，即为政的成绩、功绩、实绩。"① 政绩作为对政府责任主体履责的一种总体评价，源于政府的职能职责。党的十八大报告对政府职责提出了"建设职能科学、结构优化、廉洁高效"的具体要求，凸显出政府职责考核的绩效性与廉洁性。我国政府实行依法行政，政府的多元职能由法律确立。政府只有履行好职能职责，才能成为令人民满意的服务型政府。

在我国现阶段的部分领导干部中，存在对政绩观理解不到位的问题。在思想认识和行为方面，有些领导干部心浮气躁，做事急功近利，只想做那些见效快、影响大的工程，一心想名扬天下，尤其是让上级领导知道和表扬。对于那些对于地方经济社会发展"打基础、做铺垫、利长远、增后劲的工作"② 不愿意干，也不想干，更别说积极筹划、主动推进了。政府责任主体是多元的，通常所说的政绩是多层面的体现，既包括作为整体的政府组织的成绩，也包括各级地方政府做出的成绩，还包括领导干部的履责成绩。由于地方政府的政绩与主要领导干部的政绩是连在一起的，所以，地方政绩考核的结果在很大程度上成为对一定任期内领导干部组织考核的重要参考依据，客观上对领导干部的升迁、贬谪、任免、调离等都会产生影响，以至于部分领导干部热衷于执政内对个人利益攸关的"显绩"的实现，而对具有潜在性的环境、教育、文化、生态等方面的治理，有消极懈怠的表现。针对部分领导干部政绩观及其履职行为中存在的问题，习近平总书记提出了"显绩"与"潜绩"相统一的政绩观，要求领导干部"一定要树立正确的政绩观，多做埋头苦干的实事，不求急功近利的'显绩'，创造泽被后人的'潜绩'"。③

坚持为人民服务的宗旨，处理好"显绩"与"潜绩"的关系。在现阶段，我国社会的主要矛盾是人民日益增长的美好生活需要和不平衡不充分的发展之间的矛盾，因此，领导干部在政府履职尽责的过程中，应当坚持显性

---

① 习近平：《关键在于落实》，《求是》2011 年第 6 期。

② 习近平：《干在实处　走在前列》，中共中央党校出版社 2013 年版，第 413 页。

③ 习近平：《之江新语》，浙江人民出版社 2007 年版，第 108 页。

政绩与隐性政绩"两手抓、两不误"的原则。政绩既不是喊出来的，也不是弄虚作假做出来的，而是撸起袖子、甩开膀子干出来的。显然，领导干部在各级的主政工作中，既要考虑当前亟须解决的利益矛盾和急需发展的项目，也要筹划好长远发展的布局，做到眼前利益与长远利益、当前重点项目与夯实未来发展基础相结合、相兼顾。任何质变都是在量的积累中实现的，同样，显绩也是在潜绩基础上的一种质变，没有前期扎实的潜绩工作，就不会有显绩。不能为了"显绩"而弄虚作假，浮躁浮夸。为此，习近平总书记告诫青年干部："不能只热衷于做'质变'的突破工作，而要注重做'量变'的积累工作。"[①]换言之，各级政府及其领导干部积极履责，寻求政府绩效的实质提升，并无错误，但不应将"显绩"作为唯一尺度，而应兼顾"潜绩"，深耕实干，主动肩负起前任领导干部未尽"潜绩"的历史重担，保障政府职能履行的延续性和连贯性。"在前任的基础上添砖加瓦，这是一种政治品格，是正确政绩观的反映。"[②]处理好"显绩"与"潜绩"的关键，是要坚持为人民服务的工作宗旨，确立人民根本利益至上的根本原则，不能好大喜功，应该摒弃个人功名思想。"要把实现好、维护好、发展好人民群众的根本利益作为根本出发点和落脚点。"[③]概言之，党员干部在尽责履责时，只需考虑是否有助于践行自己作为党员的初心和使命以及由此确立的行动准则。于民有利，虽然困难重重，则矢志不渝；于民无益，虽有分毫不义之利而弗取，亦不为所动。"时代是出卷人，党和政府是答卷人，人民是阅卷人。"[④]

在市场经济社会，市场交易秩序影响经济效率。构建和维护市场交易秩序，是政府职责所在，所以，市场交易秩序如何，是政府绩效的重要考量指标。一般情况下，交易秩序是混乱还是有序，由于其直接影响人民群众的生

---

① 习近平：《摆脱贫困》，福建人民出版社 1992 年版，第 34 页。
② 习近平：《之江新语》，浙江人民出版社 2007 年版，第 35 页。
③ 习近平：《干在实处 走在前列》，中共中央党校出版社 2013 年版，第 413 页。
④ 《时代是出卷人 我们是答卷人 人民是阅卷人》，《光明日报》2018 年 3 月 15 日。

活，所以，它往往是衡量政府政绩的一个显性指标，也是人们感受政府履职作为的最直接的体验。为此，各级政府及其公职人员，一方面要注重当前的市场环境及其市场交易需求的相关制度的制定以及优化营商环境，惩治破坏市场交易秩序的行为，净化市场环境，具有显性的成效；另一方面也要按照市场经济发展规律以及当地市场交易品种和状况等，构建规避市场交易风险的相关制度并加强管理创新，为后续发展夯实基础。因此，坚持"显绩"与"潜绩"相统一的政绩观，有利于政府履行好对市场的监管职责。

三、加强典型示范与警示教育

人的活动的意识性、目的性决定了思想对行为的支配性。在知行统一的意义上，正确的行为源于正确的思想。人们正确思想的形成受多种因素影响，其中典型示范教育与警示教育发挥着重要作用。典型示范与警示教育是从正反两方面对一定的社会成员进行的有目的的教育活动。社会心理学研究表明，人具有社会学习的能力，能够通过观察周围人的行为、品行而反思和调节自己的行为，所以，先进典型人物的事迹往往对其他社会成员具有示范与引领作用。公职人员的典型示范教育往往是通过"对正面典型本身的高度赞誉和鼓舞，来触发公务员仰慕的效仿性作用，以唤起公务员的紧迫感，形成奋发向上的内在动力"[1]。除此之外，对政府公职人员的思想观念和行为发生影响的因素，还有反面事例的警示教育。警示教育以案明纪、以案说法，通过"对反面典型深刻剖析，使广大党员干部从中吸取和接受教训，举一反三，防微杜渐，警惕自己，及时地矫正自身不道德的行为，真正使其从政行为置于从政道德的范畴之中"[2]。应该说，强化公职人员的道德责任，需要发挥典型示范与警示教育相得益彰的互补作用。

---

[1]　缪斌：《职务犯罪的道德调控机制分析》，《求索》2010 年第 2 期。
[2]　缪斌：《职务犯罪的道德调控机制分析》，《求索》2010 年第 2 期。

　　加强典型示范与警示教育，促进政府公职人员形成主动作为、廉洁为民的价值认同和稳定的行为范式，坚持"亲清原则"，处理好政府与市场的关系。由于政府公职人员在为民服务、廉洁行权、尽职履责的认知与行为之间存在知行转化的"空缺架构"，所以，需要典型示范引领与警示教育相结合，不断夯实公职人员拒贪腐的思想定力和意志品质。换言之，一些政府公职人员虽然认同正确的行为准则和价值观，但在实际履责中，面对物质、色情、权力等诱惑，易于出现理想信念动摇、违背人民群众利益的行为。因此，在加强思想理论认知教育的基础上，还需通过身边更为详实的事例对公职人员进行正面与反面的引领与警示教育。通过先进典型的行为示范，使政府公职人员树立正确的权力观，提高其依法履职和积极作为的行政能力；通过各种反面教材的真实案例，警醒公职人员正确用权，远离商业贿赂，预防职务犯罪。政府公职人员唯有廉洁自律，做事出于为民服务的公心，所制定的市场规则公正、不偏不倚，才有利于形成公平竞争的市场环境。进言之，政府公职人员只有尽心履责，廉洁用权，不与违法企业存在利益输送，根除"权力寻租"的腐败土壤，才能在依法处罚中无所牵绊，公正持中，对违法交易行为形成强有力的震慑。政府公职人员只有清正廉洁，才能刚正不阿，一旦收受了违法交易主体的贿赂，势必要以枉法的方式进行"回馈"，体现为选择性执法或对被处罚者有意偏袒、包庇、纵容等。典型示范与警示教育不仅塑造了人民满意的单位和个人的先进典型，而且也彰显了中央贪腐必惩的决心，通过积极引导与引以为戒的警示教育，使党员干部向先进典型学习，树立不能腐、不敢腐、不想腐的底线思维与行动准则。我国树立的"先进典型，在党内和社会上产生了强烈共鸣，各地广泛开展的评选身边先进典型活动都起到了良好的示范带动作用"[①]。在警示教育方面，伴随中央反腐力度的不断加大，贪腐的害群之马受到了党纪国法的严厉处罚，同时也产生了强大的震慑作用。

---

① 赵智、王兆良：《教育实践活动：一种渐趋成熟的党内教育模式》，《江汉论坛》2013 年第 5 期。

第六章　构建交易伦理的制度保障体系

良好交易伦理秩序的形成，不仅需要市场个体、企业和政府都要遵守交易道德规范要求，同时也需要构建以法律为核心的制度保障体系，"实现法律和道德相辅相成、法治和德治相得益彰"①。法律确立正确行为的规范，使市场主体有法可依、有规可循；法律赋予政府公权力，对破坏交易秩序的行为依法审判、惩处，实现矫正性公正。因此，交易伦理秩序的形成需要良法保障。

第一节　完善维护交易伦理的法律制度

习近平总书记指出："发挥市场经济固有规律的作用和维护公平竞争、等价交换、诚实守信的市场经济基本法则，需要法治上的保障。……违法行为得不到惩治，市场经济就不能建立起来。"② 显然，创设良好的营商环境，降低交易成本，亟需在加强交易伦理价值观引导的同时，完善相关法律制度，遏制虚假失信行为的泛滥，促进市场交易伦理秩序和经济社会的健康稳健发展。

---

① 《中共中央关于全面推进依法治国若干重大问题的决定》，人民出版社 2014 年版，第 13 页。
② 习近平：《之江新语》，浙江人民出版社 2007 年版，第 203 页。

一、提高对虚假失信不良交易行为的惩罚力度

交易活动伦理秩序的维护，不仅取决于市场主体正确的义利观所形成的内在约束力，而且也取决于社会法律所形成的外在制裁力。法律权威是增强市场主体守法意识、形成法律信仰的重要前提与基础。法律对禁止性行为"违法必究"的强制秉性及其惩罚力度所产生的震慑力，在很大程度上能够强化交易主体对法律制度的认同与信服。

伴随中国特色的社会主义法治体系的建立，我国对交易中的不良行为已初步形成具有约束性的惩罚态势，集中体现为对市场经济活动中虚假失信交易行为的惩治与威慑作用。法律对虚假失信行为的处罚具有普遍性和确定性，因为法律对入罪、判刑、处罚程序和量刑标准，都有明确、具体的规定。只要市场主体的交易行为违反了相应法律，都会受到与罪行相当的惩罚。因此，法律对失信违法交易行为的处罚具有严厉性、公正性、强制性和不可抗性。法律对违法交易行为处罚的严厉性首先体现在惩罚措施的多样性。实施失信违法交易行为的市场主体，会受到经济处罚，会被依法没收不正当的违法所得，并被处以违法所得若干倍数的罚金。法律对虚假失信交易行为主体，在经济处罚的基础上，还会剥夺一定的权利，如剥夺其进入市场交易的资格，不允许其在一定时期内从事相关行业等。换言之，市场主体的交易参与权利与自由并非恒定不变、终身享有，市场主体一旦实施了违法交易行为，就会被依法剥夺相应参与市场活动的权利与自由，即违法交易者不能在市场中与其他守法市场主体一样同等自由进出市场，获取合法正当利益。

法律对虚假失信的违法交易行为具有强制性。法律对虚假失信交易行为市场主体的司法裁决具有个人选择意愿的无涉性。不论市场主体及其关涉的法人、责任人的意愿如何，本身是否愿意接受相应惩罚，只要确定存在犯罪事实，且裁决或行政处罚是依法作出的，并依照法定程序依法实施的，除二审改判或最高法地方巡回法庭责令改判重审的情况外，判决一经作出就具有法律效力和惩罚的强制执行力。即是说，相关处罚判决一经签发即生效，执

法机关就会对相关主体依照法定程序强制执行司法裁决或行政处罚规定。

　　显然，交易伦理秩序的建构，需要发挥法律的威慑作用，遏制交易活动中的虚假失信行为。我国现有的一些法律规定，对交易中的欺诈、制假贩假、违约失信等行为的量刑规定，既存在笼统性，也存在刑罚偏轻的问题，导致违法成本低、失信牟利的机会成本高的客观现实。《中华人民共和国产品质量法》（2018 年）第五十条规定："在产品中掺杂、掺假，以假充真，以次充好，或者以不合格产品冒充合格产品的，责令停止生产、销售，没收违法生产、销售的产品，并处违法生产、销售产品货值金额百分之五十以上三倍以下的罚款；有违法所得的，并处没收违法所得；情节严重的，吊销营业执照；构成犯罪的，依法追究刑事责任。"我国对制假贩假主体惩罚条款规定虽比较全面，但规定笼统，为自由裁量权留置了过多的空间，不仅为权力寻租留有空隙，易于导致"同案不同判"的问题，而且刑罚力度偏低，难于产生法律威慑。制假贩假是世界各国法律都明文禁止的行为。"美国《商标保护法》规定，故意制造和销售假货重犯者将面临最高 10 年刑期、个人 500 万美元（约合人民币 3300 万元）罚款。另外，美国联邦法律还规定，制假售假初犯者将面临 10 年以上的监禁，重犯者将面临 20 年以上监禁和 500 万美元的罚款，因假货造成死亡后果的个人将会被终生监禁。而对于公司处罚就更加严厉，罚金高达 1500 万美元（约合人民币近 1 亿元）。"[1]欧洲国家对造假、售假、买假行为的直接责任人和间接责任人依法重罚，处罚的对象具有广延性。以数据制假为例，欧盟对数据造假的成员国会进行严惩。"2015 年 7 月，西班牙因实施数据造假行为，被欧盟处以 1890 万欧元，约合 1.3 亿元人民币的巨额罚单。"[2]而对于销售的小贩与购买假冒商品的消费者，通常会在欧盟成员国受到严厉的处罚。以意大利为例，政府制定法律，对景区商贩的售假行为进行严厉惩处，最高处以 7000 欧元的罚款。[3]

---

① 《"假货多"与"打假难"》，《现代商业》2016 年第 6 期。

② 《欧盟首开数据造假罚单西班牙被罚千万欧元》，《第一财经日报》2015 年 7 月 15 日。

③ 《意大利立法取缔景区流动商贩 将对买家苛以重罚》，中国新闻网 2018 年 6 月 26 日。

除传统的线下实体售假外，提供售假服务的电商平台也会受到重罚。据报道，2008 年，因向客户提供销售非正品路易威登的交易渠道，国际知名电商平台 eBay 被法国一家法院判罚向正品厂商支付高达 3850 万欧元的罚金。巴黎法院再审此案，虽然将罚金数额大幅下调，但惩罚金额依然达到 570 万欧元。与之相比，我国《食品安全法》对制假售假的惩罚力度存在不足的问题。根据该法的规定，掺假售假犯罪未遂的，以食品、食品添加剂货值金额一万元为界实行差等惩罚，不足临界值的处 5 万元以上 10 万元以下的罚款；达到并超出临界值的处货值 10 倍以上 20 倍以下的罚款。[①] 法律惩罚力度不足，往往难以形成对虚假失信交易行为的威慑和警示作用。

有鉴于此，我国应提高对虚假失信交易行为的惩罚力度，保持对该类行为严厉打击的态势。我国对贩假失信等不良行为的惩处，需要做好三方面的法律完善工作：第一，加大对欺诈失信行为的惩戒力度。针对我国保护交易伦理的相关法律制度惩罚力度偏低以及法律威慑力不足等问题，需要尽快对我国现行《刑法》《食品安全法》《消费者权益保护法》《反不正当竞争法》等法律中与虚假失信相关的条款进行修订完善，提高对贩假、失信等行为的处罚力度。第二，增加刑罚方式。在刑罚方式上，既要加大财产罚和人身罚的力度，产生法律威慑和加大违法风险，也需要借鉴国外法律处罚的经验，在罪责相关的职业领域或社会活动中，引入禁止性的行为罚和资格罚，以法律惩处范围的延伸而提高贩假失信行为的违法成本，使虚假失信者付出惨痛代价，不敢投机钻营，使社会其他成员望而生畏，不敢效仿。第三，修订笼统性的法律条款。法律规定明确具体，是法律条文区别于一般道德原则的重要特征。对于法律规定笼统的那些条款，尤其是刑罚范围过宽的法条，需要进一步明晰定罪量刑标准，以程序确刑取代情节范围定刑，减少相关人员"选择性守法"和"选择性执法"的空间，维护法律的权威性。

---

① 《中华人民共和国食品安全法》，中国人大网，2019 年 1 月 7 日。

二、降低对欺诈失信等不良交易行为惩治的入罪门槛

法无禁止即可为，体现了公民行为的自由权利，为此，法律需要对公民禁止性行为进行明确划界。对欺诈失信等不良行为的惩罚，既要加大刑罚力度，也要降低入刑门槛，严厉打击欺诈等行为。

事实上，欺诈失信等行为成功与否是由主观意图与客观条件共同决定的，犯罪未遂只能表明其不具备实现的客观条件，并不是行为主体的主观意图和目的，所以，对于那些实施欺诈行为的主体，不应该因其未遂或社会破坏力不大而将其排除在法律制裁之外。换言之，只要交易主体具有欺诈的动机与行为事实，不管欺诈是否得逞，都应当同等追责。以诈骗罪为例，我国的诈骗罪包括立案金额的法定要件[①]；西方一些国家对诈骗罪的规定，不是后果论的定罪方式，而是基于行为的性质，即不论诈骗金额多少以及诈骗是否得手，都会入罪判刑，给予严厉处罚。《法国刑法典》第 313－1 条规定："使用假名、假身份，或者滥用真实身份，或者采取欺诈伎俩，欺骗自然人或法人，致其上当受骗，损害其利益或损害第三人利益……是诈骗。对诈骗处 5 年监禁并科 250 万法郎罚金，同时附加最长 5 年的资格刑。"[②]《德国刑法典》第二十二章"诈骗和背信"第 263 条（诈骗）规定："意图为自己或第三人获得不法财产利益，以欺诈、歪曲或隐瞒事实的方法，使他人陷于错误之中，因而损害其财产的，处 5 年以下自由刑或罚金刑。犯本罪未遂的，亦应处罚。"[③]即便诈骗未遂获利，一样受罚。显然，"我国在相关法律的修订中，需要改变目前单纯的后果要件论定罪方式，要考虑'善意与恶意'的行为性质"[④]。降低不良交易行为的门槛，就是加大违法风险。市场主体的行为动机

---

① 我国《刑法》第二百六十六条规定，诈骗公私财物，数额较大的，处三年以下有期徒刑、拘役或者管制，并处或者单处罚金。我国《刑法》对诈骗罪有三类处罚规定，分为数额较大、数额巨大、数额特别巨大。

② 《法国刑法典》，罗结珍译，中国人民公安大学出版社 1995 年版，第 112—113 页。

③ 《德国刑法典》（2002 年修订），许久生、庄敬华译，中国方正出版社 2004 年版，第 128 页。

④ 王淑芹：《诚信建设制度化路径选择》，《光明日报》2014 年 9 月 10 日。

是逐利的，要遏制交易主体的违法牟利企图以及人们效仿的冲动，就要增加违法成本，使违法交易得不偿失。

三、完善信用惩戒的相关法律制度

信用经济时代对失信者的处罚，除了各种法律对欺诈、制假贩假等行为的直接处罚外，还会运用信用信息的公开及传散性，发挥市场和社会对失信交易主体的排挤力。概言之，信用惩戒是以信用主体违法失约的不良信用记录为依据，通过信用信息的公开与传散，对失信主体实施的一种惩罚性措施。反观现实可以发现，导致交易行为伦理失范的重要原因之一，就是信用信息不对称使一些具有不良信用记录的交易主体，因其不良信用信息被隐匿，鲜为人知，因而能够和守信交易主体一样具有市场竞争资格而参与相关交易。为此，需要尽快制定信用管理的核心法律制度，以更好地发挥信用惩戒作用，使"守信者获益，失信者处处受限，寸步难行"，填补我国信用信息法的缺位。

《国务院关于建立完善守信联合激励和失信联合惩戒制度加快推进社会诚信制度建设的指导意见》（2016 年）、《关于加快推进失信被执行人信用监督、警示和惩戒机制建设的意见》（2016 年）等重要文件相继出台的政策保障与政府的统一部署，加之全国范围内企业和自然人信用代码的统一以及国家信用信息平台建立等，对重点领域和严重失信行为进行信息公示、共享以及实施联合惩戒机制基本建立，且取得显著成效。

虽然我国现阶段已实行多部门共同参与的信用惩戒措施，但信用信息的依法采集、广泛公示等制度仍需要进一步完善。其一，尽快制定个人和企业信用信息公开法，使个人和企业信用信息的采集和使用依法合规。法律不仅要界定入罪及量刑标准，严惩坑蒙拐骗、欺诈违约等行为，彰显法治权威，还需要保障公民权和企业的合法权益。为了保护公民隐私权和企业商业机密，需要立法对信用信息的采集与使用进行严格规定，防止个人信息的"裸奔"，发挥好信用信息公开传播对失信者的社会排挤作用。美国的《公平信用报告法》（FCRA），不仅将信用信息对象的个人同意作为合法性要件，而且还对信用信息使用的具体方式与用途进行明确规定。"其他合法使用消费者资信调查报告的机构或人必须符合下列条件，否则即使当事人同意也属违法行为：1. 与信用交易有关；2. 为雇佣目的；3. 承做保险；4. 与合法业务需要有关；5. 奉法院的命令或有联邦陪审团的传票。"① 其二，在相关法律中，需要明确规定对已采集信用信息的核查与责任追究，确保信用信息的真实可靠。信用信息的真实性是有效发挥信用惩戒作用的前提。因之，信用信息的采集除了遵循法定程序外，还需要确保公示信用信息的真实性，以减少或避免信用信息本身的虚假性对相关人员的伤害。其三，对不同性质的失信信息保存时限需要分类且进行区别性的规定。目前，国务院颁布的《征信业管理条例》，对个人不良信息保存期限统一规定为 5 年。事实上，经济领域虚假失信行为的性质、危害性是不同的，不能一概而论，要精准施策。因而，可以把失信行为划分为严重失信行为、一般失信行为和轻微失信行为。在立法中，需要坚持公平惩罚原则，对不同行为类型失信记录的保存年限进行不同规定，如非故意的一般失信行为者，以警示教育、诚勉谈话为主；对于故意的一般失信者，失信记录保留 5 年；对于故意且重大失信者，失信记录保留 10 年，进而有效发挥信用记录的警示、教育、引导与惩罚作用。

在市场经济活动中，要充分发挥好信用惩戒的作用，做好信用修复的工作。《最高人民法院关于公布失信被执行人名单信息的若干规定》（法释〔2017〕7 号），不仅对纳入失信被执行人的名单有明确的法律规定，而且对纳入失信被执行人名单的时效、信用修复的条件以及修复的途径都有明确的规定。应该说，最高人民法院对公布失信被执行人名单信息的若干规定，是失信主体退出惩戒措施的制度保障，既发挥信用惩戒对失信被执行人的制裁作用，也为失信被执行人提供了修正错误的机会与途径。

---

① 林钧跃：《美国信用管理的相关法律体系》，《世界经济》2000 年第 4 期。

第二节　完善政府监管机制

《中共中央 国务院关于新时代加快完善社会主义市场经济体制的意见》（2020 年）指出："坚持正确处理政府和市场关系。……深化以政企分开、政资分开、特许经营、政府监管为主要内容的改革。"政府监管是发挥政府对市场管理的一种重要方式。现代社会的市场监管主要指政府的监督和管理，"它区别于传统的直接行政干预，既可以是强制性的，也可以是非强制性的"[①]。政府依法具有监管的法定职责。政府既不应该凌驾于市场之上，"也不应该只是'守夜人'，而是市场的参与者和调节者"[②]。因此，市场监管是政府监管的重要组成部分。有效的市场监管对良好市场秩序的形成与维护具有关键性作用。

一、健全市场监管"缺位"的问责制度

政府对市场的监管，既不能"越位"，也不能"缺位"。有效地监管市场交易行为，维护良好的市场交易秩序，是政府市场监管责任"正位"的表现。"市场监管可以被描述为，国家为了克服市场失灵，保障公共利益，依法采取的用以规范、制约微观经济主体行为的一系列机制、体制和制度的总称。"[③]我国实行全面依法治国，发挥市场在资源配置中的决定性作用，实施"简政放权"，深化行政审批制度改革，推进"放管服"与"立改废"改革，

[①]　逄晓枫：《我国政府社会性监管法治化研究》，博士学位论文，东北师范大学，2015 年，第 11 页。
[②]　乔洪武：《西方经济伦理思想研究》第 2 卷，商务印书馆 2013 年版，第 122 页。
[③]　吴汉洪：《市场监管与建设现代化经济体系》，《学习与探索》2018 年第 6 期。

但政府简化行政审批和服务型责任主体的转型，并不意味着政府监管的松懈以及对监管"空位"问责的缺失。事实上，问责机制是对政府公职人员全流程闭环监管问责的任内与离退责任追究的机制。问责制度体系主要针对政府监管者在任内未尽职履责，即使其不良后果在任内未显现，离任后也要追究其失职责任。如政府公职人员在任内为追求个人政绩，疏于对土地建设使用行政审批在环保生态方面的考量，致使不满足环保生态项目顺利获得行政许可，一旦离任后生态环境问题凸显，就会对这种不尽责的监管者进行追责。

完善市场监管者责任清单，明晰监管者的岗位职责。政府作为市场交易规则的制定者、监督执行者以及参与者，对维护市场交易秩序具有重要的地位和作用。问责的前提是职责明确，为此，需要针对市场交易秩序的需要，推行"双随机、一公开"的监管方式，进一步明确和具体化市场监管者的责任。为了避免政府监管者在市场执法过程中出现的"检查任性和执法扰民、执法不公、执法不严等问题，营造公平竞争的发展环境"①，需要大力推广"双随机、一公开"的公平监管机制。即政府监管者在对市场进行监督检查过程中，采取随机抽取检查对象和随机选派执法检查人员，并将抽查情况及查处结果及时向社会公开，做到依法依规和公开透明监管。及时抽验市场交易产品，保证市场流通商品的品质，尤其是食品安全，是市场监管者的重要责任。一旦假冒伪劣产品交易盛行，具有食品安全问题的产品没有截留在流通之外，就是市场监管者的失职，需要追究其工作疏忽及其不良社会后果的责任。所以，需要实行目标管理、任务驱动的方式，以区域市场交易秩序与安全为责任区，分片分区划分责任任务，使市场监管部门和人员都有明确的责任指标。交易市场一旦出现混乱或产品质量有问题，就要追究相关部门和人员的责任。唯有市场监管者履职尽责，加强对市场的管理与引导，才能形成良好的市场交易秩序。为了维护市场公平竞争秩序，国家市场监管总局依据《中华人民共和国反垄断法》，对阿里巴巴集团控股有限公司实施的"二

---

① 《国务院办公厅关于推广随机抽查规范事中事后监管的通知》（国办发〔2015〕58号）。

选一"的垄断行为，进行行政处罚。"当事人为限制其他竞争性平台发展，维持、巩固自身市场地位，滥用其在中国境内网络零售平台服务市场的支配地位，实施'二选一'行为，通过禁止平台内经营者在其他竞争性平台开店和参加其他竞争性平台促销活动等方式，限定平台内经营者只能与当事人进行交易，并以多种奖惩措施保障行为实施，违反《反垄断法》第十七条第一款第（四）项关于'没有正当理由，限定交易相对人只能与其进行交易'的规定，构成滥用市场支配地位行为。对当事人处以其2019年度中国境内销售额4557.12亿元4%的罚款，计182.28亿元（大写：壹佰捌拾贰亿贰仟捌佰万元）。"①市场监管及时到位，是交易伦理的基础，是市场经济健康发展的保障。

确定不同市场监管主体的具体责任。我国市场监管责任主体存在分工不到位而出现的模糊地带问责"短板"问题。政府对交易市场的全面监管，往往需要不同层级、不同部门及其人员的共同协作。只有多层级的不同部门联合办公，不留缝隙，才会取得市场综合治理的良好效应。如果多层级的不同部门之间缺乏联动和明晰的具体分工，就会出现监管"盲点""盲区"，致使违法违规的交易或不合格产品能够流入市场进行贩卖，产生以次充好、价格欺诈、劣质品热销等现象，进而影响人民群众的生活质量和政府的威望。为此，政府对市场的监管要打破条块分割的僵局，避免监管缝隙的"白地"，在分工与合作中，明确不同监管机关及其人员的具体责任。监管部门和监管者责任明确，既是市场秩序维护的前提，也是问责的基础。

强化监管者的前瞻性责任。伴随科技发展而出现的新业态产业形式，交易方式更加多样和快捷，监管者面临的监管任务也有新的要求。为有效发挥政府对市场交易行为的调控作用，监管者就要对新业态的交易方式尽快熟悉，掌握市场交易规律，并能够根据新形势新发展及其趋势，对新型交易市场的规范化管理具有前瞻性的思考和规划。仅以电商交易为例，由于网络的

---

① 《国家市场监督管理总局行政处罚决定书》（国市监处〔2021〕28号）。

虚拟性，电商交易的多主体委托代理性以及代理管理的模糊性，造成了电商平台与消费者、电商平台与政府、电商平台与代理商、电商平台与厂商之间多重的信息不对称性，蕴含交易行为虚假欺诈的风险，而肩负市场交易监管责任的工商局、市场监管总局、物价局、食品药品监督管理局等，就要联合办公，统筹监管，并及时出台相关规定和标准，避免市场混乱。2021年政府监管部门及时叫停蚂蚁金服上市，避免了因高杠杆可能引发的金融危机和社会混乱的高风险，既体现了我国金融监管的力度，也体现了金融监管的前瞻性，不仅在很大程度上避免了可能引发的金融危机，而且也稳定了社会秩序，提高了政府的威望。另外，面对经营平台经济的一些企业滥用市场支配地位的行为，国家市场监督管理总局实施行政处罚。《行政处罚决定书》（国市监处〔2021〕28号），依法对阿里巴巴集团控股有限公司在中国境内网络零售平台服务市场实施"二选一"垄断行为作出行政处罚，罚款高达182.28亿元。显然，在维护平台经济公平竞争的市场环境，促进交易伦理秩序的形成方面，政府监管具有重要作用。

二、完善对"权力寻租"行为的严惩制度

政府对市场的监管蕴含一定的利益诱惑，易于产生"权力寻租"行为。"权力寻租"是存在于官商关系中的非法违规行贿受贿行为。"权力寻租"的本质是公权私用。它主要是指政府公务员凭借任职于政府职能部门手中的公权力，为与其存在利益输送关系的相关者（个人或企业等）进行不正当利益或权益回馈的行为。"权力寻租"的表现形式多种多样，但主要类型包括政府监管者通风报信、利益导向的规避性、充当违法企业的"保护伞"等，甚至为违法市场主体赃款转移或越境出逃提供职权便利。具有"权力寻租"行为的政府监管者，往往利用手中的权力谋取自己和利益相关者的最大利益，违背了为人民服务的宗旨。

我国正处于社会转型期，进入改革的"深水区"与攻坚期，各种利益

矛盾纷繁复杂。改革开放的深化孕育出新的经济增长点，市场交易的方式更加丰富，在促进经济增长的同时也蕴含更多不确定性和潜在风险。市场交易与网络的结合、金融交易中新型投资产品的入市等，滋生"权力寻租"的土壤，给传统市场监管带来了挑战与风险。为此，完善政府监管机制是十分必要的。

健全政府审批的监察体系。实行政府审批的全流程系统匿名审批制度，形成政府审批人员信息与市场主体间信息保护屏障，规避不法市场主体精准点对点寻租的可能。建立政府审批人员信息储备数据库，除特定岗位行政法规要求的情形外，实行利益相关者审批员筛查制度与随机分配机制，规避人为干预审批名单的行为产生。实施严苛的程序性审批与人为复核制度，程序上不合规，一律不予通过，所审批事项予以程序冻结。建立政府内部审批责任人的秉公用权、廉洁审批的信用承诺制度以及审批人的信用档案制度。

创建对监管者的监察平台。实施政府公职人员多维（人民群众监督、人大监督、组织监督、纪委监督、司法监督）监督体系，织密防腐惩腐的监管网，避免"小官大贪"型"权力寻租"以及关键岗位"少数人"的"权力寻租"。建立政府市场监管者个人及其亲属个人信息与银行卡数据库，将监管者及其家庭成员列入市场主体商业利益输送对象禁收名单。对市场监管人员参与具有较高价格、贵重交易对象的交易行为进行监察；对市场监管人员休闲型的高消费如打高尔夫球等实施动态监察；禁止市场监管人员的亲属到企业重要岗位任职。

加强对"权力寻租"行为的联合执法与联合惩戒。"权力寻租"是一个全球性问题，因此，开展跨区域、跨境的联合执法与联合惩戒，对遏制"权力寻租"行为具有重要作用。建立信息共享平台，依照法定程序开展相关信息的跨部门共享，提升联合执法效力。在国际层面，加强我国与其他国家引渡条约的订立，确保对违法"权力寻租"人跨境联合执法，使我国执法部门引渡有法可依。建立与相关国家执法部门"权力寻租"犯罪证据的跨境互认机制，通过境外司法审判手段剥夺在逃"权力寻租"人取得合法永居权的资质。建立违法潜逃"权力寻租"人境外固定资产购置资金来源与国内赃款的互认制度，妥善处理境外资产处置与国内赃款追缴的问题。

党的十八大以来，在党中央的坚强领导下，我国成立"包含中央纪委、最高人民法院、最高人民检察院、外交部、公安部、国家安全部、司法部、人民银行等 8 家成员单位"共同构成的中央反腐败协调小组，在反腐领域开展国际合作。近年来，我国在国际反腐追逃追赃方面，取得阶段性成果。"数据显示，2019 年 1 至 11 月，全国共追回外逃人员 1841 名，其中党员和国家工作人员 816 人，追赃金额 40.91 亿元人民币。"[1] 此外，在 2019 年组织开展的"百名红通人员"跨国合作中，已有六成的海外在逃违法者回国归案，取得较大阶段性成果。[2] 依托"一带一路"，积极开展国际合作框架内的反腐合作，构建廉洁国际合作"朋友圈"。推进跨国"引渡条约"缔结进度，加强与大额、影响恶劣外逃者所在国家的执法合作。

三、实施市场监管者廉洁年金制度

市场经济是法治经济，廉洁、高效、责任、透明的政府运行机制有助于在合法的限度内更好地服务市场经济，形成良好的交易伦理秩序。"法治化营商环境要求法治政府建设与政府管理创新、市场经济体制完善结合起来，建设一个更加公正、高效、透明的政府，更好地为市场经济服务。"[3] 因此，保障政府监管者廉洁履责的一致性与一贯性无疑具有重要意义。廉洁退休金制度的提出、实施与完善正是为此而设计的制度体系。

廉洁退休金制度是现代社会强化对政府公职人员任内廉洁履责的一项重要举措。该制度将公职人员上岗至离任期间的廉洁表现与退休后所获得的积年累月的养廉福利相关联，即公职人员在退休前，没有腐败行为或未被发

---

① 《有逃必追，一追到底》，《人民日报》（海外版）2020 年 1 月 8 日。

② 《有逃必追，一追到底》，《人民日报》（海外版）2020 年 1 月 8 日。

③ 江必新、郑礼华：《全面深化改革与法治政府建设的完善》，《法学杂志》2014 年第 1 期。

现有腐败行为，退休后方可领取一笔可观的廉洁金。通过建立廉洁退休金制度，把公职人员的任职责任与退休生活保障紧密相连，不仅有利于提高公职人员退休后生活质量，免去他们生活的后顾之忧，在很大程度上，也有利于遏制因担忧退休后生活困难诱发的腐败行为，进而实现"高薪养廉"的目的。

廉洁退休金制度已在世界一些国家或地区实施。新加坡制定并实施了《中央公积金制度》，给予公务员月薪的四成的公积金奖励，奖励金实行月基年岁累积制。奉公守法、廉洁履责的公职人员能在退休后得到一大笔奖励金，这笔钱足以使他和其家人过上衣食无忧的生活。"据统计，高级公务员（司局级）到55岁退休时，公积金总额有80万～90万新元，相当于人民币400万～500万元。"[1] 一旦公职人员在任内存在贪腐、受贿、收受当事人礼物等行为，经查证，存在受贿贪腐的事实，他们就会被剥夺享受廉洁退休金的权利和资格。

相较于新加坡的廉洁退休制度，我国也进行了初步探索。理论研究层面，国内学者关于我国政府公职人员廉洁状况与个人福利关系的研究，提出了多维见解，主要包括"'廉政金''廉政保证金''廉政公积金''廉政勤廉保证金''廉洁年金'等"[2]。在实践层面，我国正在探索建立针对公职人员的廉洁年金制度。"廉洁年金制度一直备受社会争议，焦点主要集中于合法性、公平性以及有效性等问题……其实践的障碍在于启动工作准备不足和政策空间不足。"[3] 从理论上讲，建立公职人员任职期间的个人廉洁表现与年度廉洁退休金的累进总额的关联机制，会极大地增加公职人员腐败或"权力寻租"的机会成本与违法代价，形成腐不起、不敢腐的利益约束机制。显然，构建对市场监管者的廉洁退休金制度无疑具有重要意义。

市场监管者由于负责市场综合监督管理、市场主体统一登记注册、市

---

① 《廉洁年金制度：如何起到"养廉"作用》，《人民政协报》2013年11月11日。
② 庄德水：《廉洁年金制度的伦理逻辑和实践策略》，《学术交流》2014年第3期。
③ 庄德水：《廉洁年金制度的伦理逻辑和实践策略》，《学术交流》2014年第3期。

场监管综合执法、维护公平竞争的市场秩序、打击垄断等。所以，各类市场监管人员要与各类经营者打交道，经常面临各种利益诱惑与挑战。为了坚定市场监管者依法依规监管市场，维护交易伦理秩序的责任，需要从利益约束机制的角度，对市场监管者的廉洁与利益关系进行制度设计，形成对市场监管者的保护机制。第一，借鉴国外的廉洁退休金制度，探索对市场监管者实施廉洁年金制。目前，我国公职人员的收入包括工资、福利、保险待遇。由于我国的公务员的工资福利完全由国家财政负担，在我国现有经济发展水平下，大规模额外增加公务员廉洁金是不现实的，但在不增加国家财政支出的前提下，可以对公务员现有工资结构进行分割配比，拿出工资的一小部分作为廉洁金，一年一兑现。在一年工作结束后，如果在职期间被发现有受贿、充当保护伞等腐败行径，廉洁年金不予返还；如果在职期间依法履职，没有发现有受贿、违规等行为，廉洁年金就及时返还。常年观察、监督与年终兑现廉洁金，就会时刻提醒市场监管者在履职过程中要廉洁守纪。第二，建立与廉洁年金配套的监察制度。为保证廉洁年金兑现的公平公正，需要确认市场监管者在履职期间，是否存在滥用职权牟取私利的行为。市场监管者与经营者的利益合谋，往往具有一定的隐蔽性，所以，就会出现个别市场监管者即使已与一定的经营者进行了利益输送，但也没有被察觉和发现，以至于这类市场监管者既拿廉洁金的钱，又拿行贿者的钱，甚至会助长这类市场监管者的胆量，从事更大的利益输送。为此，需要建立对市场监管者及其亲属年收入的报备制度和抽查制度。第三，建立与廉洁金配套的诚信记录的广泛使用制度。在健全市场监管者个人财产申报的公开、透明的收入监督体系外，还要把个人年收入申报的真实性纳入市场监管者的诚信档案中。对那些在财产申报中存在的漏报、瞒报、少报的情形，将计入市场监管者职业信用档案。对于那些具有不良信用记录的市场监管者，就要根据相关规定，进行公示且给予相应的处理。把那些违反诚信原则的离退市场监管者列入失信"黑名单"，发挥社会的联合惩戒作用。

第三节　健全行业监督机制

良好社会的治理，不仅有赖于政府有力的监管和公民个人的自制，而且还需要发挥"社会中间层"的作用，发挥行业协会承上启下的作用。市场经济交易行为的主体具有多元性和多层级性。除交易个体、企业、政府外，行业协会也扮演着重要的角色，发挥着不可忽视的重要作用。"改革开放以来，随着社会主义市场经济体制的建立和完善，行业协会商会发展迅速，在为政府提供咨询、服务企业发展、优化资源配置、加强行业自律、创新社会治理、履行社会责任等方面发挥了积极作用。"① 各类行业协会处于特定行业群体与政府监管部门之间的中间层，他们不仅为所在行业的企业提供国家法律法规及各种规章制度的咨询服务，而且也基于国家标准，参考国际标准，制定行业标准，从而确立本行业内企业通行的交易行为准则。行业协会、商会对企业的监督是配合政府市场监管的一种社会管理方式，往往具有行业的特色与传统，对于推进企业自律与他律相结合的企业治理，发挥着重要的作用。

一、构建政会分离的新型行业监管格局

伴随市场经济体制的推进以及针对传统政会关系存在的问题，我国实施政府与行业协会、商会分离的改革，在国家管理层面，行业协会、商会与政

---

① 《中共中央办公厅 国务院办公厅关于印发〈行业协会商会与行政机关脱钩总体方案〉的通知》（中办发〔2015〕39 号）。

府行政部门脱钩工作有序进行。坚持"政社分开、权责明确、依法自治的现代社会组织体制"的建设要求与"依法设立、自主办会、服务为本、治理规范、行为自律的社会组织"①的要求，加强行业协会、商会的建设。

第一，加快行业协会、商会法律制度建设，依法规范行业协会的运行。我国全面推进依法治国，坚持法治国家、法治政府、法治社会一体化建设，而行业协会作为独立的社会组织，需要明确政行分离后行业社会组织的法律地位和法律责任，以便更好地发挥行业协会协助政府对市场的监督作用。政府要求"加快行业协会商会法律制度建设，明确脱钩后的法律地位，实现依法规范运行。建立准入和退出机制，健全综合监管体系"②。目前，我国没有专门的行业协会方面的法律，行业协会的法律地位主要来自《宪法》《行政法》的相关规定。我国《宪法》规定，行业协会是具有结社自由的合法组织；民政部的《社会团体登记管理条例》规定，行业协会不仅是合法的非营利性社会组织，而且也是具有社会团体法人资格的社会组织。伴随市场经济体制的深化，市场配置资源的广泛性以及依法治国的要求，需要推进行业协会的专门立法，对行业协会的性质、地位、职能等进行明确规定，以便在公民、社会组织和政府的三域治理中，既完善政府对行业协会的依法监管，也促进行业协会对市场的检查与监督能够有法可依，维护市场竞争的公平性。

第二，完善"一建设、三监管、两监督"的行业协会监管新模式。为了进一步厘清行政机关与协会、商会的职能边界，从根本上改变单一行政化管理方式，实现对市场的专业化、协同化和社会化的监督与管理，我国陆续出台了相应的行政规定。2016年民政部颁布《社会团体登记管理条例》，随后国家发展改革委、民政部、中央组织部等十部门联合印发《行业协会商会综合监管办法》。两项规定各有侧重，前者只对行业协会设立的条件做了一般

---

① 《中共中央办公厅 国务院办公厅关于印发〈行业协会商会与行政机关脱钩总体方案〉的通知》（中办发〔2015〕39号）。

② 《中共中央办公厅 国务院办公厅关于印发〈行业协会商会与行政机关脱钩总体方案〉的通知》（中办发〔2015〕39号）。

性的原则规定，明确了民政部门的主管职责，但并未就行业协会成立以后的监管程序、权利与责任、后续问责和追责加以明确的规定。后者相较于前者在行业监管体制、机制的系统性建设方面有了较大提高，确立了"一建设、三监管与两监督"的行业协会监管新模式。"一建设"即"法人治理机制建设"；"三监管"即从"资产与财务""服务及业务监管"和"纳税和收费"三方面强化对行业协会的监督；"两监督"即行业协会的外在社会监督和领导核心监督。

第三，健全政府与协会、商会的沟通渠道，形成"亲清"新型政行关系。政行分离是政府转变职能、建设服务型政府的一种体现。政府角色的转变并不意味着对行业协会的放任不管，而是要加强对行业协会、商会的指导与管理。一方面，肯定行业协会在社会主义市场经济中的地位，发挥行业协会、商会对所辖企业正当经营的监督作用；另一方面，创设行业协会与政府的沟通渠道，发挥行业协会、商会的反馈、建言、咨政的作用。

第四，加强行业协会、商会对所辖企业市场交易的检察力度。行业监管是特定行业协会或商会坚持公开、公平、公正原则，通过检查、抽查、巡查、督查、审核审计等方式，对所在行业企业的生产、经营活动等进行的指导、服务与规范等。所以，行业监管对市场交易秩序具有重要影响。一方面，发挥好行业协会、商会对本行业企业的生产和经营活动的业务指导性；另一方面，发挥好行业协会、商会对本行业企业的生产和经营活动的检察作用，依照国家标准、行业标准对企业的产品质量进行抽查和检查，禁止假冒伪劣产品流入市场。

第五，强化行业协会守法合规收费的自律性。行业协会、商会是非营利性的社会组织，行业协会的维系需要一定的经济基础，但收费事项及其标准要按照国家的相关规定，不能巧立名目乱收费，以牟取暴利。也就是说，行业协会、商会不得在国家规定的范围外私自增加收费名目，或超出规定限度大幅上调收费标准，增加企业的经济负担。2020年，国务院办公厅印发了《关于进一步规范行业协会商会收费的通知》（国办发〔2020〕21号），提出行业协会商会收费"五个严禁"的基本原则:"严禁强制入会和收费,严禁利用法定职责和政府委托授权事项违规收费,严禁通过评比达标表彰活动收费,严禁通过职业资格认定违规收费,严禁只收费不服务或多头重复收费。"显然,行业协会商会作为对市场秩序的维护者,首先要自律,不能乱收费,尤其是在年度评优工作中,要坚持评优的客观标准,不能以企业缴费多少作为评优的条件,使获得优秀称号的企业在行业中切实发挥引领和示范作用。

二、推行行业联合奖罚的"红黑名单"制度

"红黑名单"制度是社会信用体系中利用信用信息的传散性,对具有不同信用信息属性的市场主体实施信用奖励或信用惩罚的制度,是个人信用与企业信用构建在制度建设层面的一项重要举措。不论是个人还是企业,都会因自身的信用状况而获得相应的信用奖励或信用惩戒。"所谓红黑名单,是一套对守信者予以奖励、对失信者进行惩罚的名单制度。"[1] 行业内赏罚的"红黑名单"制度是由国家层面的社会信用体系中的"红黑名单"制度在行业层面的具体化。在行业内推行这一制度有助于拓展社会信用体系"红黑名单"制度的外延性,使其真正嵌入行业内的市场竞争中,增加奖惩效力。我国在加强社会诚信建设中,不断探索社会信用体系的建设,其中提出和推行了"红黑名单"制度。国务院专门印发了《关于建立完善守信联合激励和失信联合惩戒制度 加快推进社会诚信建设的指导意见》(国发〔2016〕33号)。"指导意见"不仅明确了红黑名单的制定原则与办法,而且进一步完善了守法诚信褒奖与违法失信惩戒的联动机制。行业协会、商会对市场交易活动的检查与评优活动,需要推进行业的"红黑名单"制度,促进业内企业信用信息的公开与应用,发挥"红黑名单"的信用奖励与制裁对市场主体的约束力。行业协会、商会对企业监察中实施信用奖惩制度,有助于提升行业内

---

① 《红黑名单制定办法出台 失信者将被联合惩戒》,《大公国际》2017年11月7日。

企业的守信互惠应激性与失信的慎独自律性，有利于市场交易伦理秩序的形成。

探索建立本行业内统一的信用评价标准。行业协会、商会在国家企业信用评价体系基础上，确立行业内共同的企业信用评价参数、指标、评价方法，建立可通约、可比较、可参考、可服务的行业内部企业信用评价体系，形成业内为企业信服的"红名单"与"黑名单"。构建行业协会、商会业内企业信用信息的真实性、可靠性的审查与修复机制，对蓄意发布虚假企业信用信息的个人或组织进行追责；把拖欠货款和贷款与薪资、发布虚假信息、利用信息不对称性进行欺诈的行为及"内幕交易"等问题列为负面清单，降低企业的业内信用等级；对于失信企业，按照国家相关规定及时进行信用修复；建立行业协会、商会的业内企业信用信息查询平台，方便市场交易者查询意向合作企业的信用状况。追踪企业线下交易与线上交易信息，对于线下交易与线上交易中企业存在的虚假商品信息、变相隐性价格欺骗、未及时结算款项与劣质售后服务引发的争端等违背交易伦理准则的问题，及时发布行业内失信信息公告。

拓宽行业协会、商会"红黑名单"制度的嵌入渠道。为了激励诚信企业，惩戒虚假失信企业，要构建企业利益获取与守信失信行为的联动机制，把企业信用嵌入行政审批、贷款、市场监管以及公共服务等信息系统中，形成对企业信用的识别与筛查机制，为守信企业提供优待与便利，为失信企业处处设卡，严查严管。如在企业贷款中，行业协会、商会的企业评级可以与商业银行信贷信用评价体系实行互通互认制度，为守信企业的信贷提供绿色通道，并降低失信企业信贷的风险性。行业协会在产品、服务等质量评优中，要把企业的正面信用信息纳入企业信用评价体系中，并进行广泛的社会宣传，使具有良好信用的企业在行业内受到同行的尊重，在行业外受到消费者的信赖。建立行业协会、商会对中小微企业小额信用担保制度，对行业红名单上具有信贷需求但资产担保不足的中小微企业适度倾斜，降低信用良好的中小微企业的融资成本，化解良信企业资金短缺的困境。建立行业信用

"红黑名单"制度与政府监管"红黑名单"制度的企业信用信息数据合法共享，坚持合法、动态、及时、精准的信用信息跨界共享原则，破除行业内与社会中市场交易主体的信息孤岛局面，形成失信"黑名单"企业的行业、市场和社会联动的排斥力，在惩戒中教育和规制失信企业。

三、完善企业社会责任的信息披露制度

企业的生产、经营活动是一种利用生产资料和劳动力等进行资源配置的活动。企业所提供的交易对象，不论是产品、服务抑或股票、债券、期权、期货等，都会在不同程度上对公众健康、安全、权益、生态环境以及社会秩序等方面产生积极或消极影响。因此，在现代市场经济社会，企业不仅仅是一个单纯的营利性的经济组织，也是对社会各个利益相关者负有责任的社会组织。"企业社会责任是指企业在创造最大价值和利润，维护股东利益之外，兼顾社会公益，维护非股东利益相关者的利益，对自己的活动产生的社会影响负责，追求自身经济效益和社会效益相统一的责任的总和。"①

企业社会责任信息披露制度是市场经济发展到一定历史阶段的产物。企业社会责任是"19 世纪初期，20 世纪之后引起人们的关注，20 世纪 50 年代之后逐步走向成熟"②。20 世纪末至 21 世纪初，以美、英、法为代表的主要西方国家先后推行了企业社会责任信息披露制度。"20 世纪 60 年代，西方发达国家率先开展了社会责任会计研究。"③20 世纪 70 年代，美国经济发展委员会发表了名为《企业的社会责任》（*Social Responsibilities of Business Corporations*）的报告，列举了企业需要报告的社会责任行为信息。这些企

---

① 冯果、袁康：《浅谈企业社会责任法律化》，《湖北社会科学》2009 年第 8 期。
② 赵瑾璐、张志秋、王子博：《基于利益相关者角度的企业社会责任研究》，《经济问题》2013 年第 12 期。
③ 邓启稳：《西方社会责任信息披露特点、规制和实践研究——基于法国、美国、英国的经验》，《生态经济》2010 年第 11 期。

业社会责任信息主要包括经济增长与效率、高校教育资助、雇佣（后进与替换员工）和培训、就业权利平等、污染控制设备与循环项目发展情况、生态环境保护等。英国颁布的《平等工资法》（1970年）、《工作场所的健康与安全法案》（1974年）与《性别歧视法案》（1975年），着重于企业对受聘员工同酬，工作场地对员工个人健康、安全以及企业用工中员工性别歧视信息等进行披露。"英国1985年《公司法》强制规定了企业社会责任信息披露，涉及慈善捐款、残疾雇员、雇员咨询、养老金、雇员持股等问题。"[1]法国政府制定并实施了《诺威尔经济管制条例》（2001年），将劳工、健康与安全、环境、社会、人权、社区参与等列入企业社会责任披露信息内容，并相应建立了各个考核对象的指标体系。

改革开放后，伴随市场经济发展的深入，我国积极吸纳外资进行投资，同时也借鉴、吸收了包括企业社会责任信息披露在内的诸多企业管理制度。企业"社会责任信息披露被认为是组织向内部和外部利益相关者提供其在经济、环境和社会方面的行为活动和态度全貌的公共报告"[2]。最初我国的企业社会责任信息披露主要表现为企业可持续发展报告与企业环境报告两类。[3]随着我国社会主义市场经济体制的不断深化和发展，政府相继出台相关规定进行推进，如《上市公司社会责任指引》《关于中央企业履行社会责任的指导意见》等，使得我国许多企业开始重视社会责任信息的披露。"2000年至2018年，我国企业社会责任报告实现了从不足百份到2000余份的腾飞。"[4]在当代社会，企业社会责任信息披露已成为一种企业融资、树立企业良好形象的商业惯例和趋势，确立了以社会贡献性、诚实可靠性、信息有效披露性、法律政策引导性等为主要原则的社会监督体系。为了更好地激发企业依

---

① 冯果：《企业社会责任信息披露制度法律化路径探析》，《社会科学研究》2020年第1期。

② 杨汉明、吴丹红：《企业社会责任信息披露的制度动因及路径选择——基于"制度同形"的分析框架》，《中南财经政法大学学报》2015年第1期。

③ 邬娟：《欧美国家企业社会责任信息披露分析——对中国的经验借鉴》，《经济体制改革》2012年第4期。

④ 冯果：《企业社会责任信息披露制度法律化路径探析》，《社会科学研究》2020年第1期。

法经营、遵德交易的动力与自觉性，需要进一步完善企业社会责任信息披露制度。

制定企业社会责任信息披露的法律制度。我国现阶段的企业社会责任信息披露制度虽然已推行，但存在很多问题，如有的企业不披露或披露的内容不全面等。"存在主观随意性和不一致性，造成社会责任信息重要特征的较大缺失，使得社会责任信息披露并没有发挥其应有的增量效用。"[①]造成这些问题的原因众多，但在法律制度层面，主要是企业社会责任信息披露缺乏法律的支撑。"企业社会责任的信息披露在我国法律和行政法规中没有直接规定，仅于部门规章中有个别体现。"[②]2014 年我国修订后的《环保法》，依法赋予了公民、法人和其他组织享有环境信息方面的知情权，明确重点排污企业负有"主要污染物的名称、排放方式、排放浓度和总量、超标排放情况，以及防治污染设施的建设和运行情况"方面的信息披露义务，以便接受社会的监督。但该法律并未明确界定环境信息与企业社会责任信息之间的关系、重点企业环境污染信息与其社会责任之间的关系，亦未提及非重点污染企业环境信息披露的义务及内涵，环保法层面企业社会责任信息披露具有不完备性。2018 年，我国修订的《公司法》规定："公司从事经营活动，必须遵守法律、行政法规，遵守社会公德、商业道德，诚实守信，接受政府和社会公众的监督，承担社会责任。"虽然在法律上确定了社会责任是公司经营中遵守的法定原则，并确定了企业负有守法合规、遵守公德商德、接受政府与公众监督的法定义务，为企业社会责任信息披露提供了一定程度的法律依据，但该法律并未明确企业负有社会责任信息披露的法定责任。同样，在我国的《证券法》中，虽然将信息披露确立为上市公司的法定义务，同时依法赋予了公众查阅权利，但在上市公司所披露的信息中，并未对企业社会责任信息披露进行规定。也就是说，上市公司尽管依法负有强制披露信息的法定

---

① 李海玲：《我国企业社会责任信息披露现状研究》，《兰州学刊》2018 年第 10 期。
② 冯果：《企业社会责任信息披露制度法律化路径探析》，《社会科学研究》2020 年第 1 期。

义务，但并不意味着其同时兼有企业社会责任信息披露的法定责任。对于上市公司的社会责任信息披露，有鼓励性的政策文件。《深圳证券交易所上市公司社会责任指引》（2006 年）和《上海证券交易所上市公司环境信息披露指引》（2008 年）等，对于上市公司的社会责任信息披露，采取的是倡导性原则。《国务院关于进一步提高上市公司质量的意见》（国发〔2020〕14 号）规定："鼓励上市公司通过现金分红、股份回购等方式回报投资者，切实履行社会责任。"企业社会责任的内涵仅局限在上市企业对利益相关者投资的经济回馈，社会责任的内涵较为狭窄，未提及对环境、公共利益、企业员工、社区等社会责任的情况，更未规定企业披露社会责任信息的义务。"由于立法的缺失和规范的空白，目前我国企业自愿性的社会责任信息披露存在诸多弊端，亟需通过立法确立企业社会责任信息披露制度，规范披露的内容、形式、程序等。"① 可见，制定企业社会责任信息披露方面的专属法律势在必行。依法明晰企业社会责任信息的内容及其与一般企业公开信息、上市企业公开信息、企业信用信息之间的区别，是非常必要的。制定企业社会责任信息披露方面的法律，明晰企业社会责任信息同企业商业机密、个人隐私信息（企业员工、管理者、董事会成员）之间的界限，区分法定义务型企业社会责任信息披露的内容与道德意愿型企业社会责任信息披露的内容，对依法必须披露的社会责任信息强制企业披露；对非必须披露的社会责任信息由企业自主决定是否公开，自愿选择具体社会责任信息披露的程度与披露方式。建立对企业社会责任信息披露的权益保护制度、违法审查制度、监督与问责制度，监管部门及其执法者应严格遵循法律规定，制定相应工作流程、细则和规范，严格依照法定程序和规则履行对企业社会责任信息披露的监督、审查、督查、纠正与处罚，形成企业依法披露社会责任信息、法律保障企业商业机密和内部人员个人隐私、政府依法审查企业社会责任信息的运行机制。通过法律的相关规定，保障企业社会责任信息披露的真实性、科学

---

① 冯果：《企业社会责任信息披露制度法律化路径探析》，《社会科学研究》2020 年第 1 期。

性、系统性和全面性。

第二，统一行业企业社会责任信息披露的主要标准。我国企业社会责任信息披露的主要标准种类繁多，各个企业信息披露的内容各不相同，缺乏统一标准，需要对企业社会责任信息披露的主要内容进行规定。"不同企业对于社会责任信息披露指标理解不同，有的企业披露的重点指标是自然环境与资源，有的企业认为披露的关键指标是社会公共利益、消费者权益保护。"①目前，许多企业社会责任信息披露的内容，依据的社会责任信息披露的指南以及标准各不相同，既有国际标准，也有国内的指南和意见。在国际方面有国际标准化组织制定的《ISO 26000》、联合国制定的《联合国全球契约十项原则》、全球报告倡议组织制定的《GRI 系列标准》等。在国内方面有中国社会科学院制定的《中国企业社会责任报告编写指南》、国务院国资委制定的《关于中央企业履行社会责任的指导意见》、上海证券交易所制定的《公司履行社会责任的报告》、深圳证券交易所制定的《上市公司社会责任指引》等。正是由于各个企业使用的社会责任信息披露的标准和范本不同，以至于不仅各行各业的企业社会责任信息披露的内容有别，即使是同一行业的不同企业的社会责任信息披露内容也不尽相同。"同一行业，同一类型的不同企业，即企业具有高度可比性，但是采用的披露标准缺乏可比性。"②企业社会责任信息的披露，对于上市公司来说，对估价的升降是有一定影响的，对一般企业来说，对吸引外资以及扩大销售也具有影响。应该说，企业社会责任信息披露对于资本配置效率以及增殖都具有重要作用。显而易见，要想发挥企业社会责任信息披露的积极作用，使同类企业的社会责任信息具有可比性，为合作者、消费者在同类企业中进行比较、甄别提供选择的标准，就需要在全国范围内，尤其是同行业中，统一企业社会责任信息披露的标准。为此，我国既需要在国家层面对企业社会责任信息披露的主要内容进行明确规

---

① 冯果：《企业社会责任信息披露制度法律化路径探析》，《社会科学研究》2020 年第 1 期。

② 李海玲：《我国企业社会责任信息披露现状研究》，《兰州学刊》2018 年第 10 期。

定，对必须披露的信息实行"不披露就解释"的原则，更需要行业协会、商会依据相关法律法规和国家层面的规定，细化本行业企业社会责任信息披露的主要内容，编制企业社会责任信息的一般性报表和具体行业企业社会责任信息报表，形成同类企业可比较、可监测的企业社会责任披露的信息。

第三，加强对企业社会责任信息披露的鉴证。企业社会责任信息披露应该坚持实事求是的原则，以确保信息披露的客观、准确、可信。唯有如此，企业社会责任信息的披露才有意义与价值。"理论分析表明，高水平的社会责任信息披露可以通过减少委托代理冲突、减少逆向选择、释放'优质'信号以及增加市场有效性四种渠道降低企业的资本成本。"[1]鉴于此，企业社会责任信息披露的真实性是有效发挥信息披露作用的前提与基础。许多企业基于多种考虑，尤其是自身利益和形象的考虑，往往有选择性地披露信息，积极披露那些对企业发展有利的信息，对于那些不利的信息或隐匿或轻描淡写。显然，基于我国社会企业社会责任信息披露存在的问题，需要对企业社会责任信息披露的内容和标准进行一定的规范。我国现阶段企业社会责任信息披露存在的问题，不仅是信息披露的依据和标准不一，而且缺乏强制性，目前基本是在自愿和鼓励引导下进行的。在我国，对上市公司和国有企业的责任信息披露，国家相关部门有明确的鼓励性文件指引，但对于非上市公司和民营企业，往往是采取自愿披露的原则。当前我国企业社会责任信息披露的报告，大多是由企业根据自己的理解和宣传的需要自主编写，以至于社会责任报告都是突出企业的业绩，以正面宣传为主，对于生产或产品出现的事故或负面影响，往往只字不提或一带而过，甚至对于企业发生的重大事故也存在不给予披露的问题。我国"部分的公司较少采用包含绩效数据等实质性内容的'硬披露'信息，更多地采用文字描述性的'软披露'信息"[2]。

---

[1] 肖红军、郑若娟、铉率：《企业社会责任信息披露的资本成本效应》，《经济与管理研究》2015年第3期。

[2] 舒利敏：《我国重污染行业环境信息披露现状研究——基于沪市重污染行业620份社会责任报告的分析》，《证券市场导报》2014年第9期。

企业社会责任信息披露存在的这些问题亟需完善。因为"披露企业社会责任信息，是系统检验和报告一个企业创造经济、社会和环境价值的意愿、行为和绩效的有效途径及方法"[①]。所以，企业披露的社会责任信息要真实、可靠。毋庸置疑，需要对企业社会责任报告的内容进行复核与审查。一方面，发挥第三方鉴证的作用，对已发布的企业社会责任信息聘请第三方社会组织进行核验与评级，为利益相关者的选择、政府的监管以及企业自身的改进提供依据。目前，我国未经审验的企业社会责任报告占比较高，据有关研究显示，2012—2017 年，"近 6 年未审验的社会责任报告所占比重均在 86% 以上"[②]。毋庸置疑，推进第三方对企业社会责任报告审验，以确保企业社会责任信息披露的真实性，既有利于社会各界对企业交易行为的监督与评价，发挥社会舆论褒善抑恶的信誉机制的作用，也有利于激发企业披露社会责任信息的动力，促进企业自觉依法依规依德生产经营。另一方面，发挥行业协会、商会的监察作用。企业社会责任信息披露，应该在未向社会发布之前，先上交所在行业协会、商会进行备案和审核。行业协会、商会对同类企业的生产经营活动尤其是生产工艺或产品质量标准乃至行业排名等，往往具有很强的专业辨识度与判断力，可以纠正某些企业社会责任报告内容中的不当表述，使审核过的企业社会责任报告更加客观、全面。事实上，企业社会责任信息披露得越真实、越全面，越有利于交易伦理秩序的形成。

[①] 邬娟：《欧美国家企业社会责任信息披露分析——对中国的经验借鉴》，《经济体制改革》2012 年第 4 期。

[②] 李海玲：《我国企业社会责任信息披露现状研究》，《兰州学刊》2018 年第 10 期。

结　语

《中共中央　国务院关于新时代加快完善社会主义市场经济体制的意见》（2020 年）指出："社会主义市场经济体制是中国特色社会主义的重大理论和实践创新，是社会主义基本经济制度的重要组成部分。"新时代良好交易伦理秩序的建构是加强社会主义市场经济体制建设的内在要求，对于满足人民群众对美好生活的需要、实现我国经济的高质量发展以及发挥我国"第二大经济体"在世界经济发展中的积极作用，都具有重要意义和价值。

良好的交易伦理秩序是满足人民美好生活需要的社会基础。党的十九大报告不仅强调社会主义初级阶段这个基本国情，而且根据我国新形势新问题新情况，对社会主要矛盾进行了新的概括，即我国社会主要矛盾已经转化为人民日益增长的美好生活需要和不平衡不充分的发展之间的矛盾。人民的美好生活不仅是抽象的概括，而且也是人民在社会生活中实实在在的感受，尤其是生活品质的提高。人民的美好生活离不开民生。人们衣食住行的需要以及日常生活中油盐酱醋茶等方面的交易安全与消费，都是人民美好生活的重要内容。人民的美好生活不仅表现在交易中能买到自己想要购买的商品，市场上的商品丰富多彩，而且表现在商品质量优异，没有假冒伪劣产品。唯有市场交易货真价实、价格公道合理，具有良好的市场交易秩序，才能保障人民群众购买商品的安全性和精神愉悦性。食品安全、价格欺诈等问题不仅会损害人民群众的身体健康，而且会扰乱人民群众的心绪。人们会因缺乏交易安全保障而担心各类商品的质量和价格问题，产生食品、药品、住宅等安全焦虑，影响美好生活的品质。显然，人民美好生活需要的满足，不论是更高质量的物质生活还是更高水平的精神生活，在一定程度上都需要通过市场交易来实现。毋庸置疑，交易伦理形成的依法依规、义利兼顾的良好市场秩序，有助于满足人民对美好生活的迫切需要。

良好的交易伦理秩序有助于新时代经济的高质量发展。中国特色社会主义进入新时代，不仅社会主要矛盾发生了重大变化，而且经济也由高速增长阶段转向了高质量发展阶段。经济的高质量发展是社会主义市场经济体制的重要特征，它不仅要求经济数据精确和资源精准对接，而且要求营商环境优化和产品质量保证等。毋庸置疑，加快完善社会主义市场经济体制，形成现代化的高质量经济发展体系，内蕴了对市场交易秩序的需要。市场主体坚持自由责任、诚实信用、平等公平、合法合规与公序良俗伦理原则，有利于维护市场交易秩序，提高经济效率，减少经济损失。

良好的交易伦理秩序有利于发挥我国"第二大经济体"在世界经济中的积极作用。我国经济双循环的发展格局以及在世界舞台上发挥好"第二大经济体"的作用，既需要在畅通国内大循环过程中规范好各类市场主体的行为，维护市场交易秩序，也需要在促进国内国际双循环中扩大国际贸易，增强市场主体交易行为的道德意愿、道德意识和道德责任，形成公平有序、诚实守信的交易伦理秩序，进而拓展信用交易渠道，提升市场交易的信任水平，降低交易成本，树立大国形象。我国经济的健康发展，需要在人类命运共同体的全球价值观指导下，在国际贸易中坚持互利双赢的原则，以诚相待，恪守合同、协议、契约。

参考文献

一、经典著作

1.《马克思恩格斯文集》第 1 卷，人民出版社 2009 年版。

2.《马克思恩格斯文集》第 6 卷，人民出版社 2009 年版。

3.《马克思恩格斯文集》第 7 卷，人民出版社 2009 年版。

4.《马克思恩格斯文集》第 9 卷，人民出版社 2009 年版。

5.《毛泽东选集》第 3 卷，人民出版社 2020 年版。

6.《邓小平文选》第 3 卷，人民出版社 1993 年版。

7.《习近平谈治国理政》第一卷，外文出版社 2018 年版。

8.《习近平谈治国理政》第二卷，外文出版社 2017 年版。

9.《习近平谈治国理政》第三卷，外文出版社 2020 年版。

10. 习近平：《之江新语》，浙江人民出版社 2007 年版。

二、中央文献

1.《国务院关于印发社会信用体系建设规划纲要（2014—2020 年）的通知》（2014 年）。

2.《国务院办公厅关于推广随机抽查规范事中事后监管的通知》（国办

发〔2015〕58 号）。

3.《国务院关于建立完善守信联合激励和失信联合惩戒制度加快推进社会诚信建设的指导意见》（2016 年）。

4.习近平：《决胜全面建成小康社会夺取新时代中国特色社会主义伟大胜利——在中国共产党第十九次全国代表大会上的报告》，人民出版社2017 年版。

5.《新时代公民道德建设实施纲要》，人民出版社 2019 年版。

6.《中共中央国务院关于新时代加快完善社会主义市场经济体制的意见》，人民出版社 2020 年版。

7.《中华人民共和国国民经济和社会发展第十四个五年规划和 2035 年远景目标纲要》，人民出版社 2021 年版。

三、法律法规

1.《征信业管理条例》，中国法制出版社 2013 年版。

2.《企业信息公示暂行条例》，中国法制出版社 2014 年版。

3.《中华人民共和国公司法》，中国法制出版社 2021 年版。

4.《中华人民共和国宪法》，人民出版社 2018 年版。

5.《优化营商环境条例》，中国法制出版社 2019 年版。

6.《中华人民共和国民法典》，人民出版社 2020 年版。

四、专著

1.安贺新：《我国社会信用制度建设研究》，中央财政经济出版社 2005年版。

2.曹刚：《法律的道德批判》，江西人民出版社 2001 年版。

3.曹刚：《道德难题与程序正义》，北京大学出版社 2011 年版。

4. 陈平编：《新中国诚信变迁：现象与思辨》，中山大学出版社 2010 年版。

5. 陈自强：《整合中之契约法》，北京大学出版社 2012 年版。

6. 戴木才：《中国人的美德与核心价值观》，中国人民大学出版社 2015 年版。

7. 丁邦平、何俊坤：《社会信用法律制度》，东南大学出版社 2006 年版。

8. 龚群：《现代伦理学》，中国人民大学出版社 2010 年版。

9. 何怀宏：《契约伦理与社会正义》，中国人民大学出版社 1993 年版。

10. 何全胜：《交易理论》，新华出版社 2010 年版。

11. 焦国成：《中国信用体系建设的理论与实践》，中国人民大学出版社 2010 年版。

12. 靳凤林：《追求阶层正义——权力、资本、劳动的制度伦理考量》，人民出版社 2016 年版。

13. 康志杰、胡军：《诚信：传统意义与现代价值》，中国社会科学出版社 2004 年版。

14. 罗国杰：《中国伦理思想史》，中国人民大学出版社 2008 年版。

15. 刘玮：《公益与私利：亚里士多德实践哲学研究》，北京大学出版社 2019 年版。

16. 卢德之：《交易伦理论》，商务印书馆 2007 年版。

17. 厉以宁：《超越市场与超越政府——论道德力量在经济中的作用》，经济科学出版社 2010 年版。

18. 李建华：《德性与德心》，教育科学出版社 2000 年版。

19. 李曙光：《中国征信体系框架与发展模式》，科学出版社 2006 年版。

20. 李晓安：《社会信用法律制度体系研究》，社会科学文献出版社 2013 年版。

21. 林钧跃：《社会信用体系原理》，中国方正出版社 2003 年版。

22.《伦理学》编写组：《伦理学》，高等教育出版社、人民出版社 2012

年版。

23. 刘承韪:《英美契约法的变迁与发展》，北京大学出版社 2014 年版。

24. 刘益:《信用、契约与文明》，中国社会科学出版社 2010 年版。

25. 马本江:《信用、契约与市场交易机制设计》，中国经济出版社 2011 年版。

26. 毛道维:《中国社会信用体系中信用结构和信用链研究》，上海三联书店 2011 年版。

27. 邱建新:《信任文化的断裂》，社会科学文献出版社 2005 年版。

28. 全国信用标准化技术工作组:《中国社会信用体系建设法规政策制度精编》，中国标准出版社 2007 年版。

29. 乔洪武:《西方经济伦理思想研究》第二卷，商务印书馆 2013 年版。

30. 宋希仁:《西方伦理思想史》，中国人民大学出版社 2010 年版。

31. 宋希仁:《马克思恩格斯道德哲学研究》，中国社会科学出版社 2012 年版。

32. 盛洪主编:《现代制度经济学》上卷，中国发展出版社 2009 年版。

33. 沈永福:《道德意志论》，人民出版社 2019 年版。

34. 谭中明:《社会信用管理体系——理论、模式、体制与机制》，中国科学技术大学出版社 2005 年版。

35. 唐凯麟、陈科华:《中国古代经济伦理思想史》，人民出版社 2004 年版。

36. 屠世超:《契约视角下的行业自治研究——基于政府与市场关系的展开》，经济科学出版社 2011 年版。

37. 万俊人:《道德之维——现代经济伦理导论》，广东人民出版社 2000 年版。

38. 韦冬、王小锡主编:《马克思主义经典作家论道德》，中国人民大学出版社 2017 年版。

39. 韦森:《经济学与伦理学》，商务印书馆 2015 年版。

40. 韦森：《经济理论与市场秩序——探寻良序市场经济运行的道德基础、文化环境与制度条件》，格致出版社、上海人民出版社 2009 年版。

41. 王露璐、汪洁：《经济伦理学》，人民出版社 2014 年版。

42. 王淑芹、曹义孙：《德性与制度：迈向诚信社会化》，人民出版社 2016 年版。

43. 王小锡：《道德资本与经济伦理》，人民出版社 2009 年版。

44. 王小奕主编：《世界部分国家征信系统概述》，经济科学出版社 2002 年版。

45. 王晓明：《信用体系构建——制度选择与发展路径》，中国金融出版社 2015 年版。

46. 王振营：《交易经济学原理》，中国金融出版社 2016 年版。

47. 吴晶妹：《现代信用学》，中国人民大学出版社 2009 年版。

48. 肖群忠：《日常生活行为伦理学》，中国人民大学出版社 2018 年版。

49. 徐强：《马克思主义经济伦理思想史研究》，人民出版社 2012 年版。

50. 杨伟清：《正当与善：罗尔斯思想中的核心问题》，人民出版社 2011 年版。

51. 喻敬明、林钧跃、孙杰：《国家信用管理体系》，社会科学文献出版社 2000 年版。

52. 袁庆明：《新制度经济学教程》，中国发展出版社 2014 年版。

53. 张路：《诚信法初论》，法律出版社 2013 年版。

54. 张维迎：《产权、政府与信誉》，上海三联书店 2001 年版。

55. 张维迎：《信息、信任与法律》，生活·读书·新知三联书店 2006 年版。

56. 张五常：《经济学解释》第 1 卷，商务印书馆 2003 年版。

57. 张彦：《价值排序与伦理风险》，人民出版社 2011 年版。

58. 郑强：《合同法诚实信用原则研究》，法律出版社 2000 年版。

59. 郑也夫、彭泗清等：《中国社会中的信任》，中国城市出版社 2003 年版。

60. 周燕：《交易费用与公共经济》，中央编译出版社 2017 年版。

61. 周祖城、张兴福、周斌：《企业伦理学导论》，上海人民出版社 2007 年版。

五、译著

1.〔法〕埃里克·布鲁索、让·米歇尔·格拉尚：《契约经济学——理论和应用》，王秋石、李国民、李胜兰等译校，中国人民大学出版社 2011 年版。

2.〔冰岛〕思拉恩·埃格特森：《经济行为与制度》，吴经邦译，商务印书馆 2004 年版。

3.〔美〕A. 麦金太尔：《德性之后》，龚群、戴扬毅等译，中国社会科学出版社 1997 年版。

4.〔美〕A. 麦金太尔：《三种对立的道德探究观》，万俊人等译校，中国社会科学出版社 1999 年版。

5.〔美〕阿拉斯戴尔·麦金太尔：《追求美德——道德理论研究》，宋继杰译，译林出版社 2011 年版。

6.〔美〕阿兰·斯密德：《冲突与合作——制度与行为经济学》，刘璨、吴水荣译，刘璨、刘浩校，格致出版社、上海三联书店、上海人民出版社 2018 年版。

7.〔美〕阿瑟·刘易斯：《经济增长理论》，郭金兴等译，机械工业出版社 2015 年版。

8.〔美〕埃里克·弗鲁博顿、〔德〕鲁道夫·芮切特：《新制度经济学——一个交易费用分析范式》，姜建强、罗长远译，上海人民出版社 2006 年版。

9.〔美〕埃里克·尤斯拉纳：《信任的道德基础》，张敦敏译，中国社会科学出版社 2006 年版。

10.〔英〕边沁：《道德与立法原理导论》，时殷弘译，商务印书馆 2005

年版。

11.〔英〕边沁：《政府片论》，沈叔平等译，商务印书馆 1997 年版。

12.〔美〕巴泽尔：《产权的经济学分析》，费方域、段毅才译，上海人民出版社 1997 年版。

13.〔美〕保罗·海恩、彼得·勃特克、大卫·普雷契特科：《经济学的思维方式——经济学导论》，史晨主译，世界图书出版公司 2012 年版。

14.〔美〕本杰明·弗里德曼：《经济增长的道德意义》，李天有译，中国人民大学出版社 2013 年版。

15.〔美〕伯纳德·巴伯：《信任——信任的逻辑和局限》，牟斌等译，福建人民出版社 1989 年版。

16.〔德〕彼得·科斯洛夫斯基、陈筠泉主编：《经济秩序理论和伦理学》，中国社会科学出版社 1997 年版。

17.〔美〕查尔斯·蒂利：《信任与统治》，胡位钧译，上海世纪出版集团 2010 年版。

18.〔美〕丹尼尔·豪斯曼、迈克尔·麦克弗森：《经济分析、道德哲学与公共政策》，纪如曼、高红艳译，上海译文出版社 2008 年版。

19.〔美〕道格拉斯·C.诺思：《制度、制度变迁与经济绩效》，杭行译、韦森审校，格致出版社、上海三联书店、上海人民出版社 2014 年版。

20.〔美〕道格拉斯·C.诺斯等：《交易费用政治学》，刘亚平编译，中国人民大学出版社 2011 年版。

21.〔美〕弗兰西斯·福山：《大分裂：人类本性与社会秩序的重建》，刘榜离等译，中国社会科学出版社 2002 年版。

22.〔美〕弗兰西斯·福山：《信任——社会道德与繁荣的创造》，李苑蓉译，远方出版社 1998 年版。

23.〔英〕弗雷德里克·罗森：《古典功利主义：从休谟到密尔》，曹海军译，译林出版社 2018 年版。

24.〔英〕弗里德里希·奥古斯特·冯·哈耶克：《致命的自负》，冯克利、胡晋华等译，中国社会科学出版社 2000 年版。

25.〔德〕黑格尔：《法哲学原理》，范扬、张企泰译，商务出版社 2009 年版。

26.〔美〕格里高利·曼昆：《经济学原理》（微观经济学分册），梁小民、梁砾译，北京大学出版社 2009 年版。

27.〔美〕霍尔斯特·施泰因曼、阿尔伯特·勒尔：《企业伦理学基础》，李兆雄译，上海社会科学院出版社 2001 年版。

28.〔英〕哈耶克：《法律、立法与自由》第二卷，邓正来等译，中国大百科全书出版社 2000 年版。

29.〔美〕金黛如特约主编：《信任与生意：障碍与桥梁》，陆晓禾、马迅、何锡蓉等译，上海社会科学院出版社 2003 年版。

30.〔英〕坎南编：《亚当·斯密关于法律、警察、岁入及军备的演讲》，陈福生、陈振骅译，商务印书馆 2009 年版。

31.〔美〕科斯：《企业、市场和法律》，盛洪等译，上海人民出版社 2009 年版。

32.〔德〕柯武刚、史漫飞：《制度经济学——社会秩序与公共政策》，韩朝华译，商务印书馆 2000 年版。

33.〔美〕康芒斯：《制度经济学》上，于树生译，商务印书馆 1962 年版。

34.〔法〕卢梭：《社会契约论》，何兆武译，商务印书馆 2003 年版。

35.〔英〕罗素：《西方哲学史》，邓晓锡译，商务印书馆 1982 年版。

36.〔美〕罗伯特·所罗门：《伦理与卓越——商业中的合作与诚信》，上海译文出版社 2006 年版。

37.〔美〕罗纳德·科斯：《企业、市场与法律》，盛洪等译，上海三联书店 1990 年版。

38.〔德〕莱茵哈德·齐默曼、〔英〕西蒙·惠特克：《欧洲合同法中的诚信原则》，丁广宇等译，法律出版社 2005 年版。

39.〔美〕里查德·狄乔治：《国际商务中的诚信竞争》，翁绍军、马迅译，上海社会科学院出版社 2001 年版。

40.〔美〕理查德·波斯纳：《法律的经济学分析》，蒋兆康译，林毅夫校，中国大百科全书出版社 1997 年版。

41.〔英〕密尔：《论自由》，许宝骙译，商务印书馆 1998 年版。

42.〔德〕马克斯·韦伯：《经济与社会》上卷，林荣远译，商务印书馆 1997 年版。

43.〔德〕马克斯·韦伯：《新教伦理与资本主义精神》，彭强、黄晓京译，陕西师范大学出版社 2002 年版。

44.〔德〕米歇尔·鲍曼：《道德的市场》，肖君等译，中国社会科学出版社 2003 年版。

45.〔美〕玛格丽特·米勒：《征信体系和国际经济》，王晓蕾等译，中国金融出版社 2004 年版。

46.〔美〕A.E.门罗：《早期经济思想：亚当·斯密以前的经济文献选集》，蔡受百译，商务印书馆 2011 年版。

47.〔美〕穆瑞·罗斯巴德：《自由的伦理》，吕炳斌等译，梁捷审订，复旦大学出版社 2017 年版。

48.〔英〕尼克拉斯·卢曼：《信任：一个社会复杂性的简化机制》，瞿铁鹏、李强译，上海人民出版社 2005 年版。

49.〔丹麦〕尼古拉·彼得森、〔瑞典〕亚当·阿维森：《道德经济》，刘宝成译，中信出版社 2014 年版。

50.〔英〕齐格蒙特·鲍曼：《作为实践的文化》，郑莉译，北京大学出版社 2009 年版。

51.〔美〕诺曼·鲍伊：《经济伦理学——康德的观点》，夏振平译，上海译文出版社 2006 年版。

52.〔美〕帕特里克·E.墨菲、吉恩·R.兰兹尼柯、诺曼·E.鲍维、托马斯·A.克莱因：《市场伦理学》，江才、叶小兰译，北京大学出版社 2009 年版。

53.〔美〕帕特里夏·沃哈恩：《亚当·斯密及其留给现代资本主义的遗产》，

夏振平译，上海译文出版社 2006 年版。

54.〔美〕乔治·恩德勒：《面向行动的经济伦理学》，高国希等译，上海社会科学院出版社 2002 年版。

55.〔澳〕J.J.C.斯马特、〔英〕B.威廉斯：《功利主义：赞成与反对》，牟斌译，中国社会科学出版社 1992 年版。

56.〔美〕塞缪尔·亨廷顿、劳伦斯·哈里森主编：《文化的重要作用——价值观如何影响人类进步》，程克雄译，新华出版社 2013 年版。

57.〔美〕史蒂芬·M.R.柯维、丽贝卡·R.梅里尔：《信任的速度：一个可以改变一切的力量》，王新鸿译，中国青年出版社 2008 年版。

58.〔美〕史蒂芬·G.米德玛：《科斯经济学——法与经济学和新制度经济学》，罗君丽等译，格致出版社、上海三联书店、上海人民出版社 2018 年版。

59.〔美〕托马斯·唐纳德、托马斯·邓飞：《有约束力的关系——对企业伦理学的一种社会契约论研究》，邓菲、赵月瑟译，上海社会科学院出版社 2001 年版。

60.〔古希腊〕亚里士多德：《政治学》，吴寿彭译，商务印书馆 1995 年版。

61.〔古希腊〕亚里士多德：《尼各马科伦理学》，苗力田译，中国社会科学出版社 1990 年版。

62.〔英〕亚当·斯密：《国民财富的性质和原因的研究》上卷，郭大力、王亚南译，商务印书馆 2013 年版。

63.〔英〕约翰·洛克：《政府论》下，叶启芳、瞿菊农译，商务印书馆 1996 年版。

64.〔英〕约翰·米德克罗夫特：《市场的伦理》，王首贞、王巧贞译，复旦大学出版社 2012 年版。

65.〔英〕约翰·穆勒：《功用主义》，唐钺译，商务印书馆 1957 年版。

66.〔英〕约翰·布鲁姆：《伦理的经济学诠释》，王珏译，中国社会科学出版社 2008 年版。

67.〔德〕伊丽莎白·诺尔·诺依曼：《沉默的螺旋：舆论——我们的社会皮肤》，董璐译，北京大学出版社 2013 年版。

68.〔德〕伊曼努尔·康德：《道德形而上学的奠基》，李秋零译，中国人民大学出版社 2013 年版。

69.〔德〕伊曼努尔·康德：《道德形而上学原理》，苗力田译，上海世纪出版集团 2012 年版。

70.〔德〕伊曼努尔·康德：《实践理性批判》，韩水法译，商务印书馆 2003 年版。

71.〔美〕约翰·罗尔斯：《正义论》，何怀宏、何包刚、廖申白译，中国社会科学出版社 1988 年版。

72.〔以〕约拉姆·巴泽尔：《产权的经济分析》，费方域、钱敏、段毅才译，上海人民出版社 1997 年版。

73.〔波兰〕彼得·什托姆普卡：《信任——一种社会学理论》，程胜利译，中华书局 2005 年版。

74.《瑞典刑法典》，陈琴译、谢望原审校，北京大学出版社 2008 年版。

75.《新加坡刑法》，刘涛、柯良栋译，北京大学出版社 2006 年版。

76.《德国刑法典》，许久生、庄敬华译，中国方正出版社 2004 年版。

77.《加拿大刑事法典》，罗文坡、冯巩英译，北京大学出版社 2008 年版。

78.《澳大利亚联邦刑法典》，张旭等译，北京大学出版社 2006 年版。

79.《法国刑法典》，罗结珍译，中国人民公安大学出版社 1995 年版。

六、期刊论文

1. 曹刚：《责任伦理——一种新的道德思维》，《中国人民大学学报》2013 年第 2 期。

2. 程方、李楠林:《产权概念的演变》,《科学学研究》1992 年第 4 期。

3. 单飞跃、徐开元:《社会主义市场经济的宪法内涵与法秩序意义》,《东南学术》2020 年第 2 期。

4. 邓大才:《制度安排、交易成本与农地流转价格》,《中州学刊》2009 年第 2 期。

5. 邓启稳:《西方社会责任信息披露特点、规制和实践研究——基于法国、美国、英国的经验》,《生态经济》2010 年第 11 期。

6. 段新星:《交易秩序建构中的激励与控制——评〈迈向中国的新经济社会学——交易秩序的结构研究〉》,《社会学评论》2016 年第 4 期。

7. 樊浩:《"诚信"的形上道德原理及其实践理性法则》,《东南大学学报》2003 年第 6 期。

8. 冯玉军:《法律的交易成本分析》,《法制与社会发展》2001 年第 6 期。

9. 甘绍平:《市场自由的伦理限度》,《中州学刊》2020 年第 1 期。

10. 甘绍平:《论契约主义伦理学》,《哲学研究》2010 年第 3 期。

11. 龚天平、张军:《经济伦理如何通达现实——从亚里士多德到当代思想家的思想撷英》,《武汉大学学报》2016 年第 5 期。

12. 龚天平:《企业伦理学国外的历史发展与主要问题》,《国外社会科学》2006 年第 1 期。

13. 郭清香:《论诚信的道德基础——关于诚信合理性的伦理学思考》,《江海学刊》2003 年第 3 期。

14. 郭新明、杨俊凯:《市场交易、信用规范与信用缺失行为分析》,《金融研究》2006 年第 7 期。

15. 郝斌:《交易成本内部化与模块化组织边界变动》,《商业经济与管理》2010 年第 1 期。

16. 何一鸣、罗必良、高少慧:《企业的性质、社会成本问题与交易成本思想——关于科斯经济学说的历史回顾与理论述评》,《江苏社会科学》2014 年第 4 期。

17. 黄少安：《"交易费用"范畴研究》，《学术月刊》1996 年第 3 期。

18. 焦国成：《诚信的制度保障》，《江海学刊》2003 年第 3 期。

19. 焦国成：《伦理学学科定位的时代反思》，《江海学刊》2020 年第 4 期。

20. 李昌国：《国外市场经济伦理建设的历史经验对我国的启示》，《商场现代化》2006 年第 11 期。

21. 李景平、鲁洋：《国外公务员廉政制度及对我国的启示》，《学术论坛》2010 年第 12 期。

22. 李时敏：《交易过程与交易成本》，《财经问题研究》2002 年第 12 期。

23. 林钧跃：《社会信用体系：中国高效建立征信系统的模式》，《征信》2011 年第 2 期。

24. 林钧跃：《美国信用管理的相关法律体系》，《世界经济》2000 年第 4 期。

25. 刘世玉：《论道德行为对社会交易成本的影响》，《辽宁税务高等专科学校学报》2003 年第 4 期。

26. 刘霞、卢德之：《论伦理习俗对交易成本的影响》，《湖南师范大学社会科学学报》2004 年第 2 期。

27. 刘艳：《品牌对市场"信息不对称性"的影响机理——基于过度信息市场环境特征的讨论》，《科技管理研究》2008 年第 8 期。

28. 刘焱：《从交易费用理论看企业的伦理二重性》，《道德与文明》2009 年第 5 期。

29. 鲁品越：《流通费用、交易成本与经济空间的创造——〈资本论〉微观流通理论的当代建构》，《财经研究》2016 年第 1 期。

30. 罗君丽：《交易成本概念的演化：一个不完全的综述》，《河南社会科学》2007 年第 6 期。

31. 彭向刚、周雪峰：《企业制度性交易成本：概念谱系的分析》，《学术研究》2017 年第 8 期。

32. 宋宪伟、童香英：《交易成本的一个新定义》，《江淮论坛》2010 年第 1 期。

33. 苏力：《从契约理论到社会契约理论》，《中国社会科学》1996 年第 3 期。

34. 孙国峰：《交易成本的本质、原因和度量分析》，《天津社会科学》2003 年第 1 期。

35. 汤吉军：《个人理性与沉没成本悖论》，《当代经济管理》2010 年第 5 期。

36. 唐凯麟、曹刚：《论道德的法律支持及其限度》，《哲学研究》2000 年第 4 期。

37. 万俊人：《诚信——社会转型期的社会伦理建设研究之一》，《苏州大学学报》2012 年第 2 期。

38. 万俊人：《关于美德伦理学研究的几个理论问题》，《道德与文明》2003 年第 3 期。

39. 万俊人：《塑造诚信的人格美德》，《经济日报》2014 年 8 月 4 日。

40. 汪丁丁：《从"交易费用"到博弈均衡》，《经济研究》1995 年第 5 期。

41. 汪荣有：《道德：经济发展的内驱力》，《道德与文明》2005 年第 1 期。

42. 邬娟：《欧美国家企业社会责任信息披露分析——对中国的经验借鉴》，《经济体制改革》2012 年第 4 期。

43. 吴汉洪：《市场监管与建设现代化经济体系》，《学习与探索》2018 年第 6 期。

44. 吴义刚：《交易成本、制度演进与经济绩效》，《经济问题》2008 年第 7 期。

45. 徐传谌、廖红伟：《交易成本新探：起源与本质》，《吉林大学社会科学学报》2009 年第 2 期。

46. 徐宪平：《关于美国信用体系的研究与思考》，《管理世界》2006 年第 5 期。

47. 王方明：《诚信文化与两型社会》，《当代经济》2013 年第 15 期。

48. 王晗、陈传明：《企业家声誉对交易成本的影响——基于企业所有制和业绩波动性调节作用的研究》，《华东经济管理》2015 年第 3 期。

49. 王利明：《论公序良俗原则与诚实信用原则的界分》，《江汉论坛》2019 年第 3 期。

50. 王露璐、朱亮：《契约伦理：历史源流与现实价值》，《江苏大学学报》2009 年第 9 期。

51. 杨德群、欧福永：《"公序良俗"概念解析》，《求索》2013 年第 11 期。

52. 杨华：《马克思主义视域下的"公序良俗"及其时代性》，《现代法学》2018 年第 4 期。

53. 姚大志：《公平与契约主义》，《哲学动态》2017 年第 5 期。

54. 余冬根、赵文庆、乔瑞红：《企业声誉、社会责任信息披露与安全生产成本关系研究——基于食品上市公司的经验数据分析》，《价格理论与实践》2019 年第 8 期。

55. 张凤阳、李永刚：《契约：交易伦理的政治化及其蔓延》，《文史哲》2008 年第 1 期。

56. 张怀承：《论中国传统道德的诚信精神及其现代意义》，《道德与文明》2007 年第 2 期。

57. 张五常：《交易费用的范式》，《社会科学战线》1999 年第 1 期。

58. 张旭昆：《"交易成本概念"：层次、分类与管理》，《商业经济》2012 年第 4 期。

59. 赵子忱：《科斯〈社会成本问题〉的产权思想辨析》，《南京大学学报》1998 年第 1 期。

60. 郑显文：《公序良俗原则在中国近代民法转型中的价值》，《法学》2017 年第 11 期。

61. 周春喜、鲍若水：《逆向选择、道德风险与金融中介交易成本：缘自合会的投融资效率》,《资本市场》2013 年第 2 期。

62. 庄德水:《廉洁年金制度的伦理逻辑和实践策略》,《学术交流》2014 年第 3 期。

63. 左斌、李军波:《我国诚信体系中的隐性文化障碍——基于中西比较研究的发现及启示》,《理论与改革》2005 年第 3 期。

64.《红黑名单制定办法出台失信者将被联合惩戒》,《大公国际》2017 年 11 月 7 日。

65.〔美〕摩凯恩:《市场交易契约的内在道德完备性——亚里士多德、交易公正、"正名"》,《浙江学刊》2002 年第 3 期。

七、外文资料

1. Adam Smith, *Lectures on Jurisprudence*, Cambridge University Press, 1978.

2. Coase, "The Problem of Social Cost", *Journal of Law and Economics*, Vol. 3, No.4, 1960.

3. Charles Tilly, *Trust and Rule*, Cambridge University Press, 2005.

4. Christopher Michaelson, "Moral Luck and Business Ethic", *Journal of Business Ethics*, 2008 (December).

5. Dahlman, C.J., "The Problem of Externality", *Journal of Legal Studies*, Vol. 22, No. 1, 1979.

6. George A. Akerlof, "The Market for 'Lemons': Quality Uncertainty and the Market Mechanism", *The Quarterly Journal of Economics*, Vol.84, No.3, 1970.

7. Kenneth Arrow, "Uncertainty and the Welfare Economics of Medical Care", *The American Economic Review*, Vol.53, No.5, 1963.

8. J. Bell Bowyer, Barton Whaley, *Cheating and Deception*, St. Martin's

Press, 1982.

9. Hemphill Antitrust, "Dynamic Competition and Business Ethic", *Journal of Business Ethics*, 2004 (March).

10. Laurence Fontaine, *The Moral Economy: Poverty, Credit, and Trust in Early Modern Europe*, Cambridge University, 2014.

11. Martin Wolf, "The Morality of the Market", *Foreign Policy*, 2003, No. 138.

12. Nigel Simmonds, *Law as a Moral Idea*, Oxford University Press, 2008.

13. Niklas Luhmann, *Trust and Power*, John Wiley & Sons Inc, 1982.

14. Paul Stoneman, *This Thing Called Trust: Civic Society in Britain*, Palgrave Macmillan, 2008.

15. Reinhard Zimmermann, Simon Whittaker, *Good Faith in European Contract Law*, Cambridge University Press, 2000.

16. Russell Hardin, *Trust and Trustworthiness*, Russell Sage Foundation, 2002.

17. Seligman B. Adam, *The Problem of Trust*, Princeton University Press, 1997.

18. Ian Maitland, "Markets: The Market as School of the Virtues", *Business Ethics Quarterly*, Vol.7, No.1, Jan. 1997.

19. Ronald Jeurissen, "The Social Function of Business Ethics", *Business Ethics Quarterly*, 2000 (October).

20. Steven N.S. Cheung, "Transaction Costs, Risk Aversion, and the Choice of Contractual Arrangements", *The Journal of Law & Economics*, Vol. 12, No.1, Apr. 1969.

21. The Committee for Economic Development, *Social Responsibilities of Business Corporation*, New York: The Committee for Economic Development, 1971.